计算机科学与技术专业核心教材体系建设 —— 建议使用时间

课程系列	一年级上	一年级下	二年级上	二年级下	三年级上	三年级下	四年级上	四年级下
基础系列	大学计算机基础							
	离散数学(上) 信息安全导论	离散数学(下)						
电类系列		电子技术基础	数字逻辑设计 数字逻辑设计实验					
程序系列	计算机程序设计	面向对象程序设计 程序设计实践	数据结构	算法设计与分析	软件工程 编译原理	软件工程综合实践		
系统系列		计算机原理	操作系统	计算机系统综合实践	计算机网络	计算机体系结构		
						计算机图形学		
					人工智能导论 数据库原理与技术 嵌入式系统			机器学习 物联网导论 大数据分析技术 数字图像技术
应用系列								选修系列

U0204009

面向新工科专业建设计算机系列教材

数据库原理与应用

微课版

邹先霞　王传胜　编著

清华大学出版社

北京

内 容 简 介

本书以开源数据库 PostgreSQL、非关系数据库 NoSQL 及国产云数据库 openGauss 为背景，介绍数据库系统的原理与应用。全书共 12 章，分为四部分，第一部分是数据库的基本概念和基础知识，主要介绍了数据库管理技术的发展历史、发展趋势及传统的关系模型；第二部分是关系数据库的基本原理，主要讲解了 SQL、数据库的安全性、数据库的完整性和事务管理等，利用充足的实例来加强对基本原理的理解，所有实例都可在 PostgreSQL 上运行；第三部分是数据库的设计，重点介绍数据库设计流程、E-R 模型、规范化设计理论和大数据的反规范化技术；第四部分是数据库管理的新技术，介绍 NoSQL 数据库的经典模型及国产云数据库 GaussDB 等。

本书语言简洁，取材新颖，将数据库原理与实际工具相结合，传统模型与新技术相互补充，旨在培养读者的综合实践与创新能力。

本书既可作为高等院校计算机专业、软件工程专业数据库课程的教材，也可作为相关开发人员学习数据库知识与技术的参考书。

图书在版编目(CIP)数据

数据库原理与应用 ：微课版 / 邹先霞，王传胜编著.
北京 ：清华大学出版社，2024.7. --（面向新工科专业建设计算机系列教材）. -- ISBN 978-7-302-66827-5
Ⅰ. TP311.13
中国国家版本馆 CIP 数据核字第 2024YX7650 号

责任编辑：白立军　薛　阳
封面设计：刘　键
责任校对：郝美丽
责任印制：丛怀宇

出版发行：清华大学出版社
　　　网　　　址：https://www.tup.com.cn,https://www.wqxuetang.com
　　　地　　　址：北京清华大学学研大厦 A 座　　　　　　邮　　编：100084
　　　社　总　机：010-83470000　　　　　　　　　　　　邮　　购：010-62786544
　　　投稿与读者服务：010-62776969，c-service@tup.tsinghua.edu.cn
　　　质量反馈：010-62772015，zhiliang@tup.tsinghua.edu.cn
　　　课件下载：https://www.tup.com.cn,010-83470236
印　装　者：三河市铭诚印务有限公司
经　　　销：全国新华书店
开　　　本：185mm×260mm　　　印　张：22.25　　插　页：1　　字　　数：545 千字
版　　　次：2024 年 8 月第 1 版　　　　　　　　　　　印　　次：2024 年 8 月第 1 次印刷
定　　　价：69.80 元

产品编号：094087-01

出版说明

一、系列教材背景

人类已经进入智能时代,云计算、大数据、物联网、人工智能、机器人、量子计算等是这个时代最重要的技术热点。为了适应和满足时代发展对人才培养的需要,2017 年 2 月以来,教育部积极推进新工科建设,先后形成了"复旦共识""天大行动"和"北京指南",并发布了《教育部高等教育司关于开展新工科研究与实践的通知》《教育部办公厅关于推荐新工科研究与实践项目的通知》,全力探索形成领跑全球工程教育的中国模式、中国经验,助力高等教育强国建设。新工科有两个内涵:一是新的工科专业;二是传统工科专业的新需求。新工科建设将促进一批新专业的发展,这批新专业有的是依托于现有计算机类专业派生、扩展而成的,有的是多个专业有机整合而成的。由计算机类专业派生、扩展形成的新工科专业有计算机科学与技术、软件工程、网络工程、物联网工程、信息管理与信息系统、数据科学与大数据技术等。由计算机类学科交叉融合形成的新工科专业有网络空间安全、人工智能、机器人工程、数字媒体技术、智能科学与技术等。

在新工科建设的"九个一批"中,明确提出"建设一批体现产业和技术最新发展的新课程""建设一批产业急需的新兴工科专业"。新课程和新专业的持续建设,都需要以适应新工科教育的教材作为支撑。由于各个专业之间的课程相互交叉,但是又不能相互包含,所以在选题方向上,既考虑由计算机类专业派生、扩展形成的新工科专业的选题,又考虑由计算机类专业交叉融合形成的新工科专业的选题,特别是网络空间安全专业、智能科学与技术专业的选题。基于此,清华大学出版社计划出版"面向新工科专业建设计算机系列教材"。

二、教材定位

教材使用对象为"211 工程"高校或同等水平及以上高校计算机类专业及相关专业学生。

三、教材编写原则

(1) 借鉴 *Computer Science Curricula* 2013(以下简称 CS2013)。CS2013

的核心知识领域包括算法与复杂度、体系结构与组织、计算科学、离散结构、图形学与可视化、人机交互、信息保障与安全、信息管理、智能系统、网络与通信、操作系统、基于平台的开发、并行与分布式计算、程序设计语言、软件开发基础、软件工程、系统基础、社会问题与专业实践等内容。

（2）处理好理论与技能培养的关系，注重理论与实践相结合，加强对学生思维方式的训练和计算思维的培养。计算机专业学生能力的培养特别强调理论学习、计算思维培养和实践训练。本系列教材以"重视理论，加强计算思维培养，突出案例和实践应用"为主要目标。

（3）为便于教学，在纸质教材的基础上，融合多种形式的教学辅助材料。每本教材可以有主教材、教师用书、习题解答、实验指导等。特别是在数字资源建设方面，可以结合当前出版融合的趋势，做好立体化教材建设，可考虑加上微课、微视频、二维码、MOOC等扩展资源。

四、教材特点

1. 满足新工科专业建设的需要

系列教材涵盖计算机科学与技术、软件工程、物联网工程、数据科学与大数据技术、网络空间安全、人工智能等专业的课程。

2. 案例体现传统工科专业的新需求

编写时，以案例驱动，任务引导，特别是有一些新应用场景的案例。

3. 循序渐进，内容全面

讲解基础知识和实用案例时，由简单到复杂，循序渐进，系统讲解。

4. 资源丰富，立体化建设

除了教学课件外，还可以提供教学大纲、教学计划、微视频等扩展资源，以方便教学。

五、优先出版

1. 精品课程配套教材

主要包括国家级或省级的精品课程和精品资源共享课程的配套教材。

2. 传统优秀改版教材

对于已经出版、得到市场认可的优秀教材，由于新技术的发展，计划给图书配上新的教学形式、教学资源的改版教材。

3. 前沿技术与热点教材

反映计算机前沿和当前热点的相关教材，例如云计算、大数据、人工智能、物联网、网络空间安全等方面的教材。

六、联系方式

联系人：白立军

联系电话：010-83470179

联系和投稿邮箱：bailj@tup.tsinghua.edu.cn

面向新工科专业建设计算机系列教材编委会

2019 年 6 月

面向新工科专业建设计算机系列教材编委会

前言

数据库系统是对数据进行存储、管理、处理和维护的软件系统,是现代计算机技术的核心成分。数据库系统的理论和技术是计算机科学技术教育中必不可少的部分。随着时代的变化,数据库管理技术在不断更新,数据库的应用需求也在不断变化,如数据安全在当前的应用中就变得格外重要。传统的数据管理技术与新的数据管理技术相互补充,新的需求不断对传统的开发技术提出新的要求。编者正是考虑到当前的技术与需求不匹配才编写了本书,试图将传统关系数据库的基础内容与云数据库、大数据等新技术紧密结合,将传统的数据库应用技术与当前需求相结合,将理论与工程实践相结合,培养读者的综合实践与创新能力。

本书的内容分为 4 部分,共 12 章。

第一部分是数据库的基本概念和基础知识,包括第 1 章和第 2 章。第 1 章介绍数据库系统的性质及发展趋势,通过数据库体系结构介绍数据库中相关的基本概念。第 2 章介绍传统的关系数据库和关系代数,为后续学习 SQL 打下基础。

第二部分是关系数据库的基本原理,包括第 3～8 章。第 3 章介绍 SQL 对数据库的操纵,包括数据定义、查询及更新等。第 4～6 章则围绕数据安全展开。第 4 章将视图与索引组织在一起,使读者更容易理解数据库系统的三级结构;第 5 章介绍 SQL 提供的各类约束及使用触发器实现复杂的约束;第 6 章介绍与数据库安全相关的技术,如存取控制、审计和加密等;第 7 章介绍关系数据库的事务及事务的 ACID 性质、数据库的并发控制与恢复;第 8 章介绍 SQL 的开发应用,包括存储过程、JDBC 等。

第三部分是数据库的设计,包括第 9 章和第 10 章。第 9 章介绍数据库设计和 E-R 模型;第 10 章介绍规范化设计理论和大数据的反规范化。

第四部分是数据库管理的新技术,包括第 11 章和第 12 章。大数据无处不在,数据库课程不能没有大数据技术。在数据库的新技术中介绍了华为的 GaussDB 等产品,作为国产数据库,它们对增强学生的自信和提高学生的学习兴趣有帮助。

每章最后配有一定数量的习题,既可以作为课后作业,也可以作为上机练习。全书所有的实例代码都已经在开源数据库 PostgreSQL 上调试通过。

　　本书采用理论与应用相结合、由理论到实践、从技术基础到具体开发应用的写作思路,自始至终贯彻案例教学的思想,使读者能清晰地认识到理论和应用各自解决的问题。

　　本书由邹先霞和王传胜执笔,在撰写过程中,暨南大学计算机系的魏凯敏教授、崔林教授给予了很多的帮助和指导,硕士研究生林浩东、杜里楪等做了大量的辅助性工作,在此向他们表示衷心的感谢。

　　本书在编写过程中,参考了大量的相关技术资料和程序开发源码资料,在此向资料的作者深表谢意。由于编者水平和时间有限,书中难免有疏漏及不足之处,敬请各位同行和读者不吝赐教,批评指正。

编　者

2023 年 5 月

CONTENTS

目录

第一部分　数据库的基本概念和基础知识

第二部分　关系数据库的基本原理

第三部分　数据库的设计

第四部分　数据库管理的新技术

第一部分　数据库的基本概念和基础知识

第 1 章

绪　　论

客观世界中,信息无处不在,数据无处不用,数据库技术和系统已经成为信息基础设施的核心技术和重要基础。数据库的建设规模、数据量和使用频率已成为衡量一个国家信息化程度的重要标志,数据资源和数据库新技术已经成为世界各国极为重要的优先发展战略。

数据库管理系统(Database Management System,DBMS),也称数据库系统,是有效地建立和维护大量数据,并安全地、长久地保存这些数据的强大工具。数据库系统是最复杂的软件系统之一,数据管理技术呈现出多元化的发展趋势。本章主要介绍数据库系统的基本概念、数据模型、数据库管理系统的体系结构及数据库设计等。

◆ 1.1　数据库系统概述

数据库的应用非常广泛,几乎涉及所有行业。要想掌握数据库系统技术,首先需要掌握数据、数据管理、数据库、数据模型和概念模型等专业术语,了解数据库的发展过程及发展趋势。

1.1.1　数据库的基本概念

数据、数据库、数据库管理系统和数据库系统是与数据库技术密切相关的4个基本概念。

1. 数据

数据(Data)是对客观事物、事件的记录与描述,是可由人工或自动化手段加以处理的数字、文字、图形、图像和声音等符号的集合。在计算机科学中,数据是指所有能输入计算机中并被计算机程序处理的符号的总称。数据是信息的表现形式和载体,是利用信息技术进行采集、处理、存储和传输的基本对象。通常,数据可分为两大类:数值型数据和非数值型数据。数值型数据一般为数字,如整数、实数和浮点数等;非数值型数据比较复杂,可以是文字、符号、表格、图形、图像、声音和视频等形式。

数据与其语义密不可分。数据的语义是指数据的含义,例如,85是一个数据,可以指一个学生某门课的成绩,也可以指某专业的学生人数,还可以指某人的体重等。因此,数据与其语义是不可分的,离开了具体的语义环境,数据将毫无意义。在实际业务处理过程中,各种信息只有经过数据载体的描述和表示,才能进行采集、传输、存储、管理与处理,并产生新的更有价值的数据(提供信息)。

2. 数据库

数据库(Database,DB)是长期存储的、有组织的、可共享的相关数据的集合,是存储在计算机设备(包括 PC、服务器、平板和手机等)上的有组织、可共享、持久性的数据空间。其数据按照一定的数据模型进行组织、描述和存储,具有较小的冗余度、较高的独立性和扩展性,可在用户之间共享。通常,数据库数据具有结构化、永久性、独立性、共享性、低冗余度、易扩展和海量性等特点。

3. 数据库管理系统

数据库管理系统(Database Management System,DBMS)是指建立、运用、管理和维护数据库,并对数据进行统一管理和控制的系统软件,它主要包括以下几个方面的功能。

(1) 数据定义功能。

数据库管理系统提供数据定义语言(Data Definition Language,DDL),用户通过它可以方便地对数据库中的数据对象的组成与结构进行定义。

(2) 数据组织、存储和管理。

数据库管理系统可以分类组织、存储和管理各种数据,包括数据字典、用户数据、数据的存取路径等。其主要作用是确定以何种文件结构和存取方式在存储器上组织这些数据,以及如何实现数据之间的联系。数据组织和存储的基本目标是提高存储空间利用率和方便存取,DBMS 提供了多种存取方法(如索引查找、Hash 查找、顺序查找等)来提高存取效率。

(3) 数据操纵功能。

数据库管理系统还提供数据操纵语言(Data Manipulation Language,DML),用户可以使用它来操纵数据,实现对数据库的基本操作,如查询、插入、删除和修改等。

(4) 数据库的事务管理和运行管理。

数据库在建立、运行和维护时由数据库管理系统统一管理和控制,以保证事务的正确运行,保证数据的安全性、完整性、多用户对数据的并发使用及发生故障后的系统恢复。

(5) 数据库的建立和维护功能。

数据库的建立和维护功能包括数据库初始数据的输入、转换功能,数据库的转储、恢复功能,数据库的重组织功能和性能监视、分析功能等。这些功能通常是由一些实用程序或管理工具完成的。

(6) 其他功能。

其他功能包括数据库管理系统与网络中其他软件系统的通信功能,一个数据库管理系统与另一个数据库管理系统或文件系统的数据转换功能,异构数据库之间的互访和互操作功能等。

4. 数据库系统

数据库系统是指在计算机系统中引入数据库后的系统,一般由数据库、数据库管理系统(及其开发工具)、应用系统和数据库管理员构成,如图 1.1 所示。数据库的创建、使用和维护等工作不能只靠一个 DBMS,还需要有专门的人员来管理和维护。负责此类事件的人员称为数据库管理员(Database Administrator,DBA)。

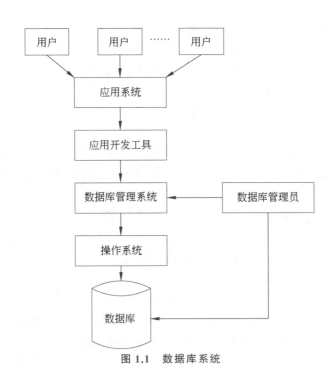

图 1.1 数据库系统

1.1.2 数据库系统的目标

事实上,数据是对现实世界中的各种事物量化、抽象和概括的结果,各种事物之间存在的内在联系决定了其被抽象的数据也存在着联系。当数据库系统具有对数据及其联系的统一管理能力后,数据资源就应当为多种应用需要服务,并为多个用户所共享。数据库系统不仅实现了多用户共享同一数据的功能,还解决了由于数据共享而带来的数据完整性、安全性及并发控制等一系列问题。数据库系统要克服文件系统中存在的数据冗余大和数据独立性差等缺陷,使数据冗余度最小,并实现数据与程序之间的独立。

数据库技术是在文件系统的基础上发展起来的新技术,它克服了文件系统的弱点,为用户提供了一种使用方便、功能强大的数据管理手段。数据库技术不仅可以实现对数据集中统一的管理,而且可以使数据的存储和维护不受任何用户的影响。数据库技术的发明与发展,使其成为计算机科学领域内的一个独立的学科分支。数据库系统和文件系统相比具有以下几个主要特点。

1. 数据库系统以数据模型为基础

数据库设计的基础是数据模型。在进行数据库设计时,要站在全局需要的角度抽象和组织数据;要完整地、准确地描述数据自身和数据之间的联系;要建立适合整体需要的数据模型。数据库系统以数据库为基础,各种应用程序应建立在数据库之上。数据库系统的这种特点决定了它的设计方法,即系统设计时应先设计数据库,再设计功能程序,而不能像文件系统那样,先设计程序,再考虑程序需要的数据。

2. 数据库系统的数据冗余度小、数据共享度高

数据冗余度小是指重复的数据少。减少数据冗余可以带来以下优点。

(1)数据量小可以节约存储空间,使数据的存储、管理和查询都容易实现。

(2) 数据冗余度小可以使数据统一,避免产生数据不一致的问题。

(3) 数据冗余度小便于数据维护,避免数据统计错误。

由于数据库系统是从整体上看待和描述数据的,数据不再是面向某个应用,而是面向整个系统,所以数据库中同样的数据不会多次重复出现。这就使得数据库中的数据冗余度小,从而避免了由于数据冗余度大带来的数据冲突问题,也避免了由此产生的数据维护麻烦和数据统计错误问题。

数据库系统通过数据模型和数据控制机制提高数据的共享性。数据共享度高会提高数据的利用率,使得数据更有价值且更容易、方便地被使用。数据共享度高使得数据库系统具有以下三个优点。

(1) 系统现有用户或程序可以共同享用数据库中的数据。

(2) 当系统需要扩充时,再开发的新用户或新程序还可以共享原有的数据资源。

(3) 多用户或多程序可以在同一时刻共同使用同一数据。

3. 数据库系统的数据和程序之间具有较高的独立性

由于数据库中的数据定义功能(即描述数据结构和存储方式的功能)和数据管理功能(即实现数据查询、统计和增删改的功能)是由 DBMS 提供的,所以数据对应用程序的依赖程度大大降低,数据和程序之间具有较高的独立性。数据和程序相互之间的依赖程度低、独立程度大的特性称为数据独立性高。数据独立性高使得程序中不需要有关数据结构和存储方式的描述,从而减轻了程序设计的负担。当数据及结构变化时,如果数据独立性高,程序的维护也会比较容易。数据库中的数据独立性可以分为两级。

(1) 数据的物理独立性。

数据的物理独立性(Physical Data Independence)是指应用程序对数据存储结构(也称物理结构)的依赖程度。数据的物理独立性高是指当数据的物理结构发生变化时(如当数据文件的组织方式被改变或数据存储位置发生变化时),应用程序不需要修改也可以正常工作。数据库系统之所以具有数据物理独立性高的特点,是因为数据库管理系统能够提供数据的物理结构与逻辑结构之间的映像(Mapping)和转换功能。正因为数据库系统具有这种数据映像功能,才使得应用程序可以根据数据的逻辑结构来进行设计,并且一旦数据的存储结构发生变化,系统可以通过修改其映像来适应其变化。所以数据物理结构的变化不会影响到应用程序的正确执行。

(2) 数据的逻辑独立性。

数据库中的数据逻辑结构分为全局逻辑结构和局部逻辑结构两种。数据全局逻辑结构指全系统总体的数据逻辑结构,它是按全系统使用的数据、数据的属性及数据之间的联系来组织的。数据局部逻辑结构是指具体一个用户或程序使用的数据逻辑结构,它是根据用户自己对数据的需求进行组织的。局部逻辑结构中仅涉及与该用户(或程序)相关的数据结构。数据局部逻辑结构与全局逻辑结构之间是不完全统一的,两者间可能会有较大的差异。数据的逻辑独立性(Logical Data Independence)是指应用程序对数据全局逻辑结构的依赖程度。数据逻辑独立性高是指当数据库系统的数据全局逻辑结构改变时,它们对应的应用程序不需要改变仍可以正常运行。例如,当新增加一些数据和联系时,不影响某些局部逻辑结构的性质。数据库系统之所以具有较高的数据逻辑独立性,是因为它能够提供数据的全局逻辑结构和局部逻辑结构之间的映像和转换功能。正因为数据库系统具有这种数据映像功能,使得数据库可以按照数据全局逻辑结构来进行设计,而应用程序可以按照数据局部逻辑结构进行设计。这样,既保证了数据库中的数据优化性质,又可使用户按自己的意愿或要求组织数据,数据具有整体性、共享性和方便性。同时,当全局逻辑结构中的部分数据结构改变时,即使那些与变化相关的数据局部逻辑结构受到了影响,也可以通过修改与全局逻辑结构的映像来减小其受影响的程度,使数据局部逻辑结构基本上保持不变。由于数据库系统中的程序是按局部数据逻辑结构进行设计的,并且当全局数据逻辑结构变换时可以使局部数据逻辑结构基本保持不变,所以数据库系统的数据逻辑独立性高。

4. 数据库系统通过 DBMS 进行数据安全性和完整性的控制

数据的安全性控制(Security Control)是指保护数据库,以防止不合法的使用造成的数据泄露、破坏和更改。数据安全性受到威胁是指出现用户看到了不该看到的数据、修改了无权修改的数据、删除了不能删除的数据等现象。

数据安全性被破坏有以下两种情况。

(1) 用户进行超越自身拥有的数据操作权的行为。例如,非法截取信息或蓄意传播计算机病毒使数据库瘫痪。显然,这种破坏数据的行为是有意的。

(2) 出现了违背用户操作意愿的结果。例如,由于不懂操作规则或出现计算机硬件故障使得数据库不能正常使用。这种破坏数据的行为是用户无意引起的。数据库系统通过它的数据保护措施能够防止数据库中的数据被破坏。例如,使用用户身份鉴别和数据存取控制等方法,即使数据被破坏,系统也可以进行数据恢复,以确保数据的安全性。

数据的完整性控制(Integrity Control)是指为保证数据的正确性、有效性和相容性,防止不符合语义的数据输入或输出而采用的控制机制。对于具体的一个数据,总会受到一定的条件约束,如果数据不满足其条件,它就是不合语义的数据或是不合理的数据。这些约束条件可以是数据值自身的约束,也可以是数据结构的约束。

数据库系统的完整性控制包括两项内容:一是提供进行数据完整性定义的方法,用户要利用其方法定义数据应满足的完整性条件;二是提供进行数据完整性检验的功能,特别是在数据输入和输出时,系统应自动检查其是否符合已定义的完整性条件,以避免错误的数据进入数据库或从数据库中流出,造成不良的后果。

数据完整性的高低是决定数据库中数据的可靠程度和可信程度的重要因素。数据库的数据控制机制还包括数据的并发控制和数据恢复两项内容。数据的并发控制是指排除由于数据共享,即用户并行使用数据库中的数据时,所造成的数据不完整和系统运行错误等问题。

数据恢复是指通过记录数据库运行的日志文件和定期做数据备份工作,保证数据在受到破坏时,能够及时使数据库恢复到正确状态。

5. 数据库中数据的最小存取单位是数据项

在文件系统中,由于数据的最小存取单位是记录,结果给使用及数据操作带来了许多不便。数据库系统改善了其不足之处,它的最小数据存取单位是数据项,即使用时可以按数据项或数据项组存取数据,也可以按记录或记录组存取数据。由于数据库中数据的最小存取单位是数据项,系统在进行查询、统计、修改及数据再组合等操作时,能以数据项为单位进行条件表达和数据存取处理,给系统带来了高效性、灵活性和方便性。

1.1.3 数据库系统的发展历史

数据库系统的研究和开发从20世纪60年代开始至今,取得了十分辉煌的成就,造就了 C. W. Bachman(巴克曼)、E. F. Codd(考特)、J. Gray(格雷)、M. R. Stonebraker(斯通布雷克)4位图灵奖得主,形成了坚实的理论基础、成熟的商业产品和广泛的应用领域。

数据模型是数据库技术的核心基础,数据模型的发展演变可以作为数据库技术发展阶段的主要标志。下面以数据模型为依据介绍数据库的发展过程。

1. 层次数据库和网状数据库

第一代数据库技术是指出现于20世纪60年代末的层次模型数据库系统和网状模型数据库系统。层次模型数据库系统的典型代表是1968年IBM公司研制出的世界上第一个数据库管理系统IMS(Information Management System)。该数据库系统最早运行在IBM 360/370计算机上。经过多年技术改进后,该系统至今还在IBM部分大型主机中使用。网状模型数据库系统的典型代表是1964年通用电器公司研制的数据库管理系统IDS(Integrated Data System)。IDS奠定了网状数据库技术的基础,并在当时得到了广泛的发行和应用。20世纪70年代初,美国数据库系统语言协会(Conference On Data System Language,CODASYL)下属的数据库任务组(Data Base Task Group,DBTG)对数据库技术方法进行了系统的研究,提出了若干报告(被称为DBTG报告)。DBTG报告总结了数据库技术的许多概念、方法和技术。在DBTG思想和方法的指引下,数据库系统的实现技术不断成熟,推出了许多商品化的数据库系统,它们都是基于层次模型和网状模型的技术思想实现的。

2. 关系数据库

第二代数据库技术是指出现于20世纪70年代的关系数据库系统。1970年,IBM公司 San Jose研究实验室的研究员 Edgar F. Codd 在刊物 *Communication of ACM* 上发表了题为 *A Relational Model of Data for Large Shared Data Banks* 的论文,首次提出了关系数据模型。随后进一步的研究成果建立了关系数据库方法和关系数据库理论,为关系数据库技术奠定了理论基础。Edgar F. Codd 于1981年被授予ACM图灵奖,其在关系数据库研究方面的杰出贡献被人们所认可。20世纪70年代是关系数据库理论研究和原型开发的时代,其中以IBM公司San Jose研究实验室开发的System R和Berkeley大学研制的Ingres为典型代表。大量的理论成果和实践经验最终使关系数据库从实验室走向了市场,因此,人们把20世纪70年代称为数据库时代。20世纪80年代几乎所有新开发的数据库系统产品均是关系数据库软件,其中涌现出了许多性能优良的商品化关系数据库管理系统,如DB2、Ingres、Oracle、Informix、Sybase等。这些商用数据库系统使数据库技术被日益广泛地应用到商业服务、企业管理、情报检索、辅助决策等方面,成为实现信息系统数据管理的基本技术。

3. 面向对象数据库

20世纪80年代以来,数据库技术在商业上的巨大成功刺激了其他领域对数据库技术需求的迅速增长。这些新的领域为数据库应用开辟了新的天地,并在应用中提出了一些新的数据管理需求,进而推动了数据库技术的研究与发展。1990年,高级DBMS功能委员会发表了《第三代数据库系统宣言》,提出了第三代数据库管理系统应具有的三个基本特征:

支持数据管理、对象管理和知识管理;必须保持或继承第二代数据库系统的技术;必须对其他系统开放。面向对象数据库技术成为第三代数据库技术发展的主要特征。传统的关系数据模型无法描述现实复杂的数据实体,而面向对象的数据模型由于吸收了已经比较成熟的面向对象程序设计方法学的核心概念和基本思想,因此符合人类认识世界的一般方法,更适合描述现实世界中复杂的数据关系。面向对象数据库技术可以解决关系数据库技术存在的数据模型简单、数据类型有限、难以支持复杂数据处理的问题。不过,面向对象数据库技术不具备统一的数据模式和形式化理论,缺少严格的数学理论基础,难以支持广泛使用的结构化查询语言 SQL。在实际应用中,面向对象数据库软件产品并没有真正得到推广。相反,一些在关系数据库基础上扩展面向对象功能的对象-关系数据库产品(如 PostgreSQL)则得到了实际应用。

4. 云数据库

云计算(Cloud Computing)的迅猛发展使得数据库部署和虚拟化在"云端"成为可能。云数据库是数据库部署和虚拟化在云计算环境下,通过计算机网络提供数据管理服务的数据库。因为云数据库可以共享基础架构,极大地增强了数据库的存储能力,消除了人员、硬件、软件的重复配置。

云数据库将传统的数据库系统配置在云上,云服务提供商对云上数据库系统进行统一部署和管理,用户通过付费的方式获得数据库服务。不同于传统数据库,云数据库通过计算存储分离、存储在线扩容、计算弹性伸缩提升了数据库的可用性和可靠性。

云数据库也分为关系数据库和非关系数据库。典型的基于关系数据库模型的云数据库有微软的 SQL Azure 云数据库,非关系数据库模型有亚马逊的 DynameDB。

但是云计算对数据安全带来了极大的威胁,数据容易泄露,存在意外丢失的风险。

5. NoSQL 数据库

传统的关系数据库采用二维表结构存储数据,具有数据结构简单、访问操作方便等特点,但它仅支持简单数据类型的存取。在采用关系数据库实现信息系统的技术方案中,所有信息数据都需要进行结构化存储处理,才能在关系数据库中进行数据存取访问。而当今大量互联网应用数据以非结构形式存在,如网页信息、文档信息、报表信息、音视频信息、即时通信消息等。如果海量的非结构化数据时刻都要进行结构化处理,势必会带来系统对信息数据处理的开销过大和时效性难以满足需求等问题。NoSQL 数据库技术是针对大量互联网应用的非结构化数据处理需求而产生的一种分布式非关系数据库技术。与关系数据库技术相比,它突破了关系数据库结构中必须等长存储各记录行数据的限制,它支持重复字段、子字段及变长字段,并可实现对变长数据和重复数据类型进行处理,这对处理各类文档、报表、图像、音视频等非结构化数据有着传统关系数据库所无法比拟的优势。因此,NoSQL 数据库技术成为支持大数据应用的数据管理主流技术之一。

6. NewSQL 数据库

虽然 NoSQL 数据库技术可以有效解决非结构化数据存储与大数据操作的问题,具有良好的扩展性和灵活性,但它不支持广泛使用的结构化数据查询语言 SQL,同时也不支持数据库事务的 ACID(原子性、一致性、隔离性和持久性)特性操作。另外,不同的 NoSQL 数据库都有各自的查询语言和数据模型,这使得开发者很难规范应用程序接口。因此,NoSQL 数据库技术仅解决了互联网应用的非结构化数据处理需求,但对企业应用的结构化数据管理来说并不适合。NewSQL 数据库技术是一种在 NoSQL 数据库技术基础上还同时支持关系数据库访问的技术,这类数据库不仅具有 NoSQL 对海量数据的分布式存储管理能力,还兼容了传统关系数据库的 ACID 和 SQL 等特性。NewSQL 数据库技术不但支持非结构化数据管理的大数据应用,也支持结构化数据管理的关系数据库应用,它将成为未来主流的数据库技术之一。

1.1.4　数据管理技术的发展趋势

进入 21 世纪,数据和应用需要发生了巨大变化,硬件技术有了巨大发展,尤其是大数据时代的到来,使得数据库技术、更广义的数据管理技术和数据处理技术遇到了前所未有的挑战,也迎来了新的发展机遇。

1. 领域数据库

计算机领域中各种新兴技术的发展对数据库技术产生了重大影响。数据库技术与计算机网络技术、并行计算机技术、人工智能技术、多媒体技术、地理空间技术等相互渗透,相互结合,使数据库新技术内容层出不穷,如实时数据库、分布式数据库、并行数据库、智能数据库、多媒体数据库、空间数据库等。由此,数据库技术的许多概念、技术方法,甚至某些原理都有了重大的发展和变化,形成了数据库领域众多的研究分支和方向。此外,数据库应用领域也先后出现工程数据库、统计数据库、科学数据库、空间数据库、地理信息数据库等领域数据库。这些领域数据库在技术实现原理上与通用数据库没有太大的区别,但它们与特定应用领域相结合,加强了数据库系统对有关应用领域的支撑能力,尤其表现在数据模型、操作语言、数据访问方面。随着数据库技术的发展和数据库技术在工程领域中的广泛应用,更多的领域将出现领域数据库技术。

2. 数据仓库与数据挖掘

20 世纪 60 年代后期出现了一种新型数据库软件:决策支持系统(Decision Support System,DSS),是一种辅助决策者通过数据、模型和知识,以人机交互的方式进行半结构化或非结构化决策的计算机应用系统。它是管理信息系统向更高一级发展而产生的先进信息管理系统。它为决策者提供分析问题、建立模型、模拟决策过程和方案的环境,并且调用各种信息资源的分析工具,来帮助决策者提高决策水平和质量。

数据仓库是决策支持系统和联机分析应用数据源的结构化数据环境,是一个面向主题的(Subject Oriented)、集成的(Integrated)、相对稳定的(Non-Volatile)、反映历史变化(Time Variant)的数据集合,用于支持管理决策。数据仓库的数据管理具有面向主题、集成性、稳定性和时变性等特征,其数据来自若干分散的操作型数据库。通过对这些数据源进行数据抽取与数据处理,经过系统加工、汇总和整理得到的主题数据将被存放到特定模式的数据库中以备联机分析所使用。在数据仓库中,主要工作是对历史数据进行大量的查询操作或联机统计分析处理,以及定期的数据加载、刷新,很少进行数据更新和删除操作。

数据挖掘(Data Mining)是一种建立在数据仓库基础上对大量数据进行模式或规律挖掘,从中发现有价值信息的技术。它主要基于人工智能、机器学习、模式识别、统计学、数据库、可视化等技术,对大量数据进行自动化分析,进而做出归纳性的推理,从中挖掘出潜在的模式,帮助决策者进行策略分析,防范或减少风险,做出正确的决策。数据挖掘一般包含数据预处理、规律寻找和结果可视化表示三个步骤。数据预处理是从相关的数据源中选取所需的数据并整合成用于数据挖掘的数据集；规律寻找是用某种方法将数据集中所含的规律找出来；结果可视化表示是尽可能以用户可理解的可视化方式来表示规律。

3. 商业智能

商业智能（Business Intelligence）是指利用数据仓库及数据挖掘技术对客户数据进行系统的存储和管理，并通过各种数据统计分析工具对客户数据进行分析，提供各种分析报告，为企业提供决策信息；是指企业利用现代信息技术收集、管理和分析结构化和非结构化的商务数据和信息，改善决策水平，提升绩效，增强综合竞争力的智慧和能力；是融合了先进信息技术与创新管理理念的结合体，它集成了企业内外的数据，进行加工并从中提取能够创造商业价值的信息，面向企业战略并服务于管理层。

商业智能的技术实现涉及软件、硬件、咨询服务及应用，其基本体系结构包括数据仓库、联机分析处理和数据挖掘三个部分。商业智能将来自机构不同业务系统的数据进行清理，以保证数据的正确性，然后经过抽取（Extraction）、转换（Transformation）和装载（Load），合并到一个企业级数据仓库里，从而得到机构数据的一个全局视图。同时在此基础上利用合适的查询和分析工具、数据挖掘工具对其进行分析和处理，获得有价值的商业信息与知识，最后将这些商业信息与知识呈现给决策者，为决策者的决策过程提供辅助支持。

4. 大数据分析处理技术

大数据分析处理技术是继数据库、数据仓库、数据挖掘、商业智能等数据处理技术之后的又一个热点技术。大数据分析处理技术是一种解决传统数据分析处理技术难以在规定时间完成大规模复杂数据分析处理的问题的技术。传统的数据挖掘、商业智能技术虽然也能针对大规模数据集进行分析处理，但它们处理的数据类型有限，也不能快速处理海量的非结构化数据。在当前移动互联网、物联网、云计算、人工智能快速发展的时代，每时每刻都在产生大量非结构化数据，如传感数据、即时通信数据、交易数据、多媒体数据等。如何快速地从中分析出有价值的信息，成为大数据分析处理需要解决的主要问题。按照业界普遍认同的定义，大数据（Big Data）是指因其数据规模与复杂性难以通过使用传统数据管理软件以合理成本及可以接受的时限对其进行数据分析的数据集。大数据具有数据体量大、数据类型繁多、数据处理速度要求快、价值密度低等特点。因此，大数据分析处理技术需要整合云存储、云计算、分布式数据库、数据仓库、数据挖掘、机器学习等技术，才能实现有价值信息的数据分析处理。大数据分析处理的核心价值在于对海量数据进行分布式存储、计算与分析处理，从而获得有价值的信息。相比现有数据分析处理技术而言，大数据分析处理技术具有快速、廉价、性能强等综合优势。

◆ 1.2　数 据 视 图

数据库系统是由相互关联的数据及用户进行访问和修改这些数据的程序组成的集合。数据库系统的主要目的之一是向用户提供数据的抽象视图，而关于数据存储和维护的细节并不需要为用户所知。

1.2.1　数据抽象

一个可用的系统必须能高效地检索数据，这种高效性的需求促使设计者在数据库中使用复杂的数据结构来表示数据,这种设计的使用要求数据库系统的用户掌握计算机的专业知识。为了降低复杂性,简化用户与系统的交互,系统采用了三层抽象的结构。

物理层:最底层的抽象,描述数据的实际存储。物理层详细描述复杂的底层数据结构,如:记录的存储方式是堆还是按照某个属性值升(降)序存储,或按照属性值聚簇存储;索引按照什么方式组织,是 B+树索引还是 Hash 索引;数据是否压缩存储,是否加密;数据的存储记录结构如何规定,是定长结构还是变长结构,一个记录能否跨物理页存储;等等。

逻辑层:比物理层稍高的抽象,描述数据库存储什么数据以及这些数据之间存在什么关系。逻辑层通过相对简单的结构描述整个数据库,如数据记录由哪些数据项构成,数据项的名字、类型、取值范围等以及数据之间的联系等。逻辑层结构的实现涉及复杂的物理层,但逻辑层的用户不必了解物理层的复杂性,由数据的物理独立性实现转换。

视图层:最高层次的抽象,只描述数据库的某个部分。逻辑层虽然使用较简单的结构,但由于信息的多样性仍然存在一定程度的复杂性。数据库系统的很多用户并不需要关心所有的信息,而仅需要访问数据库的一部分。视图层抽象的定义使用户与系统的交互更简单。逻辑层到视图层的转换称为数据的逻辑独立性,其屏蔽了逻辑层的实现细节。

三层抽象的相互关系如图 1.2 所示。

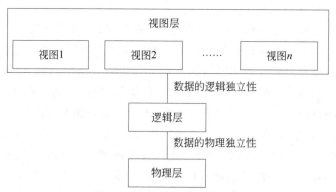

图 1.2　数据抽象的三个层次

三层抽象结构主要有以下三个优点。

(1) 有利于提高数据的安全性。不同的用户在各自的视图根据要求来操作数据,只能对限定的数据进行操作,从而提高了数据的安全性。

(2) 有利于数据共享,减少数据冗余。视图层的引入,使同一数据可针对不同的应用定义多个视图,提高了数据的共享性,减少了数据冗余。

(3) 简化了用户接口。按照视图编写应用程序或输入命令,而无须了解数据库的逻辑层和物理层,为用户使用系统提供了方便,减少了用户的学习成本。

1.2.2　实例和模式

随着时间的推移,信息会被插入或删除,数据库会发生变化。特定时刻存储在数据库中的信息集合称为数据库的一个实例(Instance),而数据库的总体设计称为数据库模式(Schema)。数据库模式的变化频率非常低。

数据库模式和实例的概念可用高级程序设计语言中的变量来类比。数据库模式对应程序设计语言中的变量声明,每个变量在特定时刻的值对应数据库模式的一个实例。

模式是相对稳定的,而实例是变动的。模式反映的是数据的结构及其联系,而实例反映的是数据库某一时刻的状态。

根据数据库不同的抽象层次,模式也分为几种不同的形式。物理模式在物理层描述数据库的设计,逻辑模式在逻辑层描述数据库的设计,子模式在视图层描述数据库的设计。

程序员使用逻辑模式来构造数据库应用程序时,物理模式隐藏在逻辑模式下,当物理模式改变如修改索引结构等,数据库管理员通过修改物理模式与逻辑模式之间的映射,使得应用程序不必发生改变,保证了数据与程序的物理独立性,简称数据的物理独立性。程序员使用子模式编写应用程序时,当逻辑模式改变如增加新的属性等,通过修改逻辑模式与子模式之间的映射,从而使得应用程序不必修改,保证了数据与程序的逻辑独立性,简称数据的逻辑独立性。

1.2.3　数据模型

数据库结构的基础是数据模型(Data Model)。数据模型是描述数据、数据联系、数据语义及一致性约束的概念工具的集合。数据模型可划分为以下类型。

实体-联系(Entity-Relationship,E-R)模型:实体-联系模型基于对现实世界的认识,现实世界由一组称为实体的基本对象及这些对象间的联系构成。实体是现实世界中可区别于其他对象的一件事或一个物体。E-R 模型主要用于数据库设计。

关系模型(Relational Model):关系模型用表的集合来表示数据和数据之间的联系。每个表有多列,每列有唯一的列名。

面向对象模型(Object-Oriented Model,OOM):面向对象模型是以面向对象的观点描述实体的逻辑组织、对象之间的限制和联系的模型。OOM 将客观事物(实体)都模型化为一个对象,每个对象都有一个唯一标识。共享相同属性和方法集的所有对象构成一个对象类(简称类),而一个具体对象就是某一类的一个实例。

半结构化数据模型(Semi-structured Data Model):半结构化数据模型允许相同类型的数据项含有不同属性集的数据规格说明,这是它与其他数据模型的最大不同。一般用可扩展标记语言(eXtensible Markup Language,XML)表示半结构化数据。

数据模型是一组严格定义的结构、操作规则和约束的集合,描述了系统的静态特性、动态特性和完整性约束条件。数据模型由三个要素组成:数据结构、数据操作和数据的完整性约束条件。

1. 数据结构

数据结构描述数据库的组成对象以及对象之间的联系,是刻画数据模型性质的最重要特征,因此在数据库系统中,人们通常按照其数据结构的类型来命名数据模型。例如,层次结构、网状结构和关系结构的数据模型分别命名为层次模型、网状模型和关系模型。

总之,数据结构是所描述的对象类型的集合,是对系统静态特性的描述。

2. 数据操作

数据操作是指对数据库中各种对象(型)的实例(值)所允许执行的操作的集合,包括操作及有关的操作规则。

数据库主要有查询和更新(包括插入、删除、修改)两大类操作。数据模型必须定义这些操作的确切含义、操作符号、操作规则(如优先级)以及实现操作的语言。

数据操作是对系统动态特性的描述。

3. 数据的完整性约束条件

数据的完整性约束条件是一组完整性规则。完整性规则是给定的数据模型中数据及其联系所具有的制约和依存规则,用以限定符合数据模型的数据库的状态以及状态的变化,以保证数据正确、有效和相容。

数据模型应该反映和规定其必须遵守的、基本的和通用的完整性约束条件。例如,在关系模型中,任何关系必须满足实体完整性和参照完整性两个条件。

此外,数据模型还应该提供定义完整性约束条件的机制,以反映具体应用所涉及的数据必须遵守的特定的语义约束条件。例如,在某大学的数据库中规定学生成绩如果有 6 门以上不及格将不能授予学士学位,教授的退休年龄是 65 周岁,男职工的退休年龄是 60 周岁,女职工的退休年龄是 55 周岁等。

◇ 1.3　数据库管理系统概述

数据库管理系统是数据库系统的核心,了解其原理和实现技术有助于数据库管理系统的研制和使用。图 1.3 是关系数据库管理系统的结构,其中,单线框表示系统构成,双线框表示内存中的数据结构,实线箭头线表示控制和数据流,虚线箭头线表示数据流。系统被划分为不同的模块,每个模块完成系统的一个功能,其主要功能如下。

(1) 数据定义功能。DBMS 提供了数据定义语言(Data Definition Language,DDL)。用户通过 DDL 完成对数据库中数据对象的定义,如定义数据库、表和视图等。

(2) 数据存取功能。DBMS 提供了数据操作语言(Data Manipulation Language,DML)。用户可用 DML 实现对数据库的基本操作,如检索、插入、删除和修改等。

(3) 运行管理功能。DBMS 提供了数据控制和管理功能,可对数据库进行有效的控制和管理,实现数据的安全性、完整性、并发性控制和故障恢复,确保数据正确、有效。

(4) 数据组织、管理和存储。DBMS 要对各种数据进行分类组织、管理和存储,包括用户数据、数据字典和数据存取路径等。主要是确定文件结构种类、存取方式(索引查找、哈希查找和顺序查找等)和数据的组织,实现数据之间的联系等,提高了存储空间的利用率和存取效率。

(5) 数据库的建立和维护功能。包括数据库的初始建立、数据的转换、数据库的转储和恢复、数据库的重新组织功能、性能监视和分析功能等。上述功能主要由一些实用软件或管理工具完成。

(6) 其他功能。主要包括 DBMS 与其他软件系统的数据通信功能,不同 DBMS 或文件系统的数据转换功能,异构数据库之间的互访和互操作功能等。

1.3.1　数据库语言

数据库
体系结构

数据库系统提供 DDL 定义数据库模式和 DML 表达数据库的查询和更新。DDL 和 DML 构成了数据库语言。

DML 向用户提供以下访问或操纵数据的功能。

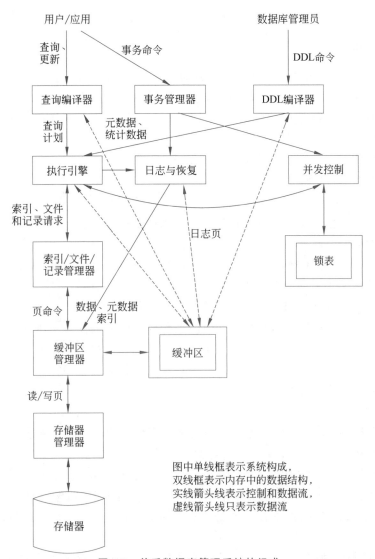

图 1.3　关系数据库管理系统的组成

- 对存储在数据库中的信息进行检索。
- 向数据库中插入新的信息。
- 从数据库中删除信息。
- 修改数据库中原有的存储信息。

DDL 定义数据库模式、数据值必须满足的一致性约束等功能。

- 定义数据库对象，如模式、表、视图和索引等。
- 定义完整性约束，如实体完整性、参照完整性和用户自定义完整性等。
- 对于不同的用户在数据库不同对象上的访问进行授权，如读权限、插入权限、更新权限、删除权限等。

DDL 用语句作为输入，生成的输出放入数据字典。数据字典可看作一种特殊的表，该表只能由数据库系统本身来访问和修改。DDL 命令由 DDL 处理器分析后传送给执行引擎,执行引擎再通过"索引/文件/记录管理器"去修改元数据,也就是数据库的模式信息。

1.3.2 查询处理

查询处理帮助数据库系统简化和方便数据的访问,使得数据库用户能够获得很高的性能。图1.3左边的路径就是用户或应用程序与DBMS的交互工作。用户或应用程序使用DML修改数据库中的数据或从数据库中抽取数据。DML由查询处理和事务处理两个独立的子系统处理。

1. 查询处理

查询处理器组件如下。

DDL解释器:解释DDL语句并将这些定义记录在数据字典中。

DML编译器:将查询语言中的DML语句翻译成一个执行方案,包括一系列查询执行引擎能理解的低级指令。

一个查询通常可被翻译成多种等价的具有相同结果的执行方案,DML编译器还可以进行查询优化,从多种方案中选择代价最小的一种。

查询执行引擎:执行由DML编译器产生的低级指令。

查询通过查询编译器完成语法分析和优化,编译的结果是查询计划或是由DBMS执行并获得查询结果的操作序列,它们将被送给查询执行引擎。执行引擎向资源管理器发出获取数据的请求。资源管理器掌握数据文件、数据文件的格式和记录大小以及索引文件等信息,快速从数据文件中找到相应数据元素。

数据请求被传送给缓冲区管理器,缓冲区管理器的任务是从磁盘中获取数据送入主存缓冲区。为了从磁盘中得到数据,缓冲区管理器与存储器管理器之间将进行通信。

2. 事务处理

查询和其他DML操作组成事务(Transaction)。事务是数据库管理系统执行的最小单位,具有原子性,执行的事务之间必须互相隔离。任何一个查询或修改操作本身都可以是一个事务。事务必须是持久的,即任何已完成事务的结果必须被保持。事务管理器由以下两个部分组成。

(1) 并发控制管理器(Concurrency-Control Manager)或调度器(Scheduler):保证事务的原子性和独立性。

(2) 日志(Logging)和恢复管理器:负责事务的持久性。

事务管理器接收来自应用的事务命令,这些命令告诉事务管理器事务的开始时间、结束时间及处理的信息等。事务管理器执行如下任务。

(1) 记日志:为了保证持久性,数据库的每一个变化都记录在磁盘上。日志管理器的设计原则是无论何时系统失败或崩溃,恢复管理器都能够通过检查日志中的修改记录将数据库恢复到某个一致状态。日志管理器先将日志写入缓冲区,然后与缓冲区管理器协商以确保缓冲区在合适的时间被写入磁盘。

(2) 并发控制:事务必须独立执行。但大多数系统中事务都是同时执行,并发控制管理器必须保证多个事务的单个动作是按某个次序执行,与系统一次只执行一个事务一样。典型的调度器是采用封锁的方式,防止两个事务用不正确的交互方式对同一个数据进行存取。锁通常保存在主存的锁表中,调度器阻止执行引擎去修改已加锁的数据库内容。

（3）消除死锁：当事务通过调度器获取锁并竞争所需资源时可能会产生死锁。事务管理器通过删除一个或多个事务使其他事务可以继续执行。

1.3.3　数据存储

存储管理器非常重要，因为数据库中往往存储着大量的数据，甚至是 TB 级或 PB 级的数据，计算机内存不可能存储这么多的信息，所以信息一般存储在磁盘上，需要处理时才调入内存，因此数据库系统对数据的组织必须满足使磁盘和主存之间数据的移动最小化。存储管理器提供低层的存储数据与应用程序及系统查询之间的接口，负责与文件管理器进行交互，将各种 DML 语句翻译成底层文件系统命令。存储管理器负责数据库中数据的存储、检索和更新。存储管理部件如下。

（1）权限及完整性管理器：检测是否满足完整性约束，并检查试图访问数据的用户权限。

（2）事务管理器：保持数据库的一致性状态，并保证并发事务的执行不发生冲突。

（3）文件管理器：管理磁盘存储空间的分配，管理磁盘中存储信息的数据结构。

（4）缓冲区管理器：负责将数据从磁盘取到内存，并决定哪些数据被缓冲存储到内存中。

存储管理器实现了以下几种数据结构，是系统的物理实现。

（1）数据文件：存储数据库自身。

（2）数据字典：存储关于数据库结构的元数据，尤其是数据库模式。

（3）索引：支持对数据库的数据高效存取的数据结构。

1.3.4　数据库体系结构

数据库系统的大多数用户并不直接面对数据库系统，而是通过网络与其相连，因此将远程数据库用于用户工作的机器称为客户机（Client），运行数据库系统的机器称为服务器（Server）。数据库应用通常可分为两个或三个部分，如图 1.4 所示。在一个两层体系结构中，应用程序驻留在客户机上，通过查询语言调用服务器上的数据库系统功能，应用程序接口标准如 ODBC 或 JDBC 用于进行客户端和服务器间的交互。

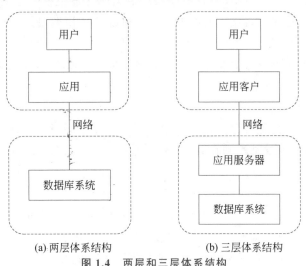

(a) 两层体系结构　　　　(b) 三层体系结构

图 1.4　两层和三层体系结构

三层体系结构中,客户机只作为一个前端且不包含任何直接的数据库调用。客户端通常通过一个表单界面与应用服务器进行通信,再通过应用服务器与数据库系统通信以访问数据。应用程序的业务逻辑被嵌入应用服务器中而不是分布在多个客户机上。三层结构的应用更适合大型应用和互联网上的应用。

◇ 1.4　数据库设计

数据库设计属于系统设计的范畴,通常把使用数据库的系统称为数据库应用系统,将数据库应用系统的设计称为数据库设计。数据库设计是指设计数据库的行为结构特性,并建立能满足各种用户对数据库应用需求的功能模型。数据库及应用系统的设计是开发数据库系统的首要环节和基础工作。

1.4.1　设计过程

高层的数据模型为数据库设计提供一个概念框架,说明数据库用户的数据需求,以及如何构造数据库结构来满足这些需求。数据库设计被划分为如下几个阶段。

1. 用户需求分析阶段

需求分析是数据库系统设计的第一步,也是最困难、最耗时间的一步。需求分析的任务是准确了解并分析用户对系统的需要和要求,弄清系统要达到的目标和实现的功能。为了完成这个任务,数据库设计者需要与领域专家、数据库用户广泛地进行交流。然后根据这个阶段的成果制定出用户需求的规格文档。

2. 概念结构设计阶段

概念结构设计是数据系统设计的关键。在概念结构的设计过程中,设计者要对用户需求进行综合、归纳和抽象,确保所有的数据需求都被满足且相互之间没有冲突,在检查过程中设计者需要去掉冗余的特性。概念结构设计的重点是描述数据及数据之间的联系,而不指定物理的存储细节。

从关系模型的角度来看,概念设计阶段决定数据库应该包括哪些属性并将这些属性组织到多个表中。解决这个问题的方法有两种:一种是 E-R 模型,另一种是规范化算法。

3. 逻辑结构设计阶段

逻辑结构设计的主要任务是将概念结构转换为某个 DBMS 所支持的数据模型,并将其性能进行优化。

4. 物理结构设计阶段

物理结构设计的主要任务是为逻辑数据模型选取一个最适合应用环境的物理结构,包括数据存储位置、数据存储结构和存取方法。

1.4.2　E-R 模型

E-R 模型是"实体-联系模型(Entity-Relationship Model)"的简称,它是一种描述现实世界概念数据模型、逻辑数据模型的有效方法。E-R 模型主要定义了实体、属性、联系三种基本元素,并使用这些元素符号来建模系统的数据对象组成及其数据关系。

1. 实体

实体（Entity）是现实世界中可区别于其他对象的一件"事情"或一个"物体"。例如，一个职工、一个学生、一个部门、一门课、学生的一次选课、部门的一次订货、教师与院系的工作关系（即某位教师在某院系工作）等都是实体。

2. 属性

每个实体都有自己的一组数据特征，这些描述实体的数据特征被称为实体的属性（Attribute）。例如，学生实体可以由学号、姓名、性别、出生年月、所在院系、入学时间等属性组成，属性组合（如：201315121，张山，男，199505，计算机系，2013）即表征了一个学生。

唯一标识实体的属性集称为码。例如，学号是学生实体的码。

3. 实体间的联系

可以使用联系（Relationship）表示一个或多个实体之间的关联关系。现实世界的事物总是存在着这样或那样的联系，这种联系必然要在信息世界中得到反映。联系是实体之间的一种行为，一般用动词来命名关系，如"管理""查看""订购"等。

4. 实体集和联系集

同一类型的所有实体的集合称为实体集，如全体学生就是一个实体集。同一类型的所有联系的集合称为联系集。

数据库的总体逻辑结构用 E-R 图表示，最常用的工具之一为统一建模语言（Unified Modeling Language，UML）。

UML 用矩形框表示实体集，实体名在头部，属性名列在下面。

联系集用菱形表示，连接一对相关的实体集，联系名放在菱形内部。

【例 1.1】 图 1.5 表示教师和学生两个实体集之间的指导关系。

图 1.5　E-R 图示例

除了实体和联系外，E-R 模型还描述了数据库必须遵守的某些约束，如映射基数，它表示实体集之间通过联系关联的实体的数目。例如，例 1.1 中一名学生只有一名指导教师，而一名指导教师可指导多名学生，UML 通过实体集和联系集的不同线段来表示这种约束。

1.4.3　规范化

设计关系数据库的另一种方法称为规范化过程，它的目标是生成关系模式的集合，消除不必要的冗余的同时还能方便地检索数据。下面通过一个示例来说明规范化的必要性。

【例 1.2】 建立一个描述学校教务的数据库，该数据库涉及的对象包括学生的学号（Sno）、学生所在系（Sdept）、系主任姓名（Mname）、课程号（Cno）和成绩（Grade）。假设用一个单一的关系模式 Student 来表示，则该关系模式的属性集合为

$U = \{Sno，Sdept，Mname，Cno，Grade\}$

表 1.1 是某一时刻关系模式 Student 的一个实例。

表 1.1 Student 表

Sno	Sdept	Mname	Cno	Grade
2020010001	计算机系	李小鹏	0806001	90
2020010002	计算机系	李小鹏	0806001	89
2020010003	计算机系	李小鹏	0806001	78
2020010004	计算机系	李小鹏	0806001	76
2020010005	计算机系	李小鹏	0806001	67

但是,这个关系模式存在以下问题。

(1) 数据冗余。

这个表中出现重复信息,如每一个系的系主任姓名重复出现,重复次数与该系所有学生的所有课程成绩的出现次数相同,如表 1.1 所示,这将浪费大量的存储空间。

(2) 更新异常。

由于数据冗余,更新数据库变得非常复杂。如某系更换系主任后,必须修改与该系学生有关的每一行元组,否则就会出现同一个系有两个不同的系主任。

(3) 插入异常。

如果一个系刚成立,尚无学生,则无法将这个系及其系主任的信息存入数据库。

(4) 删除异常。

如果某个系的学生全部毕业了,则在删除该学生信息的同时,这个系及其系主任的信息也丢失了。

该模式存在一些不好的性质,利用规范化可将其设计为满足某种范式的模式。为研究关系模式是否符合某种范式要求,需要利用数据库建模中的信息如函数依赖。规范化的详尽理论已经形成,它形式化地定义了什么样的数据库设计是不好的以及如何得到想要的设计。

◇ 1.5 数据库用户和管理员

数据库系统的主要目标之一是从数据库中检索信息和向数据库中存储新信息,使用数据库的人员可分为数据库用户和数据库管理员。

1.5.1 数据库用户

根据与系统交互的方式的不同,数据库系统的用户可分为普通用户、应用程序员、系统分析员和数据库设计人员等。

(1) 普通用户。

普通用户也可称为最终用户,他们通过激活事先已经写好的应用程序同系统进行交互,常用的接口方式有浏览器、菜单驱动、表格操作、图形显示、报表书写等。

(2) 应用程序员。

应用程序员负责设计和编写应用系统的程序模块,并进行调试和安装。有很多工具可以供应用程序员选择来开发用户界面。

（3）系统分析员和数据库设计人员。

系统分析员负责应用系统的需求分析和规范说明,确定系统的硬件软件配置,并参与数据库系统的概要设计。

数据库设计人员负责数据库中数据的确定及数据库各级模式的设计。数据库设计人员必须参加用户需求调查和系统分析,然后进行数据库设计。

1.5.2　数据库管理员

DBMS 的目的是对数据和访问这些数据的程序进行集中控制,对系统进行集中控制的人称为数据库管理员(Database Administrator,DBA)。DBA 的作用包括以下几个方面。

（1）模式定义。DBA 通过 DDL 编写一系列定义来创建最初的数据库模式。

（2）确定存储结构及存取策略。DBA 决定数据的存储结构和存取策略,以求获得较高的存取效率和存储空间利用率。

（3）数据库的改进和重组、重构。DBA 负责在系统运行期间监视系统的空间利用率、处理效率等性能指标,对运行情况进行记录、统计分析,依靠工作实践并根据实际应用环境不断改进数据库设计。不少数据库产品都提供了对数据库运行状况进行监视和分析的工具,数据库管理员可以利用这些软件来完成这项工作。

另外,在数据运行过程中,大量数据不断插入、删除、修改,时间一长,数据的组织结构会受到严重影响,从而降低系统性能。因此,DBA 要定期对数据库进行重组织,以改善系统性能。当用户的需求增加和改变时,DBA 还要对数据库进行较大的改造,包括修改部分设计,即数据库的重构。

（4）数据访问授权。通过授予不同类型的权限,DBA 可以规定不同的用户各自可以访问的数据库的部分。授权信息保存在一个特殊的系统结构中,一旦系统中有访问数据的要求,数据库系统就会去查阅这些信息。

（5）监视数据库的使用和运行。DBA 负责监视数据库系统的运行情况,及时处理运行过程中出现的问题。例如,系统发生各种故障时,数据库会因此遭到不同程度的破坏,数据库管理员必须在最短时间内将数据库恢复到正确状态,并尽可能不影响或少影响计算机系统其他部分的正常运行。为此,数据库管理员要定义和实施适当的备份和恢复策略,如周期性地转储数据、维护日志文件等。

◇　小　　结

本章介绍了数据库的基本概念,数据库系统的发展历史及数据管理技术的发展趋势。

数据库管理系统由相互关联的数据集合及一组用于访问这些数据的程序组成,主要目标是为人们提供方便、高效的环境来存储和检索数据。

数据库系统为用户提供了数据的抽象视图,实现了数据的逻辑独立性和物理独立性。

数据模型是数据库系统的核心和基础,是用于描述数据、数据之间的联系、数据语义和数据约束的概念工具的集合。

数据库系统由查询处理器、存储管理器等子系统组成。查询处理器编译和执行 DDL 和 DML 语句。存储管理器为存储的低层数据与应用程序和用户查询之间提供接口。

◇ 习　　题

1. 什么是数据？数据有什么特征？数据和信息有什么关系？

2. 数据管理的功能和目标是什么？

3. 什么是数据库？数据库中的数据有什么特点？

4. 什么是数据库管理系统？它的主要功能是什么？

5. 数据冗余会产生什么问题？

6. 数据库系统的软件由哪几部分组成？它们的作用及关系是什么？

7. 试述数据库管理员的职责。

8. 试述数据库系统的三级模式结构及每级模式的作用。

9. 什么是数据的独立性？数据库系统中为什么能具有数据独立性？

10. 试解释两层和三层体系结构之间的区别。对 Web 应用来说,哪一种更合适？为什么？

第2章

关系模型

关系数据库是以关系模型为基础的数据库。关系模型利用表的集合来表示数据和数据间的联系,按照数据模型的三个要素来分,关系模型由关系数据结构、完整性约束和关系操作三部分组成。关系模型是数据处理应用中的主要数据模型之一,具有坚实的理论基础,具有简单易操作等特点。本章主要介绍关系模式、关系代数及关系代数优化等内容。

◆ 2.1 关系数据结构

2.1.1 关系的通俗解释

关系数据库由表的集合构成,每个表都有唯一的名字。如表 2.1 所示的教师表记录了有关教师的信息,它有 5 列:教师编号、教师姓名、教师所在部门、教师职称和教师工资。该表中的每一行记录了一位教师的信息,包括该教师的教师编号、教师姓名、教师所在部门、教师职称和教师工资。教师表中每一行的教师编号是唯一的,唯一地标识了每一位教师,表中的一行代表了一个特定的教师编号与相应的教师姓名、教师所在部门、教师职称和教师工资之间的联系。

表 2.1 教师表(instructor)

教师编号 ID	教师姓名 Name	教师所在部门 Deptment	教师职称 Title	教师工资 Salary
1997001	王华	材料学院	教授	8000
2001138	赵芳	生科院	副教授	6000
2010010	孙科	理工学院	讲师	5000
2012010	刘涛	计算机学院	讲师	5000

关系模型

在关系模型中,一个关系就是一张二维表,表中的一行代表了一组值之间的一种联系,在关系模型中称为元组(Tuple),表中的一列称为关系模式的属性(Attribute)。关系模式中的术语与表格术语的对照关系如表 2.2 所示。

表 2.2   关系模式与表格的术语对照表

关系模式术语	表格的术语
关系名	表名
关系模式	表头
关系	二维表
元组	行
属性	列
属性名	列名
属性值	列值

2.1.2 关系的定义

关系模型的数据结构就是关系,现实世界中的实体以及实体之间的各种联系都采用关系来表示。关系模型建立在集合代数的基础上,下面从集合论的角度对关系进行形式化定义。

1. 域

定义 2.1 域(Domain)是一组具有相同数据类型的值的集合,对于关系的每个属性,都存在一个允许取值的集合,称为该属性的域。域所包含的值的个数称为域的基数。

【例 2.1】 整数、实数、{男,女}等枚举值都是域。

$D_1 = \{张三,李四\}$,D_1 的基数为 2。

$D_2 = \{男,女\}$,D_2 的基数为 2。

$D_3 = \{19,20,21\}$,D_3 的基数为 3。在关系中用域来表示属性的取值范围。

2. 笛卡儿积

定义 2.2 给定一组域 $D_1,D_2,\cdots,D_n$,这些域中允许有相同的域。$D_1,D_2,\cdots,D_n$ 的笛卡儿积为

$$D_1 \times D_2 \times \cdots \times D_n = \{(d_1,d_2,\cdots,d_n) \mid d_i \in D_i, i=1,2,\cdots,n\}$$

若 $D_i(i=1,2,\cdots,n)$ 为有限集,其基数为 $m_i(i=1,2,\cdots,n)$,则 $D_1 \times D_2 \times \cdots \times D_n$ 的基数 M 为 n 个域的基数之积,记作

$$M = \prod_{i=1}^{n} m_i$$

笛卡儿积可表示为一张二维表,表中的每一行对应一个元组,表中每一列的值来自同一个域。

如例 2.1 中的域 D_1,D_2,D_3 的笛卡儿积的结果为

$$D_1 \times D_2 \times D_3 = \{(张三,男,19),(张三,男,20),(张三,男,21),$$
$$(张三,女,19),(张三,女,20),(张三,女,21),$$
$$(李四,男,19),(李四,男,20),(李四,男,21),$$
$$(李四,女,19),(李四,女,20),(李四,女,21)\}$$

该笛卡儿积的基数为 $2 \times 2 \times 3 = 12$,即共有 12 个元组,表示为二维表则如表 2.3 所示。

表 2.3　D_1,D_2,D_3 的笛卡儿积

姓　　名	性　　别	年　　龄
张三	男	19
张三	男	20
张三	男	21
张三	女	19
张三	女	20
张三	女	21
李四	男	19
李四	男	20
李四	男	21
李四	女	19
李四	女	20
李四	女	21

3. 关系

定义 2.3　域的笛卡儿积 $D_1 \times D_2 \times \cdots \times D_n$ 的子集称为在域 $D_1,D_2,\cdots,D_n$ 上的关系，表示为 $R(D_1,D_2,\cdots,D_n)$，R 表示关系的名字，n 是关系的目或度。

关系是笛卡儿积的有限子集，所以关系也是一张二维表，表的每一行对应一个元组，每一列对应一个域，但不同的列可以有相同的域，为了区分不同列，每列取一个名字，称为属性。n 目关系必有 n 个属性。

与程序设计语言中变量的概念类似，变量包含定义变量的数据类型和变量取值，关系也包含关系模式和关系实例。关系模式与变量的数据类型类似，是关系的一个静态描述，由属性集和属性对应的域组成。而关系实例类似于变量的值，关系实例的内容可能随着时间不断地发生变化，是关系的一个动态描述。关系模式用 R 来表示，用 r 来表示关系实例。

如表 2.1 是一个教师关系，该关系的模式是：

教师(教师编号，教师姓名，教师所在部门，教师职称，教师工资)

表 2.1 为该关系的一个实例，即教师模式在某个时刻的内容。虽然关系模式和关系实例的区别非常重要，但在使用时经常使用同一个名字，如"教师"既指代模式，也指代实例。在需要的时候会明确地指明模式或实例，如"教师模式"或"教师关系的一个实例"。在模式或实例含义清楚的情况下，只简单使用关系的名字。

关系实例 r 中的每一个元素 $(d_1,d_2,\cdots,d_n)$ 称为一个元组，元素中的每一个值 d_i 称为一个分量。

关系有以下三种类型。

(1) 基本关系：通常称为基本表或基表，基表是实际存在的表，它是实际存储数据的逻辑表示。

(2) 查询表：也称为导出表，是从一个或几个基表进行查询的结果所对应的表。

(3) 视图表：由基表和其他视图导出的表，是虚表，不对应实际存储的数据。

4. 码

一个关系中没有两个元组在所有属性上的取值都相同，一个或多个属性的组合可以在一个关系中唯一地标识一个元组，这样的属性子集称为超码。例如，教师表中的 ID 属性可以将不同的教师元组区分开，因此 ID 是超码，但"名字"属性却不能，因为教师可能存在同名。

设 R 表示关系 r 模式中的属性集合，R 的一个子集 K 是关系 r 的超码，t_1 和 t_2 是 r 的两个元组，若 $t_1 \neq t_2$，则 $t_1 \cdot K \neq t_2 \cdot K$。超码中可能包含不影响元组唯一性的属性，如教师表中的 ID 和姓名组合也是一个超码。如果 K 是一个超码，则任意包含 K 的属性子集都是超码。

定义 2.4　一个超码的任意真子集都不能成为超码，这样的超码称为候选码(Candidate Key)。

定义 2.5　一个关系中可能存在多个候选码。数据库设计者从候选码中选择一个用来区分关系中的不同元组的候选码称为主码(Primary Key)。

所有候选码中的属性称为主属性，不包含在任何候选码中的属性称为非主属性。

2.1.3　关系模式

在关系数据库中，对每一个关系中信息内容的结构的描述，称为该关系的关系模式。关系模式指出关系的结构，即它由哪些属性构成，这些属性来自哪些域，以及属性与域之间的映射关系。

定义 2.6　关系的描述称为关系模式，一个关系模式可以形式化地表示为

$$R(U, D, \mathrm{DOM}, F)$$

其中：R 为关系名；U 为组成该关系的属性名集合；D 为属性组 U 中的属性所来自的域；DOM 为属性向域的映射集合；F 为属性间数据的依赖关系集合。

关系模式通常可以简记为 $R(U)$ 或 $R(A_1, A_2, \cdots, A_n)$，其中，R 为关系名，$A_1, A_2, \cdots, A_n$ 为属性名。而域名及属性与域的映像直接说明为属性的类型和长度。

关系由关系模式和关系实例组成，即由"型"与"值"构成。数据库由关系构成，因此，数据库也区分为数据库模式(Database Schema)和数据库实例(Database Instance)，前者是数据库的逻辑设计，后者是给定时刻数据库中数据的一个快照。

◆ 2.2　关系模型的完整性约束

数据完整性约束是为了防止不符合规范的数据进入数据库，在用户对数据进行插入、修改、删除等操作时，DBMS 自动按照一定的约束条件对数据进行监测，使不符合规范的数据不能进入数据库，以确保数据库中存储的数据正确、有效、相容。

关系模型的完整性规则是对关系的某种约束条件，是现实世界的语义约束。关系模型中有三类完整性约束：实体完整性(Entity Integrity)、参照完整性(Referential Integrity)和用户自定义的完整性(User-defined Integrity)。其中，实体完整性和参照完整性是关系模型必须满足的完整性约束条件，由数据库系统自动支持。用户自定义完整性是应用领域所

遵循的约束条件,体现具体领域的语义约束。

2.2.1 实体完整性

关系数据库中每个元组必须是可区分的,是唯一的,这个约束条件称为实体完整性约束。

定义 2.7 实体完整性规则。

若属性 A 是基本关系 R 的主属性,则属性 A 不能取空值(null)。

空值的含义是"不知道"或"不存在",这与码能唯一确定一行元组的性质是矛盾的。

【例 2.2】 在学生选课数据库中有学生、课程和选修三个关系。学生(学号,姓名,性别,专业号,年龄)关系中,学号为主码,则学号不能取空值。

选修(学号,课程号,成绩)关系中,主码由学号和课程号联合组成,学号和课程号都是主属性,按照实体完整性规则,学号和课程号都不能取空值。

对实体完整性规则的说明如下。

(1) 实体完整性规则是针对基本关系的,一个基本关系对应现实世界中的一个实体集。

(2) 现实世界的实体都是可区分的,它们具有某种唯一性标识。

(3) 候选码是关系模型中作为关系的唯一性标识,所以主属性不能取空值。

2.2.2 参照完整性

一个关系模式如 r_1 可能在它的属性中包括另一个关系模式如 r_2 的主码,在 r_1 的这个属性上称作参照关系 r_2 的外码。关系 r_1 称为外码依赖的参照关系,关系 r_2 称作外码的被参照关系,其关系如图 2.1 所示。

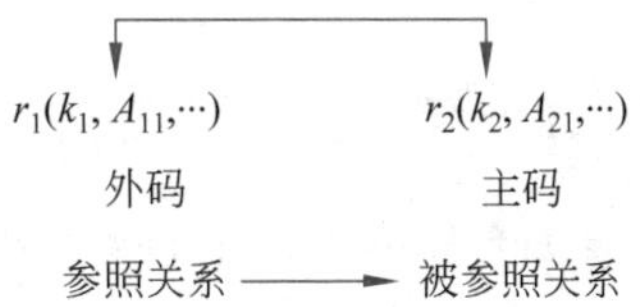

$r_1(k_1, A_{11}, \cdots)$ 外码 — $r_2(k_2, A_{21}, \cdots)$ 主码

参照关系 —— 被参照关系

图 2.1 参照关系示意图

定义 2.8 参照完整性规则。若属性(或属性组)F 是基本关系 R 的外码,它与基本关系 S 的主码相对应(基本关系 R 和 S 可能是同一个关系也可能不是同一个关系),则 R 中的每个元组在 F 上的值必须取空值或者等于 S 中某个元组的主码值。

【例 2.3】 学生实体和专业实体用下面的关系表示,其中,主码用下画线标识。

学生(<u>学号</u>,姓名,性别,系号,年龄)

系(<u>系号</u>,系名)

关系"学生"引用了关系"系"的主码"系号",因此关系"学生"的"系号"值必须对应关系"系"中的某条记录的值或者为空值。

【例 2.4】 学生、课程、学生与课程之间的多对多联系表示如下。

学生(<u>学号</u>,姓名,性别,专业号,年龄)

课程(<u>课程号</u>,课程名称,学分)

选修(<u>学号</u>,<u>课程号</u>,成绩)

关系"选修"引用了关系"学生"的学号和关系"课程"的课程号,因此,关系"选修"中的学号和课程号的取值必须是关系"学生"和关系"课程"中存在的值。又因为学号和课程号联合作"选修"关系的主码,因此"选修"关系中的学号和课程号不能取空值。

不仅两个或两个以上的关系间可以存在参照关系,同一个关系内部属性间也可能存在参照关系。

【例 2.5】 在学生(学号,姓名,性别,专业号,年龄,班长)的关系中,班长引用了"学生"关系中的学号属性,即班长的取值只能取已经在"学生"关系中存在的学号值或者取空值。

参照完整性规则定义外码与主码之间的参照规则。

2.2.3 用户自定义完整性

实体完整性和参照完整性适用于任何关系数据库系统。关系数据库系统根据不同的应用环境提供一些特殊的约束条件,即用户自定义完整性,它反映某一具体应用涉及的数据必须满足的语义要求及约束条件。例如,学生成绩取值为 $0 \sim 100$,性别只能取"男"和"女"两种值等。关系模型提供定义和检验这类完整性的机制,用统一、系统的方法处理这些约束而不是由应用程序来处理。

关系数据库系统一般提供以下几种用户自定义完整性约束。

(1) 定义属性是否允许取空值。

(2) 定义属性值的唯一性。

(3) 定义属性的取值范围。

(4) 定义属性的默认值。

(5) 定义属性间的数据依赖关系。

◆ 2.3 关 系 操 作

2.3.1 基本的关系操作

关系模型中常用的关系操作包括查询(Query)操作和插入(Insert)、删除(Delete)、修改(Update)等操作。

关系操作的特点是集合操作方式,即操作的对象和结果都是集合。这种操作方式也称为一次一集合的方式。非关系数据模型的数据操作方式则为一次一记录的方式。

2.3.2 关系查询语言

查询语言是用户用来从数据库中请求获取信息的语言。查询语言可以分为过程化的和非过程化的。过程化的语言需要用户指导系统对数据库执行一系列操作以计算出所需结果。非过程化语言用户只需描述所需信息,而不给出获取该信息的具体过程。关系查询语言可分为三类:关系代数语言、关系演算语言和具有关系代数和关系演算双重特点的语言如 SQL。

(1) 关系代数语言是过程化的查询语言,通过对关系的运算来表达查询要求。

(2) 关系演算语言是非过程化的,用谓词来表达查询要求,按谓词变元的基本对象是元组变量还是域变量分为元组关系演算和域关系演算。

(3) 关系代数和关系演算语言是抽象的查询语言,与具体的 DBMS 中实现的实际语言并不一致,主要用于评估实际系统中查询语言能力的标准或基础。

SQL 既包含过程化又包含非过程化的成分,不仅具有丰富的查询功能,而且具有数据定义和数据控制等功能,是关系数据库的标准语言。

◈ 2.4　关　系　代　数

　　关系代数是一种过程化查询语言,运算的对象是关系,运算结果也是关系。关系运算用到的运算符包括基本运算和扩展的关系运算,其运算符和含义如表 2.4 所示。

关系运算

表 2.4　关系代数运算符

运　　算	符　　号	含　　义
基本运算	σ	选择
	Π	投影
	$\cup$	并
	$-$	差
	$\times$	笛卡儿积
	ρ	更名
扩展的关系运算	$\cap$	交
	$\bowtie$	自然连接
	$\div$	除

2.4.1　基本的关系运算

　　选择、投影运算称为一元运算,它们只对一个关系进行运算。并、差和笛卡儿积对两个关系进行运算,称为二元运算。

1. 选择运算

　　选择运算选出满足给定谓词的元组,用字母 σ 表示选择,谓词写作 σ 的下标,关系写在 σ 后的括号中。

　　【例 2.6】　从如表 2.1 所示教师表中找出"计算机学院"的教师信息,关系表达式为

$$\sigma_{\text{department}="\text{计算机系}"}(\text{instructor})$$

查询产生的关系如表 2.5 所示。

表 2.5　选择操作的结果

教师编号 ID	教师姓名 Name	教师所在部门 Deptment	教师职称 Title	教师工资 Salary
2012010	刘涛	计算机学院	讲师	5000

　　选择谓词可以使用比较运算符,如 $=$,$\neq$,$<$,$\leqslant$,$>$ 和 $\geqslant$,还可以使用连接词 and($\wedge$)、or($\vee$)和 not($\neg$)将多个谓词合并为一个较大的谓词。

　　【例 2.7】　从如表 2.1 所示教师表中找出理工学院工资大于 9000 的老师,表达式为

$$\sigma_{\text{department}="\text{理工学院}" \wedge \text{salary}>9000}(\text{instructor})$$

2. 投影运算

假设我们只想知道教师的教师编号 ID、教师姓名 Name 和教师工资 Salary,而并不关心教师所在部门 Department,投影操作可以产生这样的结果。投影运算也是一元运算,它将参数中的关系删除某些列后返回。由于关系是一个集合,所以重复行被去除。投影操作用 Π 表示,将结果中出现的属性作为 Π 的下标,关系作为参数写在 Π 后的括号内,如上述查询写为 $\Pi_{\text{ID,Name,Salary}}(\text{instructor})$,其结果如表 2.6 所示。

表 2.6　投影运算的结果

教师编号 ID	教师姓名 Name	教师工资 Salary
1997001	王华	8000
2001138	赵芳	6000
2010010	孙科	5000
2012010	刘涛	5000

关系运算的结果自身也是一个关系,考虑一个更复杂的查询“找出计算机系的所有教师名字”,关系代数表达式为 $\Pi_{\text{name}}\sigma_{\text{department}=\text{"计算机系"}}(\text{instructor})$,这里的投影运算的参数是一个对关系进行求值的表达式。因为关系代数运算的结果也是关系,因此可以将多个关系代数运算组合成关系代数表达式,就如同算术运算中＋、－和÷组合成算术表达式一样。

3. 并运算

【例 2.8】　设有一个学期课程表如表 2.7 所示,假如要找出 2019 年秋季或者 2020 年春季或者这两个学期都开设的课程。

表 2.7　学期课程表(section)

课程号 course_ID	学期 semester	学年 year	地点 building	时间 time
08060001	2	2019—2020	B201	星期一 3-4
08060113	1	2020—2021	A116	星期五 1-2
08060309	1	2020—2021	A301	星期四 3-4
08060033	1	2020—2021	B113	星期三 1-2
08060064	1	2020—2021	A501	星期四 7-8
08060033	2	2019—2020	B305	星期三 1-2
08060152	2	2019—2020	B411	星期二 3-4

先找出 2019—2020 学年秋季开设的课程:

$$\Pi_{\text{course\_ID}}\sigma_{\text{semester}=2\wedge\text{year}='2019-2020'}(\text{section})$$

再找出 2020—2021 学年春季开设的课程:

$$\Pi_{\text{course\_ID}}\sigma_{\text{semester}=1\wedge\text{year}='2020-2021'}(\text{section})$$

为了完成查询,将这两个集合并起来,表达式为

$$\Pi_{\text{course\_ID}}\sigma_{\text{semester}=2\wedge\text{year}='2019-2020'}(\text{section})\bigcup\Pi_{\text{course\_ID}}\sigma_{\text{semester}=1\wedge\text{year}='2020-2021'}(\text{section})$$

此查询产生的关系如表 2.8 所示,在两个学期重复开设的课程只出现一次。因为关系是集合,集合不允许重复,因此并运算将删除重复的元组。

在该例子中,做并运算的两个集合都由 course_ID 构成。集合运算必须保证参与运算的关系是相容的,即 $r\bigcup s$ 必须同时满足以下两个条件。

(1) 关系 r 和 s 必须是同元的,即它们的属性数目必须相同。

(2) 对所有的 i,r 的第 i 个属性的域必须和 s 的第 i 个属性的域相同。

这里的 r 和 s 可以是数据库关系,也可以是关系代数表达式结果的临时关系。

4. 差运算

集合差运算用来找出一个关系中存在而另一个关系中不存在的元组,用-表示,表达式 r-s 的结果为所有在 r 中而不在 s 中的元组组成的关系。

【例 2.9】 在表 2.7 中找出 2019 年秋季开设而 2020 年春季不开设的课程,关系代数表达式为

$$\Pi_{\text{course\_ID}}\sigma_{\text{semester}=2\wedge\text{year}=2019}(\text{section})-\Pi_{\text{course\_ID}}\sigma_{\text{semester}=1\wedge\text{year}=2020}(\text{section})$$

查询结果如表 2.9 所示。

表 2.8　并运算的结果

课程号 course_ID
08060113
08060309
08060064
08060033
08060152

表 2.9　差运算的结果

课程号 course_ID
08060152

与并运算一样,集合差运算也必须在相容的关系间进行。

5. 笛卡儿积

笛卡儿积运算可以将任意两个关系的信息组合在一起,关系 r_1 和 r_2 的笛卡儿积写作 $r_1\times r_2$。由于相同的属性名可能同时出现在关系 r_1 和 r_2 中,为了区别这样的属性,采用将关系名称附加到属性的命名机制。

如有教师课表如表 2.10 所示。

表 2.10　教师课表(teaches)

教师编号 ID	课程号 course_ID	学期 semester	学年 year
1997001	08060001	2	2019—2020
2001138	08060113	1	2020—2021

【例 2.10】 表 2.1 教师表(instructor)和表 2.10 教师课表(teaches)的笛卡儿积 $r=$ instructor×teaches 所形成的关系模式为

(instructor. ID，instructor. Name，instructor. Deptment，instructor. Title，instructor. Salary，teaches.ID，teaches.course_ID，teaches.semester，teaches.year)

用这样的命名机制来区别 instructor.ID 和 teaches.ID，对只出现在其中一个关系模式的属性，可以省略其关系名前缀。

笛卡儿积 $r_1 \times r_2$ 的模式是关系 r_1 和 r_2 串接而成，当 r_1 有 n_1 个元组，r_2 有 n_2 个元组，则笛卡儿积 $r_1 \times r_2$ 有 $n_1 \times n_2$ 个元组。

6. 更名运算

若关系自身做笛卡儿积，采用关系名称附加到属性的命名机制无法解决结果的命名，需要通过更名运算。

用 ρ 符号表示更名运算，更新后的关系名作 ρ 的下标，如果属性也更新，则关系名带上括号，括号内为更新的属性名。需要更新的参数在 ρ 的括号中，表达式为

$$\rho_{x(A_1, A_2, \cdots, A_n)}(E)$$

该表达表示对关系 E 更名为 x，其属性更名为 $A_1, A_2, \cdots, A_n$。

2.4.2 扩展的关系运算

关系代数的基本运算可以表达任何关系代数查询，但只利用这些基本运算写出来的查询表达式会显得冗长，为了简化查询，关系代数增加了一些运算，这些新增的运算不能增强关系代数的表达能力，只是为了简化一些常用的查询。

1. 交运算

【例 2.11】 假设要找出 2019—2020 学年第 2 学期和 2020—2021 学年第 1 学期都开设的课程，使用集合交运算表达式为

$$\Pi_{\text{course\_ID}} \sigma_{\text{semester}=2 \wedge \text{year}='2019-2020'}(\text{section}) \bigcap \Pi_{\text{course\_ID}} \sigma_{\text{semester}=1 \wedge \text{year}='2020-2021'}(\text{section})$$

任何集合交的关系代数表达式都可以通过一对集合差运算来重写，如下。

$$r \bigcap s = r - (r - s)$$

集合交不是基本运算，不能增加关系代数的表达能力，只是为了书写上更方便。集合运算必须在相容的关系间进行，交运算也是如此。

2. 自然连接

【例 2.12】 若要找出物理系教师教授的课程，用基本运算表示为

$$\sigma_{\text{instructor.ID}=\text{teaches.ID}} \sigma_{\text{deptname}="物理系"}(\text{instructor} \times \text{teaches})$$

在该例子中要找出正确的结果需要对笛卡儿积的查询结果进行选择运算，该选择运算是让笛卡儿积的两个关系在相同的属性上有相同的值。为了简化表达，用自然连接运算来表示在笛卡儿积的结果上进行选择的运算，用 $\bowtie$ 来表示。自然连接运算首先对两个关系进行笛卡儿积，然后基于两个关系中都出现的属性的值的相等性进行选择，最后删除重复的属性。上述查询用自然连接表示为

$$\Pi_{\text{name, course\_id}} \sigma_{\text{deptname}="物理系"}(\text{instructor} \bowtie \text{teaches})$$

设 R 是关系 r 的属性集合，S 是关系 s 的属性集合，关系 r 和 s 的自然连接 $r \bowtie s$ 的属性集合是属性集合 R 和 S 的并集 $R \cup S$。

【例 2.13】 设有课程表 course(课程号，课程名称，开课单位，学分)，找出计算机系的教师所教授的课程名称，其查询表达式为

$$\Pi_{name}\,\sigma_{deptname="计算机系"}(\text{instructor}\bowtie\text{teaches}\bowtie\text{course})$$

上述表达式没有加括号来表明自然连接在这三个关系间的执行顺序,下面的两种情况都是可能的:

$$(\text{instructor}\bowtie\text{teaches})\bowtie\text{course}$$

$$\text{instructor}\bowtie(\text{teaches}\bowtie\text{course})$$

但这二者是等价的,因此自然连接运算是可结合的。

3. θ 连接

当自然连接的相同属性等值连接的条件扩展为关系 r 和 s 的任意两个可比的属性进行比较运算时,称为一般连接或 θ 连接。θ 表示各种比较运算符如 $<$、$>$、$\leqslant$、$\geqslant$ 等。

【例 2.14】 设有关系 R、S 如图 2.2 所示,求 $R\underset{R.A<S.B}{\bowtie}S$。

关系 R

A	B	C
1	2	3
2	1	4
3	4	5
4	6	7

关系 S

A	B	C
2	1	4
4	6	7
6	8	9

图 2.2　关系 R 和 S

一般连接运算的结果如表 2.11 所示。

表 2.11　一般连接运算结果

R.A	R.B	R.C	S.A	S.B	S.C
1	2	3	4	6	7
1	2	3	6	8	9
2	1	4	4	6	7
2	1	4	6	8	9
3	4	5	4	6	7
3	4	5	6	8	9
4	6	7	4	6	7
4	6	7	6	8	9

4. 外连接

例 2.13 中要找出计算机系所有教师教授的课程,假设有一部分教师没有教课,在自然连接的结果中这部分教师的信息就会缺失,为了减少这种缺失,将连接运算扩展为外连接运算。外连接运算不仅找出满足连接条件的结果,还对没有连接匹配的元组用空值来匹配以保留这部分信息。

外连接有三种形式:左外连接、右外连接、全外连接。

左外连接取出左侧关系中所有与右侧关系中任一元组都不匹配的元组,用空值填充所有来自右侧关系的属性值,构成新的元组,将其加入自然连接的结果中。

右外连接取出右侧关系中所有与左侧关系中任一元组都不匹配的元组,用空值填充所有来自左侧关系的属性值,构成新的元组,将其加入自然连接的结果中。

全外连接是做左外连接又做右外连接。即填充左侧关系中所有与右侧关系中任一元组都不匹配的元组,又填充右侧关系中所有与左侧关系中任一元组都不匹配的元组,将产生的新元组加入自然连接结果中。

【例 2.15】 设有关系 R、S 如图 2.3 所示,求 R 和 S 的左外连接、右外连接和全外连接的运算结果如图 2.4 所示。

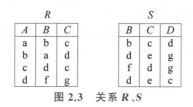

图 2.3 关系 R、S

A	B	C	D
a	b	c	d
c	d	c	g
c	d	c	g
b	a	d	null
d	f	g	null

(a) 左外连接

A	B	C	D
a	b	c	d
c	d	e	g
c	d	e	g
null	f	d	g

(b) 右外连接

A	B	C	D
a	b	c	d
c	d	c	g
c	d	c	g
b	a	d	null
d	f	g	null
null	f	d	g

(c) 全外连接

图 2.4 外连接运算结果

5. 除

关系代数中的除运算符是÷,它的定义如下。

设 $r(R)$ 和 $s(S)$ 是两个关系,R 和 S 分别是关系 r 和 s 的属性集,且有 $S \subseteq R$,即模式 S 的所有属性都在模式 R 中,那么 $R \div S$ 是模式 $R-S$ 上的关系,即商的模式中包含所有在 R 中而不在 S 中的属性。元组 t 属于 $R \div S$ 当且仅当以下两个条件同时成立。

(1) t 在 $\prod_{R-S}(r)$ 中。

(2) 对 s 中的每一个元组 t_s,在 r 中都有元组 t_r 同时满足等式 $t_r[S]=t_s[S]$ 和 $t_r[R-S]=t$。

除操作是同时从行和列角度进行运算。

【例 2.16】 设关系 R、S 如图 2.5 所示,求 $R \div S$。

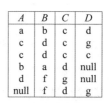

A	B	C	D
a	b	c	d
a	b	e	f
a	b	h	k
b	d	e	f
b	d	d	l
c	k	c	d
c	k	e	f

C	D
c	d
e	f

A	B
a	b
c	k

图 2.5 关系 R、S、$R \div S$

解:给定关系 R、S,其中,$S \subseteq R$,$R-S=\{A\ B\}$ 不为空,满足除的条件。

当 R 在 $\{A\ B\}$ 取值为 $\{(a\ b)\}$ 时,在 $\{C\ D\}$ 的取值为 $\{(c\ d)(e\ f)(h\ k)\}$,包含 S 中的所有元组。

当 R 在 $\{A\ B\}$ 取值为 $\{(b\ d)\}$ 时,在 $\{C\ D\}$ 的取值为 $\{(e\ f)(d\ 1)\}$,没有包含 S 中的所有元组。

当 R 在 $\{A\ B\}$ 取值为 $\{(c\ k)\}$ 时,在 $\{C\ D\}$ 的取值为 $\{(c\ d)(e\ f)\}$,包含 S 中的所有元组。

由除法定义,$R \div S = \{(a\ b)\ (c\ k)\}$。

【例 2.17】 学生选课系统中有以下模式。

C(课程号 Cno,课程名称 Cname,开课部门 dept,学分 Credit)

SC(学号 Sno,课程号 Cno,成绩 Grade)

找出选修了 'cs' 开设的所有课程的学生学号 Sno。

解:用除运算来表达该查询 $\Pi_{Sno,Cno}(SC) \div \Pi_{Cno}\sigma_{dept='cs'}(C)$。

如果不用除运算,则需要利用笛卡儿积、差、选择、投影等基本运算组成复杂的表达式才能完成。

◈ 2.5　查 询 优 化

对一个给定的查询,尤其是复杂查询,通常会有许多种可能的执行策略,查询优化就是从多个策略中找出最有效的查询执行计划的一种处理过程。优化一方面在关系代数级别发生,即系统尝试找出一个与给出的表达式等价但执行起来更高效的表达式;另一方面是为处理查询选择一个详细的策略,如对一个操作的执行选择特有的算法,选择使用特定的索引等。

2.5.1　代数优化

一个查询可以表示成多种不同的形式,每种形式具有不同的执行代价。等价规则指出两种不同形式的表达式是等价的,可以用一种形式的表达式代替另一种形式的表达式。

代数优化

下面列出关系代数表达式的一些通用等价规则。

(1) 合取选择运算可分解为单个选择运算的序列。

$$\sigma_{\theta_1 \wedge \theta_2}(E) = \sigma_{\theta_1}\sigma_{\theta_2}(E)$$

(2) 选择运算满足交换律。

$$\sigma_{\theta_1}\sigma_{\theta_2}(E) = \sigma_{\theta_2}\sigma_{\theta_1}(E)$$

(3) 一系列投影运算中只有最后一个运算是必需的,其余的可省略。

$$\Pi_{\mathcal{L}_1}\Pi_{\mathcal{L}_2}(\cdots(\Pi_{\mathcal{L}_2}(E))\cdots) = \Pi_{\mathcal{L}_1}(E)$$

(4) 选择操作可与笛卡儿积及 θ 连接相结合。

$$\sigma_{\theta}(E_1 \times E_2) = E_1 \bowtie_{\theta} E_2$$

$$\sigma_{\theta_1}(E_1 \bowtie_{\theta_2} E_2) = E_1 \bowtie_{\theta_1 \wedge \theta_2} E_2$$

(5) θ 连接运算满足交换律。

$$E_1 \bowtie_{\theta} E_2 = E_2 \bowtie_{\theta} E_1$$

（6）自然连接满足结合律。

$$(E_1 \bowtie E_2) \bowtie E_3 = E_1 \bowtie (E_2 \bowtie E_3)$$

（7）选择运算对 θ 连接具有分配律。

若选择条件 θ_0 的所有属性只涉及参与连接运算的表达式之一时：

$$\sigma_{\theta_0}(E_1 \bowtie_\theta E_2) = \sigma_{\theta_0}(E_1) \bowtie_\theta E_2$$

（8）投影运算对 θ 连接具有分配律。

若选择条件 θ 只涉及 $\mathcal{L}_1 \bigcup \mathcal{L}_2$ 中的属性时：

$$\prod_{\mathcal{L}_1 \bigcup \mathcal{L}_2}(E_1 \bowtie_\theta E_2) = \prod_{\mathcal{L}_1}(E_1) \bowtie_\theta \prod_{\mathcal{L}_2}(E_2)$$

（9）集合的并与交满足交换律。

$$E_1 \bigcup E_2 = E_2 \bigcup E_1$$
$$E_1 \bigcap E_2 = E_2 \bigcap E_1$$

（10）集合的并与交满足结合律。

$$(E_1 \bigcup E_2) \bigcup E_3 = E_1 \bigcup (E_2 \bigcup E_3)$$
$$(E_1 \bigcap E_2) \bigcap E_3 = E_1 \bigcap (E_2 \bigcap E_3)$$

（11）选择运算对并、交、差具有分配律。

$$\sigma_\rho(E_1 - E_2) = \sigma_\rho(E_1) - \sigma_\rho(E_2)$$

（12）投影运算对并运算具有分配律。

$$\prod_{\mathcal{L}}(E_1 \bigcup E_2) = \prod_{\mathcal{L}}(E_1) \bigcup \prod_{\mathcal{L}}(E_2)$$

在关系代数运算中，笛卡儿积、连接运算最费时间和空间，采用什么样的策略来节省时间空间呢？这就是优化的准则。下面给出优化的准则。

（1）提早执行选择运算。对于有选择运算的表达式，应优化成尽可能先执行选择运算的等价表达式，以得到较小的中间结果，减少运算量和从外存读取块的次数。

（2）合并乘积与其后的选择运算为连接运算。在表达式中，当乘积运算后面是选择运算时，应该合并为连接运算，使选择与乘积一同完成，以避免做完乘积后，需再扫描一个大的乘积关系进行选择运算。

（3）将投影运算与其后的其他运算同时进行，以避免重复扫描关系。

（4）将投影运算与其后的二目运算结合起来，使得没有必要为去掉某些字段再扫描一遍关系。

（5）在执行连接前对关系适当地预处理，就能快速地找到要连接的元组。如索引连接法、排序合并连接法。

（6）存储公共子表达式。对于有公共子表达的结果应存于外存（中间结果），这样，当从外存读出它的时间比计算时间少时，就可节约操作时间。

利用上述等价变换规则可以对关系代数表达式进行优化，使得优化后的关系代数表达式符合基本的优化准则。下面介绍关系代数表达式的优化算法。

输入：一个关系表达式的查询树。

输出：优化的查询树。

方法：

（1）利用等价变换规则（1），将形如 $\sigma_{\theta_1 \wedge \theta_2 \wedge \cdots \wedge \theta_n}(E)$ 的表达式变换为 $\sigma_{\theta_1}(\sigma_{\theta_2}(\cdots(\sigma_{\theta_n}(E))\cdots))$。

（2）对每一个选择，利用等价变换规则（4）～（7）尽可能将它移到树的叶端。

(3) 对每一个投影,利用等价变换规则(3)、(8)、(12)中的一般形式尽可能将它移到树的叶端。

(4) 利用等价变换规则(3)、(7)、(8),将选择和投影的串接合并成单个选择、单个投影或一个选择后跟一个投影,使多个选择或投影能同时执行,或在一次扫描中全部完成,尽管这种变换似乎违背"投影尽可能早做"的原则,但这样做效率更高。

(5) 将上述得到的语法树的内结点分组。每一个双目运算($\times$、$\bowtie$、$\cup$、$-$)和它所有的直接祖先为一组(σ、Π)。如果其后代直到叶子全是单目运算,则也将它们并入该组,但当双目运算是笛卡儿积,而且后面不是与它组成等值连接的选择时,则不能把选择与这个双目运算组成同一组,将这些单目运算单独分为一组。

【**例 2.18**】　供应商数据库中有供应商 S、零件 P、项目 J、供应 SPJ 这 4 个基本表,其关系模式如下。

S(供应商编号 Sno,供应商名称 Sname,状态 Status,供应商所在城市 City)

P(零件编号 Pno,零件名称 Pname,颜色 Color,重量 Weight)

J(工程编号 Jno,工程名称 Jname,工程所在城市 City)

SPJ(供应商编号 Sno,零件编号 Pno,工程编号 Jno,总量 Qty)

若用户要求查询使用"shanghai"供应商生产的"red"零件的工程号,请回答如下问题。

(1) 试写出该查询的关系代数表达式。

(2) 试写出查询优化的关系代数表达式。

(3) 画出该查询初始的关系代数表达式的语法树。

(4) 使用优化算法,对语法树进行优化,并画出优化后的语法树。

解:(1) 使用"shanghai"供应商生产的"red"零件的工程号的关系表达式如下。

$$\Pi_{Jno}(\sigma_{city='shanghai' \wedge Color='red'}(S \bowtie SPJ \bowtie P))$$

(2) 对(1)优化后的关系代数表达式如下。

$$\Pi_{Jno}((\Pi_{Sno}(\sigma_{city='shanghai'}(S)) \bowtie \Pi_{Jno,Pno,Sno}(SPJ) \bowtie (\Pi_{Pno}(\sigma_{Color='red'}(P)))))$$

(3) 初始的关系代数表达式(1)的语法树如图 2.6 所示。

(4) 对图语法树进行优化,优化后的语法树如图 2.7 所示。

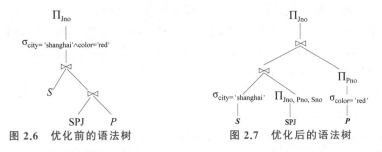

图 2.6　优化前的语法树　　　　　　图 2.7　优化后的语法树

查询优化过程一般利用标准的规划器,采用自底向上的动态规划算法来进行连接顺序的优化。当查询块中的表数量很多时,动态规划算法代价非常大,PostgreSQL 则使用解决旅行商问题的遗传算法。

2.5.2 查询执行

查询优化阶段产生一个查询计划,它是一棵关系操作的树,代价模型需要估计出每种操作的代价,选择最佳方案。查询处理的代价包括各种资源的使用情况,如磁盘存取、CPU 时间及并行/分布式数据库系统中的通信代价等,代价估算需要元组总数、列的基数等统计信息,DBMS 会保存这些统计信息。在大型数据库系统中,磁盘存取代价通常是最主要的代价。下面介绍选择和连接操作的执行算法及其代价。

选择操作的算法如下。

(1)线性查找。

表的每个存储块被扫描并检查每个记录是否满足选择条件。

线性查找适用任何条件的选择操作,代价是 $o(n)$,n 是关系的块数。

(2)折半查找。

若表的数据文件在选择属性上是有序的且是等值比较,则可进行折半查找,代价是 $o(\log_2 n)$,n 是关系的块数。

(3)索引查找。

若在查找属性上存在 B+树索引,则可进行索引查找,代价是 B+树的高度。

连接操作是查询处理中最常用也是最耗时的操作之一。人们对它进行了深入的研究,提出了一系列的算法。下面介绍等值连接(或自然连接)几种常用的算法思想。

(1)块嵌套循环连接算法。

这是最简单可行的算法。对外层循环的每一个块,检索内层循环中的每一个块,并检查这两个块在连接属性上是否相等。如果满足连接条件,则串接后作为结果输出,直到外层循环表中的所有块处理完为止。块嵌套循环连接算法是最简单、最通用的连接算法,可以处理包括非等值连接在内的各种连接操作。算法的 I/O 代价是 $o(n^2)$,n 代表关系的块数。

(2)排序-归并算法。

这是等值连接常用的算法,尤其适合参与连接的诸表已经排好序的情况。

排序-归并连接算法的步骤如下。

① 如果参与连接的表没有排好序,首先按连接属性排序。

② 取表中第一个元组,依次扫描内表中具有相同属性值的元组,把它们连接起来。当扫描到内表属性值不相同的第一个元组时,返回外表扫描它的下一个元组,再扫描内表中具有相同属性值的元组,把它们连接起来。

重复上述步骤直到外表扫描完。

归并过程如图 2.8 所示。

算法的 I/O 代价是排序代价+$o(m)$+$o(n)$,m、n 代表关系的块数。

(3)索引连接算法。

索引连接算法的步骤如下。

① 在内表上已经建立了连接属性的索引。

② 对外表中的每一个元组,由连接属性的值通过内表的索引查找相应的内表元组。

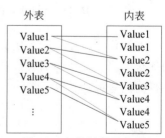

图 2.8 归并过程示意图

③ 把这些内表元组和外表元组连接起来。

循环执行②③,直到外表中的元组处理完为止。

索引连接的代价是建立索引代价+$o(m)$+$o(n)$,m、n 代表关系的块数。

(4) Hash Join 算法。

Hash Join 算法只能处理等值连接。它把连接属性作为 Hash 码,用同一个 Hash 函数把内表和外表中的元组散列到 Hash 表中。第一步,划分阶段,也称为创建阶段,即创建 Hash 表。对包含较少元组的表进行一遍处理,把它的元组按 Hash 函数(Hash 码是连接属性)分散到 Hash 表的桶中;第二步,试探阶段,也称为连接阶段,对另一个表进行一遍处理,按同一个 Hash 函数(Hash 码是连接属性)进行散列,找到适当的 Hash 桶,并把两个表的相同 Hash 桶的元组连接起来。算法代价是 Hash 分片的代价+$o(m)$+$o(n)$,m、n 代表关系的块数。

构造具有最小查询执行代价的查询执行计划称为查询优化,由 DBMS 的查询执行引擎执行。

◆ 2.6　关系演算

当书写关系代数表达式时,提供了产生查询结果的过程序列,这个序列能生成查询的答案。关系演算语言则是非过程化的查询语言,它只描述所需信息,而不给出获得该信息的具体过程。关系演算以数理逻辑中的谓词为基础,按谓词变元的不同,关系演算可分为元组关系演算和域关系演算。

2.6.1　元组关系演算

元组关系演算是非过程化查询语言。它只描述所需信息,而不给出获得该信息的具体过程。在元组关系演算中,其元组关系演算表达式中的变量是以元组为单位的,其一般形式为

$$\{t \mid \Phi(t)\}$$

其中,t 是元组变量;$\Phi(t)$由原子公式和运算符组成。

1. 原子公式

(1) $R(t)$。R 是关系名,t 是元组变量,$R(t)$表示命题“t 是关系 R 的一个元组”,关系 R 可表示为$\{t \mid R(t)\}$。

(2) $t[i]\Theta C$ 或 $C\Theta t[i]$。$t[i]$表示元组变量 t 的第 i 个分量,C 是常量,Θ是算术比较运算符。例如,$t[2]>5$ 表示“元组变量 t 的第 2 个分量大于 5”。

(3) $t[i]\Theta u[j]$。t、u 是两个元组变量,$t[i]\Theta u[j]$表示命题“元组变量 t 的第 i 个分量与元组变量 u 的第 j 个分量之间满足 Θ 运算”。例如,$t[2]\geqslant u[4]$ 表示 t 的第 2 个分量大于或等于 u 的第 4 个分量。

2. 公式的定义

若一个公式中的一个元组变量前有全称量词 $\forall$ 或存在量词 $\exists$ 符号,则称该变量为约束变量,否则称为自由变量。公式可递归定义如下。

(1) 原子公式是公式。

（2）如果 Φ_1,Φ_2 是公式，则 $\neg\Phi_1,\Phi_1\wedge\Phi_2,\Phi_1\vee\Phi_2,\Phi_1\Rightarrow\Phi_2$ 也是公式。$\neg\Phi_1$ 表示"Φ_1 不是真"，$\Phi_1\wedge\Phi_2$ 表示"Φ_1 和 Φ_2 都为真"，$\Phi_1\vee\Phi_2$ 表示"Φ_1 或 Φ_2 或 Φ_1 和 Φ_2 为真"，$\Phi_1\Rightarrow\Phi_2$ 表示"若 Φ_1 为真则 Φ_2 为真"。

（3）如果 Φ 是公式，那么 $\exists t(\Phi)$、$\forall t(\Phi)$ 也是公式。$\exists t(\Phi)$ 表示命题"若存在一个 t 使 Φ 为真，则 $\exists t(\Phi)$ 为真，否则 $\exists t(\Phi)$ 为假"；$\forall t(\Phi)$ 表示命题"若对所有的 t 使 Φ 为真，则 $\forall t(\Phi)$ 为真，否则 $\forall t(\Phi)$ 为假"。

在元组演算公式中，各种运算符的运算优先次序如下。

（1）算术比较运算符最高。

（2）量词次之，按存在量词、全称量词的次序进行。

（3）逻辑运算符最低，按 $\neg$、$\wedge$、$\vee$ 次序进行。

（4）加括号时，括号中的运算优先。

所有公式均按（1）、（2）、（3）的规则经有限次复合得到，不存在其他形式。

3. 用元组关系演算表示关系代数 5 种基本运算

（1）并：$R\cup S=\{t\mid R(t)\vee S(t)\}$。

（2）差：$R-S=\{t\mid R(t)\wedge\neg S(t)\}$。

（3）连接：设关系 $R(ABC),S(CDE),R\bowtie S=\{t(ABCDE)\mid t[ABC]\in r\wedge t[CDE]\in s\}$。

（4）投影：设关系 $R(ABC),\Pi AB(R)=\{t\mid t[AB]\in r\}$。

（5）选择：$\sigma_F(R)=\{t\mid R(t)\wedge F\}$，$F$ 是以 t 为变量的布尔表达式。

【例 2.19】 学生课程数据库中的三个关系：学生关系 S、课程关系 C、学生选课关系 SC，如图 2.9 所示，请用元组演算和关系代数表达式完成下列查询。

学生表 S

Sno	Sname	Sex	SD	Age
3001	王平	女	计算机	18
4006	李勇	男	电子系	19
1090	刘明远	男	数学系	20

课程表 C

Cno	Cname	Pcno	Credit
1	数据库	3	3
3	数据结构	7	3
7	程序设计		2

选修表 SC

Sno	Cno	Grade
3001	1	9
4006	3	87
3001	3	89

图 2.9　关系 S、C、SC

（1）检索选修课程名称为"数学"的学号和学生姓名。

$$\{t\mid(\exists u)(\exists v)(\exists w)(S(u)\wedge SC(w)\wedge C(v)\wedge u[1]=v[1]\wedge v[2]=w[1]\wedge w[2]=\text{'数学'}$$
$$\wedge t[1]=u[1]\wedge t[2]=u[1]\}$$

$$\Pi_{\text{Sno,Sname}}(\Pi_{\text{Sno,Sname}}(S)\bowtie\Pi_{\text{Sno,Cno}}(SC)\bowtie\Pi_{\text{Cno}}\sigma_{\text{Cname}=\text{'数学'}}(C))$$

（2）检索选修全部课程的学生姓名及所在系。

$$\{t \mid (\exists u)(\forall v)(\exists w)(S(u) \land C(v) \land SC(w) \land u[1]=w[1] \land w[1]=v[1]$$
$$\land t[1]=u[2] \land t[2]=u[4]\}$$

$$\prod_{\text{Sname,SD}}(\prod_{\text{Sno,Sname,SD}}(S) \bowtie (\prod_{\text{Sno,Cno}}(SC) \div \prod_{\text{Cno}}(C)))$$

(3) 检索选修课程包括"0609"号学生所选全部课程的学生学号。

$$\{t \mid (\exists u)(SC(u) \land (\forall v)(SC(v) \land (v[1]='0609' \Rightarrow (\exists w)(SC(w) \land w[1]=u[1]$$
$$\land w[2]=v[2]))) \land t[1]=u[1])\}$$

$$\prod_{\text{Sno,Cno}}(SC) \div \prod_{\text{Cno}}\sigma_{\text{Sno}='0609'}(SC)$$

(4) 检索不选修 2 号课程的学生姓名和所在系。

$$\{t \mid (\exists u)(\forall v)(\exists w)(S(u) \land SC(v) \land (u[1]=v[1] \Rightarrow v[2] \neq '2'$$
$$\land t[1]=u[1] \land t[2]=u[4])\}$$

$$\prod_{\text{Sname,SD}}(\prod_{\text{Sno,Sname,SD}}(S) \bowtie (\prod_{\text{Sno}}(S) - \prod_{\text{Sno}}\sigma_{\text{Sno}='2'}(SC)))$$

2.6.2　域关系演算

域关系演算以域为变量,域演算表达式的一般形式为

$$\{<x_1,x_2,\cdots,x_n> \mid \varphi(x_1,x_2,\cdots,x_n)\}$$

其中,$x_1,x_2,\cdots,x_n$ 代表域变量,φ 代表演算公式,是由关系、域变量、常量及运算符组成的公式。

域关系演算以元组变量的分量,即域变量,作为谓词变元的基本对象。域关系演算的结果是符合给定条件的域变量值序列的集合,也就是一个关系。

1. 原子公式

(1) $R(x_1,x_2,\cdots,x_i,\cdots,x_k)$。$R$ 是 k 元关系,x_i 是元组变量 t 的第 i 个分量,$R(x_1,x_2,\cdots,x_i,\cdots,x_k)$ 表示命题"以 $x_1,x_2,\cdots,x_i,\cdots,x_k$ 为分量的元组在关系 R 中"。

(2) $x_i\theta C$ 或 $C\theta x_i$。x_i 表示元组变量 t 的第 i 个分量,C 是常量,θ 为算术比较运算符。

(3) $x_i\theta u_j$。x_i 与 u_j 是两个域变量,t_i 是元组变量 t 的第 i 个分量,u_j 是元组变量 u 的第 j 个分量,它们之间就满足 θ 运算。

【例 2.20】 从表 2.1 中找出工资在 80 000 以上教师的 ID,Name,Deptment,Salary。

$$\{<i,n,d,s> \mid <i,n,d,s> \in instructor \land s > 80000\}$$

【例 2.21】 从表 2.7 中找出在 2009 年秋季或者 2010 年春季学期或者这两个学期都开设的所有课程的集合。

$$\{<c> \mid \exists a,s,y,b,r,t(<c,a,s,y,b,r,t> \in section \land s=\text{"Fall"} \land y=2009) v$$
$$\exists a,s,y,b,r,t(<c,a,s,y,b,r,t> \in section] \land s=\text{"Spring"} \land y=2010)\}$$

上式也可写为

$$\{<c> \mid \exists a,s,y,b,r,t(<c,a,s,y,b,r,t> \in section \land ((s=\text{"Fall"} \land y=2009)$$
$$v(s=\text{"Spring"} \land y=2010)))\}$$

可以证明:

(1) 每一个关系代数表达式有一个等价的安全的元组演算表达式。

(2) 每一个安全的元组演算表达式有一个等价的安全的域演算表达式。

(3) 每一个安全的域演算表达式有一个等价的关系代数表达式。

因此,这三类关系运算的表达能力是等价的,可以互相转换。

◇ 小　　结

关系数据库是目前使用最广泛的数据库系统。本章主要介绍关系数据库的数据结构、完整性约束和关系代数语言。

关系数据模型建立在表的集合的基础上,数据库系统用户可以对表进行查询、插入新元组、删除或更新元组等操作。表达这些操作的语言有关系代数语言、关系演算和SQL。

关系由关系模式和关系实例构成,关系模式指它的逻辑设计,关系实例为关系在某个特定时刻的快照。

关系完整性约束包括实体完整性、参照完整性和用户自定义完整性。

关系代数提供了一组运算,以一个或多个关系为输入,返回一个关系作为输出。

复杂查询的执行涉及多次存取磁盘的操作,需要选择一个最小化磁盘 I/O 的方法。等价规则用于将一个表达式转换成另一个表达式,从中选出估计执行代价更小的执行计划。DBMS 为每个操作提供多种执行算法以达到查询优化的目的。

元组关系演算和域关系演算是非过程化语言,代表了关系查询语言所需的基本能力。关系演算是简洁的、形式化的语言,并不适合于偶尔使用数据库系统的用户。这两种形式化语言构成了两种更易使用的语言 DBE 和 Datalog 的基础。

◇ 习　　题

1. 解释下列术语并说明它们之间的联系与区别。

(1) 域、笛卡儿积、关系、元组、属性。

(2) 主码、候选码、外码。

(3) 关系模式、关系、关系数据库。

2. 简述关系模型的三要素。

3. 假设有关系 R、W、D 如图 2.10 所示。

R

P	C	T	E
b	2	3	4
f	1	5	6
b	2	5	6
f	1	4	6
g	6	5	6
g	6	3	4

W

T	E	Y
3	4	m
3	4	n
4	6	n

D

T	E
3	4
5	6

图 2.10　关系 R、W、D

完成下列计算。

(1) $R_1 = \prod_{T,E}(W)$。

(2) $R_2 = R \times D$。

(3) $R_3 = \sigma_{P>'e' \wedge T='5'}(R)$。

(4) $R_4 = R \bowtie W$。

(5) $R_5 = R \div D$。

(6) $R_6 = \prod_{T,E} R - \prod_{T,E} \sigma_{E=4}(W)$。

4. 设学生课程数据库中有学生 S (学号 Sno, 姓名 Sname, 性别 Sex, 所在系 SD, 年龄 Age), 课程 C (课程号 Cno, 课程名称 Cname, 先修课 Pcno, 学分 Credit), 学生选课 SC (学号 Sno, 课程号 Cno, 成绩 Grade) 三个关系。请用关系代数和元组关系演算表达如下检索问题。

(1) 检索选修课程名称为"数学"的学生学号和学生姓名。

(2) 检索至少选修了课程为"1"和"3"的学生学号。

(3) 检索选修了"操作系统"或"数据库"课程的学号和成绩。

(4) 检索年龄为 18～20 的女生学号、姓名和年龄。

(5) 检索选修了"刘平"老师所讲课程的学生学号、姓名及成绩。

(6) 检索选修全部课程的学生姓名。

(7) 检索选修课程至少包括"1042"学生所学全部课程的学生学号。

(8) 检索不选修"数据库"课程的学生姓名和所在系。

第二部分　关系数据库的
基本原理

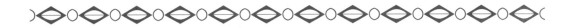

第3章

关系数据库语言——SQL

SQL（Structured Query Language，结构查询语言）是 1974 年由 Boyce 和 Chamberlin 提出的，是在关系数据库中使用最普遍的语言，包括数据定义、数据查询、数据操作和数据控制 4 种功能。本章主要介绍 SQL 中的基本操作。

◇ 3.1 SQL 简 介

SQL 介绍

SQL 是一个综合的、通用的、功能极强同时又简洁易学的语言。其主要特点如下。

（1）综合统一。SQL 集数据定义语言（Data Definition Language，DDL）、数据操纵语言（Data Manipulation Language，DML）、数据控制语言（Data Control Language，DCL）的功能于一体，语言风格统一，可以独立完成数据库生命周期中的全部活动，为数据库应用系统的开发提供了良好的环境。

（2）高度非过程化。SQL 是高度非过程化语言，当进行数据操作时，只要提出"做什么"，而无须指明"怎么做"，用户不需要了解存取路径，存取路径的选择以及 SQL 语句的操作过程由系统自动完成。

（3）面向集合的操作方式。SQL 采用集合操作方式，其操作对象和查找结果都是元组的集合。

（4）以同一种语法结构提供两种使用方式。SQL 既可以作为独立的语言，采用联机交互的使用方式，用户在终端键盘上直接输入 SQL 命令对数据库进行操作，也可以采用嵌入式，嵌入高级语言（如 C♯、Java）程序中，供程序员设计程序时使用。两种不同的使用方式中，SQL 的语法结构基本上是一致的，提供了极大的灵活性和方便性。

（5）语言简洁，易学易用。SQL 功能极强，但十分简洁，完成核心功能只用了9 个动词，如表 3.1 所示。

表 3.1 SQL 的动词

SQL 功能	动　　词
数据查询	SELECT
数据定义	CREATE,DROP,ALTER
数据操纵	INSERT,DELETE,UPDATE
数据控制	GRANT,REVOKE

SQL 由以下几个部分组成。

(1) 数据定义语言。SQL DDL 提供定义关系模式和视图、删除关系和视图、修改关系模式的命令。

(2) 交互式数据操纵语言。SQL DML 提供查询、插入、删除和修改的命令。

(3) 完整性控制。SQL DDL 包括定义数据库中的数据必须满足的完整性约束条件的命令,对于破坏完整性约束条件的更新将被禁止。

(4) 安全性控制。SQL DDL 中包括说明对关系和视图的访问权限。

(5) 事务控制。SQL 提供定义事务开始和结束的命令。

(6) 嵌入式 SQL 和动态 SQL。用于嵌入某种通用的高级语言(C,C++,Java 等)中混合编程。其中,SQL 负责操纵数据库,高级语言负责控制程序流程。

◆ 3.2 数 据 定 义

SQL 支持关系数据库的三级模式结构,如图 3.1 所示。其中,外模式对应于视图,模式对应于基本表,内模式对应于物理存储文件。

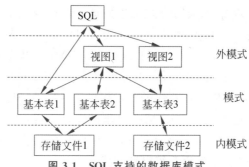

图 3.1　SQL 支持的数据库模式

SQL 的数据定义功能包括定义基本表、定义视图、定义索引。除此之外,SQL 还可以定义数据库、定义存储过程等。

3.2.1　基本表的定义

1. 基本表的创建

创建基本表的一般格式为

```
CREATE TABLE <表名> (<列名> <数据类型> [<列级完整性约束条件>]
                [,<列名> <数据类型> [<列级完整性约束条件>]]
                …
                [,<表级完整性约束条件>]);
```

说明:

(1) 定义中( )为语法结构,不可省略;< >括号内的内容为表定义的必选项;[ ]括号内的内容为表定义的可选项。

(2) 数据类型定义属性列的数据类型,不同数据库产品在数据类型的种类和关键词上存在差异。

（3）如果完整性约束条件涉及该表的多个属性列，则必须定义表级完整性约束条件，否则既可以定义列级完整性约束条件，也可以定义表级完整性约束条件。

2. 属性的数据类型

当用 SQL 语句定义表时，需要为表中的每一个属性定义数据类型及长度。PostgreSQL 的常用数据类型如表 3.2 所示。

表 3.2　PostgreSQL 的数据类型

数 据 类 型	含　　义
Smallint	短整型（2B）
Integer	整型（4B）
Bigint	大整型（8B）
Decimal	用户给定精度的浮点型
Real	单精度浮点型（4B）
Double precision	双精度浮点型（8B）
Char(n)	固定长度字符型，表示 n 个字符的固定长度字符串
Varchar(n)	可变长度的字符串，表示最多可以有 n 个字符的字符串
text	没有限制的可变长度的字符串
Bytea	1B 或 4B 的二进制串
Date	日期类型
Time	时间类型
Timestamp	时间戳类型
Money	货币类型
Boolean	布尔型

3. 完整性约束条件

常用的约束子句如下。

（1）PRIMARY KEY 约束。PRIMARY KEY 子句用来定义表的主码，一个表只能包含一个 PRIMARY KEY 约束，如果表的主码由多个属性构成，需要在表级的完整性约束上定义；如果主码由单个属性构成，则既可在列级定义也可在表级定义。

（2）NOT NULL 或 NULL 约束。用关键词 NOT NULL 或 NULL 说明指定属性的属性值是否允许为空值。空值是关系数据库的一个重要概念，表示不确定或没有意义，与空串或 0 等具有不同的含义。

（3）UNIQUE 约束。用 UNIQUE 约束定义属性的属性取值必须是唯一的。

（4）FOREIGN KEY…REFERENCES 约束。用 FOREIGN KEY…REFERENCES 约束来定义参照完整性，因为涉及两个表中的属性，该约束必须定义在表级完整性上。

【例 3.1】　学生成绩管理数据库有三个基本表：学生表 Student，课程表 Course，学生选课表 SC。

    学生表：Student（ <u>Sno</u>，Sname，Ssex，Sage，Sdept ）

    课程表：Course（ <u>Cno</u>，Cname，Cpno，Ccredit ）

    学生选课表：SC（ <u>Sno</u>，<u>Cno</u>，Grade ）

关系的主码用下画线表示。各个表中的数据如图 3.2 所示。在 PostgreSQL 数据库中创建学生成绩管理数据库。

学生表 Student

学号 Sno	学生姓名 Sname	性别 Ssex	年龄 Sage	所在系 Sdept
202005001	李洋	男	18	计算机系
202008019	王欣	女	18	数学系
202006056	张楠	女	18	计算机系
202006758	谢小平	男	19	电子系

课程表 Course

课程号 Cno	课程名称 Cname	先修课 Cpno	学分 Ccredit
1	数据结构	2	3.5
2	C 语言程序设计		3
3	数据库系统原理	1	3

学生选课表 SC

学号 Sno	课程号 Cno	成绩 Grade
202005001	1	80
202008019	2	92
202006056	3	90
202005001	3	80
202006056	1	70

图 3.2 学生成绩管理数据库的数据示例

```
CREATE TABLE Student(
    Sno CHAR(12) PRIMARY KEY,
    Sname VARCHAR(8),
    Ssex CHAR(2) NOT NULL CHECK(Ssex IN ('男' , '女')), /*性别只能取'男'或'女'*/
    Sage INT,
    Sdept VARCHAR(20));
CREATE TABLE Course(
    Cno CHAR(4) PRIMARY KEY,
    Cname CHAR(40),
    Cpno CHAR(4) ,
```

第 3 章   关系数据库语言——SQL   51

```
    Ccredit SMALLINT,
    FOREIGN KEY (Cpno) REFERENCES Course(Cno) );
CREATE TABLE SC(
    Sno   CHAR(9),
    Cno   CHAR(4),
    Grade   SMALLINT,
    PRIMARY KEY (Sno,Cno),
    /* 主码由两个属性构成,必须作为表级完整性进行定义 */
    FOREIGN KEY (Sno) REFERENCES Student(Sno),
    /* 表级完整性约束条件,Sno 是外码,被参照表是 Student */
    FOREIGN KEY (Cno) REFERENCES Course(Cno)
    /* 表级完整性约束条件,Cno 是外码,被参照表是 Course */
    );
```

3.2.2   基本表的修改

基本表在创建之后可以用 SQL 的 ALTER TABLE 命令修改表结构,该命令的一般格式为

```
ALTER TABLE <表名>
[ ADD <新列名> <数据类型> [ <列级完整性约束> ] ]
[ DROP <完整性约束名> ]
[ ALTER COLUMN <列名> <数据类型> ];
```

说明:

(1) ADD 子句用于增加新的属性和该属性上的完整性约束。

(2) DROP 子句用于删除指定的完整性约束条件。

(3) ALTER COLUMN 用于修改原有属性的数据类型。

【例 3.2】   向 Student 表增加"生源地"列,其数据类型为字符型。

```
ALTER TABLE Student ADD Saddress VARCHAR(20);
```

不论基本表中原来是否已有数据,新增加的列一律为空值。

【例 3.3】   将年龄的数据类型由整型改为短整型。

```
ALTER TABLE Student ALTER COLUMN Sage TYPE SMALLINT;
```

【例 3.4】   增加课程表中对成绩的约束,使 Grade 为 0~100。

```
ALTER TABLE SC ADD CHECK (Grade BETWEEN 0 AND 100);
```

3.2.3   基本表的删除

删除表命令的一般格式为

```
DROP TABLE <表名> {RESTRICT | CASCADE}
```

说明：

（1）RESTRICT：删除表是有限制的。如果删除的基本表被其他的表引用或存在依赖该表的对象，则此表不能被删除。

（2）CASCADE：删除该表没有限制。在删除基本表的同时，相关的依赖对象一起删除。

◆ 3.3　数据查询

数据库查询是数据库应用的核心内容，SQL提供查询语句SELECT，格式如下。

```
SELECT [ALL|DISTINCT] <目标列表达式> [, <目标列表达式>] …
FROM <表名或视图名> [, <表名或视图名> ] …
[ WHERE <条件表达式> ]
[ GROUP BY <列名 1> [ HAVING <条件表达式> ] ]
[ ORDER BY <列名 2 > [ ASC|DESC ] … ];
```

SQL查询子句的顺序为SELECT、FROM、WHERE、GROUP BY、HAVING 和 ORDER BY。其中，SELECT、FROM是必需的。具体说明如下。

（1）SELECT 子句用来列出查询结果的属性，其输出可以是列名、表达式、聚集函数等；DISTINCT 选项将去掉查询结果中重复的元组，ALL 则保留查询结果中的重复元组，默认情况下为 ALL。

（2）FROM 子句指定查询的输入，可以是基本表，也可以是视图，或者是嵌套的子查询。

（3）WHERE 子句用于对查询输出进行限定或是设置输入对象之间的连接条件等。

（4）GROUP BY 子句用于对查询结果进行分组，可以利用它进行分组统计。

（5）HAVING 子句是对分组结果进行的限定条件，必须搭配 GROUP BY 子句才能出现。

（6）ORDER BY 子句是对查询结果进行排序，并不改变数据本身的物理存储。

SELECT 语句可完成简单的查询，也可完成复杂的连接查询及嵌套子查询。

3.3.1　单表查询

单表查询是仅涉及一个表的查询。

1. 选择表中的若干列

（1）查询输出指定列。

【例 3.5】　查询全体学生的学号与姓名。

```
SELECT Sno,Sname
FROM Student;
```

【例 3.6】　查询全体学生的姓名、学号、所在系。

```
SELECT Sname,Sno,Sdept
FROM Student;
```

（2）查询输出所有属性列。

在 SELECT 关键字后面列出所有列名或者将＜目标列表达式＞指定为 ＊ 。

【例 3.7】 查询全体学生的详细记录。

```
SELECT   Sno, Sname, Ssex, Sage, Sdept
FROM Student;
```

或

```
SELECT   *
FROM Student;
```

（3）查询输出经过计算的属性列。

SELECT 子句的＜目标列表达式＞可以是算术表达式、函数或别名。

【例 3.8】 查询全体学生的姓名及出生年份。

```
SELECT Sname, 2021-Sage      /*假定当年的年份为 2021 年*/
FROM Student;
```

【例 3.9】 查询全体学生的姓名、出生年份和所有系,要求用小写字母表示所有系名。

```
SELECT Sname,2004-Sage "Year of Birth;", lower (Sdept)
FROM Student;
```

（4）更改列标题。

用户可以通过指定别名来更改查询结果的列标题,这可以使含有计算表达式、常量、函数名的目标列表达式等的输出更简洁。

```
SELECT Sno 学号, Sname 姓名, 2021-Sage 出生年月
FROM Student;
```

（5）去掉重复行。

SELECT 子句可使用 ALL 或 DISTINCT 选项来显示符合查询条件的所有行或对符合条件的行中去掉重复行,默认为 ALL,使用 DISTINCT 则对重复出现的行只保留一行。

【例 3.10】 查询全部的系。

```
SELECT Sdept 系 FROM Student;
```

等价于:

```
SELECT ALL Sdept FROM Student;
```

执行结果为

系
计算机系
数学系
计算机系

使用 DISTINCT 去掉结果表中的重复行:

```
SELECT DISTINCT Sdept FROM STUDENT;
```

执行结果为

系
计算机系
数学系

2. 带条件的查询

WHERE 子句用于设置查询条件,过滤掉不需要的数据行,只有满足条件的行才出现在查询结果中。常用的查询条件如表 3.3 所示。

表 3.3　WHERE 常用的查询条件

查询方式	运算符
比较	=、>、>=、<、<=、<>
确定范围	BETWEEN AND、NOT BETWEEN AND
确定集合	IN、NOT IN
字符匹配	LIKE、NOT LIKE
空值	IS NULL、IS NOT NULL
多重条件(逻辑运算)	NOT、AND、OR

(1) 比较运算符。

用于进行比较的运算符一般包括=(等于)、>(大于)、>=(大于或等于)、<(小于)、<=(小于或等于)、<>(不等于)。

【例 3.11】　查询计算机系全体学生的名单。

```
SELECT Sname
FROM Student
WHERE Sdept='计算机系';
```

【例 3.12】　查询所有年龄在 20 岁以下的学生姓名及其年龄。

```
SELECT Sname, Sage
FROM Student
WHERE Sage < 20;
```

（2）确定范围。

【例 3.13】 查询年龄为 20～23 岁（包括 20 岁和 23 岁）的学生的姓名、系别和年龄。

```
SELECT Sname, Sdept, Sage
FROM Student
WHERE Sage BETWEEN 20 AND 23;
```

【例 3.14】 查询年龄不为 20～23 岁的学生姓名、系别和年龄。

```
SELECT Sname, Sdept, Sage
FROM Student
WHERE Sage NOT BETWEEN 20 AND 23;
```

（3）确定集合。

【例 3.15】 查询信息系（IS）、数学系（MA）和计算机系（CS）学生的姓名和性别。

```
SELECT Sname, Ssex
FROM  Student
WHERE Sdept IN ( 'IS', 'MA', 'CS' );
```

【例 3.16】 查询既不是信息系（IS）、数学系（MA），也不是计算机系（CS）的学生的姓名和性别。

```
SELECT Sname, Ssex
FROM Student
WHERE Sdept NOT IN ( 'IS', 'MA', 'CS' );
```

（4）字符匹配。

谓词 LIKE 可以用来进行字符串的匹配，常用于模糊查找，它判断列值是否与指定的字符串格式相匹配。其语法格式如下。

```
[NOT] LIKE  <匹配串>  [ESCAPE <换码字符>]
```

【例 3.17】 查询学号为 200215121 的学生的详细情况。

```
SELECT *
FROM  Student
WHERE  Sno LIKE '200215121';
```

等价于：

```
SELECT  *
FROM  Student
WHERE Sno = ' 200215121 ';
```

匹配串也可以是含通配符%和_的字符串。%代表任意长度的字符，如 a%b 表示以 a 开头，以 b 结尾的任意长度的字符串；_代表单个字符，如 a_b 表示以 a 开头，以 b 结尾的长度为 3 的任意字符串。

【例 3.18】　查询所有姓刘学生的姓名、学号和性别。

```
SELECT Sname, Sno, Ssex
FROM Student
WHERE Sname LIKE '刘%';
```

【例 3.19】　查询姓"欧阳"且全名为三个汉字的学生的姓名。

```
SELECT Sname
FROM Student
WHERE Sname LIKE '欧阳_';
```

使用换码字符将通配符转义为普通字符。

【例 3.20】　查询 DB_Design 课程的课程号和学分,其中的_为普通字符。

```
SELECT Cno,Ccredit
FROM Course
WHERE Cname LIKE 'DB_Design' ESCAPE '_';
```

【例 3.21】　查询以"DB_"开头,且倒数第 3 个字符为 i 的课程信息。

```
SELECT   *
FROM   Course
WHERE   Cname LIKE   'DB_%i__' ESCAPE '_';
```

（5）多重条件查询。

逻辑运算符 AND 和 OR 可用来连接多个查询条件。如果这两个运算符同时出现在同一个 WHERE 条件子句中,则 AND 的优先级高于 OR,用户可以用括号改变优先级。

【例 3.22】　查询计算机系年龄在 20 岁以下的所有女生的信息。

```
SELECT *
FROM Student
WHERE Sdept='计算机系' and Sage<20 and Ssex='女';
```

3. ORDER BY 子句

用户可以用 ORDER BY 子句指定按照一个或多个属性列的升序（ASC）或降序（DESC）排列输出查询结果,默认值为升序。当排序的属性包含空值时,空值在升序中最先显示,在降序中最后显示。

【例 3.23】　查询选修了 1 号课程的选修信息,按照成绩的降序排列。

```
SELECT *
FROM SC
WHERE Cno='1'
ORDER BY Grade DESC;
```

聚集查询

4. 聚集函数

SQL 提供的常用聚集函数如表 3.4 所示。

表 3.4　常用聚集函数

聚 集 函 数	含　　义
COUNT（[DISTINCT|ALL] * ）	统计行数
COUNT（[DISTINCT|ALL]<列名>）	统计给定属性列的值的个数
SUM（[DISTINCT|ALL]<列名>）	计算给定属性列的总和
AVG（[DISTINCT|ALL]<列名>）	计算给定属性列的平均值
MAX（[DISTINCT|ALL]<列名>）	求给定属性列的最大值
MIN（[DISTINCT|ALL]<列名>）	求给定属性列的最小值

说明：如果指定 DISTINCT 短语，则表示在计算时取消重复指定属性列中的重复值。默认情况为 ALL 值，即不取消对重复值的计算。

【例 3.24】　统计数学系的学生总人数。

```
SELECT COUNT( * ) 数学系
FROM Student
WHERE Sdept='数学系';
```

【例 3.25】　计算选修了 5 号课程学生的平均成绩。

```
SELECT, AVG(Grade) '5'
FROM SC
WHERE Sno='5';
```

5. GROUP BY 子句

GROUP BY 分组子句是对查询结果按给定的属性或属性集进行分组。对查询结果分组的目的是细化聚集函数的作用对象。如果未对查询结果分组，聚集函数将作用于整个查询结果；进行分组后，聚集函数将作用于每一个组，即对每个组分别统计。

【例 3.26】　查询每门课程的选课人数。

要查询每门课程的选课人数，则需要对表 SC 按照课程号进行分组，课程号相同的为同一个组，对每个组分别计算行数。

```
SELECT Cno, COUNT( * )
FROM SC
GROUP BY Cno;
```

查询结果为

Cno	COUNT(*)
1	2
2	1
3	2

【例 3.27】 计算每个学生的平均成绩。

要计算每个学生的平均成绩,则需要对 SC 中按学号进行分组,学号相同的为同一个组,对每个组计算平均成绩。

```
SELECT Sno, AVG(Grade)
FROM SC
GROUP BY Sno;
```

执行结果为

Sno	AVG(Grade)
202005001	75
202008019	92
202006056	85

如果对分组后统计的结果进行筛选,要求只输出满足条件的组,则用 HAVING 子句来给出限定条件。

【例 3.28】 输出学生人数小于 100 人的系及总人数。

```
SELECT Sdept, COUNT( * )
FROM Student
GROUP BY Sdept HAVING COUNT( * )<100;
```

说明:

(1) HAVING 子句和 WHERE 子句都是筛选条件,但 WHERE 作用于基表或视图,而HAVING 子句作用于组。

(2) 聚集函数可以出现在 SELECT 子句、HAVING 子句和 ORDER BY 子句之后,不能出现在 WHERE 子句后。

(3) HAVING 子句必须紧随 GROUP BY 子句,不能单独出现。

(4) 带 GROUP BY 子句的 SELECT 输出只能是分组属性和聚集函数,不能输出与分组无关的属性列。

6. 空值查询

(1) 空值 NULL 的含义。

在 SQL 中允许某些元组在某个属性列上取空值 NULL,用来表示"不知道"或"不存在"或"无意义"的值。如某个学生的年龄取值为 NULL,表示不知道该学生的年龄,该学生年龄的值是存在的,但不知道该值是什么;又如某个学生缺考某门课程,其成绩取值为空值,表示该学生本课程的成绩不存在,不是其他任何数值。

外连接运算可导致某些元组中产生空值,某些元组的插入也可能产生空值,但存在约束为 NOT NULL(非空值)或 UNIQUE(唯一值)的属性值不允许为空值。

(2) 空值的运算规则。

空值 NULL 作为一种特殊的属性值也可以参加运算,但它不是常量,不可以直接将

空值查询

NULL 作为一个操作数,其运算规则如下。

① 空值 NULL 与任何值(包括另一个 NULL)进行算术运算,其结果仍然是空值 NULL。

② 当使用比较运算符(如＝或＜)时,比较空值 NULL 与任何值(包括另一个 NULL)时,其结果都为 UNKNOWN。值 UNKNOWN 是另外一个与 TRUE 和 FLASE 相同的布尔值,传统的二值逻辑运算扩展成了三值逻辑。三值逻辑运算的结果如表 3.5 所示。

表 3.5 三值逻辑真值表

X	Y	X AND Y	X OR Y	NOT X
TRUE	TRUE	TRUE	TRUE	FALSE
TRUE	FALSE	FALSE	TRUE	FALSE
TRUE	UNKNOWN	UNKNOWN	TRUE	FALSE
FALSE	TRUE	FALSE	TRUE	TRUE
FALSE	FALSE	FALSE	FALSE	TRUE
FALSE	UNKNOWN	FALSE	UNKNOWN	TRUE
UNKNOWN	TRUE	UNKNOWN	TRUE	UNKNOWN
UNKNOWN	FALSE	FALSE	UNKNOWN	UNKNOWN
UNKNOWN	UNKNOWN	UNKNOWN	UNKNOWN	UNKNOWN

(3)与空值有关的查询。

空值是一个很特殊的值,含有不确定性,需要做特殊的处理。判断一个属性的值是否为空值时,必须用 IS NULL 或 IS NOT NULL 来表示,不能直接有关系运算符。

【例 3.29】 查询缺考学生的学号和课程号。

```
SELECT Sno,Cno
FROM SC
WHERE Grade is NULL;
```

查询涉及允许为空值 NULL 的属性时,在 WHERE 条件表达式中需要特别注意有关 NULL 的特殊的运算规则。

【例 3.30】 查询成绩不合格的学生学号。

```
SELECT Sno
FROM SC
WHERE Grade<60 or Grade is NULL;
```

查询返回 WHERE 条件为真的结果,而 NULL 与 60 比较运算的结果为 UNKNOWN,Grade<60 的条件只能查找出参加了考试而不及格的学生,不能查询出未参加考试的学生学号,因此要找出所有不合格的学生需要合并上 Grade is NULL 的条件。

当 NULL 出现在集合中时,要注意其逻辑运算规则。

【例 3.31】 查询年龄不为空,也不为 18 岁和 19 岁的学生信息。

```
SELECT *
FROM Student
WHERE Sage not in (18,19, NULL);
```

无论数据库中的值如何,该查询都将返回空值。WHERE 条件等价于"Sage<>18 and Sage<>19 and Sage<>NULL",Sage<>NULL 运算的结果为 UNKNOWN,"Sage<>18 and Sage<>19 and Sage<>NULL"的结果只能是 FALSE 或 UNKNOWN,WHERE 条件只在为真时返回查询结果。

3.3.2 多表查询

若一个查询同时涉及两个及以上的表或视图,则称为多表查询或连接查询。连接查询包括等值连接查询与非等值连接查询、自然连接查询、自身连接查询、外连接查询和复合条件连接查询等。

1. 等值连接与非等值连接查询

连接查询的 WHERE 子句中用来连接两个表的条件称为连接条件或连接谓词,其一般格式为

```
[<表名 1>].<列名 1><比较运算符>[<表名 2>].<列名 2>
```

其中,比较运算符包括=、>、<、<>等。

连接谓词也可以使用下面的形式:

```
[<表名 1>].<列名 1> BETWEEN [<表名 2>].<列名 2> AND [<表名 2>].<列名 2>
```

若比较运算符为=称为等值连接,其他比较运算符则称为非等值连接。

连接谓词中的列名称为连接字段,连接条件中的各连接字段类型必须是可比的,但名字不一定相同。若查询涉及多个表时,表中可能会有两个或两个以上的属性具有相同的名字,需要明确指定这些相同名字的属性如何被使用,SQL 通过在属性前加上关系名和一个点运算来解决,如 $R.A$ 表示关系 R 的属性 A。

【例 3.32】 查询每个学生及其选修课程的情况。

```
SELECT Student.*, SC.*
FROM Student, SC
WHERE Student.Sno=SC.Sno;
```

该查询的输出涉及学生表 Student 和选修表 SC 中的信息,因此要将这两个表通过共同的属性(学号 Sno)进行连接;属性列"学号"既出现在学生表 Student 中也出现在选修表 SC 中,因此要明确指明使用学生表中的学号还是选修表中的学号。

【例 3.33】 查询每个学生的学号、姓名、选修的课程名称及成绩。

```
SELECT Student.Sno, Sname, Cname, Grade
FROM Student, SC, Course
WHERE Student.Sno=SC.Sno AND SC.Cno=Course.Cno;
```

该查询的输出涉及学生表 Student、选修表 SC 和课程表 Course 中的信息,是多表连接的查询,要考虑多个表之间的连接关系。例如,学生表 Student 与选修表 SC 通过共同的属性"学号 Sno"进行连接,选修表 SC 与课程表 Course 通过共同的属性"课程号 Cno"进行连接,多表连接时所有的连接条件必须同时成立,用逻辑与 AND 表示。

2. 自然连接

自然连接是一种特殊的等值连接,是在等值连接中将重复的属性列去掉。

【例 3.34】　查询学生选修课程的情况,要求输出学生的姓名、学号、课程号和成绩。

```
SELECT Sname, Student.Sno, Cno, Grade
FROM Student, SC
WHERE Student.Sno=SC.Sno;
```

3. 自连接

SELECT 查询语句不但支持不同表之间的连接,而且支持任意表自身的连接。一个表与其自身进行连接称为表的自连接。当进行自连接查询时,需要在 FROM 子句中将关系 R 列出多次,对每一个 R 的出现定义一个别名来进行区分。在 SELECT 和 WHERE 子句中,通过别名加点符号来消除关系 R 的属性歧义。别名可以作为关系 R 的另外一个名字出现在需要的地方。

【例 3.35】　查询先修课相同的课程号。

```
SELECT C1.Cno, C2.Cno
FROM Course C1, Course C2
WHERE C1.Cpno=C2.Cpno and C1.Cno<>C2.Cno;
```

在 FROM 子句中为表 Course 声明了两个别名 C1 和 C2,在 SELECT 子句中输出表 Course 两行元组的 Cno 字段,在 WHERE 子句中由别名 C1 和 C2 引用来表示表 Course 二行元组的 Cpno 字段值相同;为了避免二行元组是相同的,在 WHERE 子句中加上了第二个条件。

4. 外连接

在通常的连接操作中,只有满足连接条件的元组才能作为结果输出。但假如想查询学生表中每个学生的基本情况及选课情况,若某个学生没有选课,则只输出该学生的基本情况,选课信息为空,这样的查询要求就需要使用外连接。外连接是通过在悬浮元组里填充空值来使之成为查询结果。

外连接的基本格式为

```
SELECT [ALL|DISTINCT] <目标列表达式> [, <目标列表达式>] …
FROM <表 1> LEFT|RIGHT|FULL [OUTER] JOIN <表 1> ON <连接条件>
[ WHERE <条件表达式> ]
```

外连接包括左外连接(LEFT)、右外连接(RIGHT)和全外连接(FULL)三种。左外连接列出左边关系中所有的元组,右边关系悬浮元组里填充空值;右外连接列出右边关系中所有的元组,左边关系悬浮元组里填充空值;全外连接则输出两个表的所有元组,左、右两边关系中悬浮元组里填充空值。

【例 3.36】 查询所有学生的选课情况,包括未选课的学生。

```
SELECT Student.Sno, Sname, Ssex, Sdept, Cno, Grade
FROM Student LEFT JOIN SC ON (Student.Sno=SC.Sno);
```

针对图 3.2 的数据库表其查询结果为

学号 Sno	学生姓名 Sname	性别 Ssex	年龄 Sage	所在系 Sdept	课程号 Cno	成绩 Grade
202005001	李洋	男	18	计算机系	1	80
202005001	李洋	男	18	计算机系	3	80
202008019	王欣	女	18	数学系	2	92
202006056	张楠	女	18	计算机系	1	70
202006056	张楠	女	18	计算机系	3	90
202006758	谢小平	男	19	电子系	NULL	NULL

5. 复合条件连接

一条 SQL 语句可以同时完成选择和连接查询,这时 WHERE 子句由连接谓词和选择谓词组成复合条件。

【例 3.37】 查询选修了 2 号课程且成绩在 90 分以上的学生的学号、姓名和成绩。

```
SELECT Student.Sno, Sname, Grade
FROM Student, SC
Where Student.Sno=SC.Sno and Cno='2' and Grade>90;
```

选择谓词 Cno='2'和 Grade>90 从选修表 SC 中找出满足条件的元组形成中间结果,再通过连接谓词 Student.Sno=SC.Sno 将学生表 Student 和中间结果连接起来输出满足条件的结果。

3.3.3 嵌套子查询

在 SQL 中,一个查询可以通过不同的方式被用来计算另一个查询。当某个查询是另一个查询的一部分时,称之为子查询。集合查询的并、交、差就是通过子查询来完成的。

子查询可能返回单个常量,这个常量能在 WHERE 子句中与另一个常量进行比较;子查询也可能返回关系,该关系可以在 WHERE 中使用,也可以出现在 FROM 子句中。子查询以层层嵌套的方式来构造程序正是 SQL 中结构化的含义所在。

需要特别指出的是,子查询语句中不允许使用 ORDER BY 子句,ORDER BY 子句只能对最终查询结果排序。

1. WHERE 子句嵌套子查询

(1) IN 子查询。

WHERE 子句
嵌套子查询

带有 IN 谓词的子查询是指父查询与子查询之间用 IN 进行连接,用于判断父查询的某个属性的值是否在子查询的结果中。IN 表示某元素属于某个集合,NOT IN 则表示某元素不属于某个集合。谓词 IN 是嵌套查询中最经常使用的谓词。

【例 3.38】　查询选修了 3 号课程的学生学号和姓名。

```
SELECT Sno, Sname
FROM Student
WHERE Sno IN (SELECT Sno
              FROM SC
              WHERE Cno='3');
```

本例中,子查询的查询条件不依赖于父查询,称为**不相关子查询**。不相关子查询是最简单的一类子查询。

此查询也可以用连接查询完成:

```
SELECT Student.Sno, Sname
FROM Student, SC
WHERE Student.Sno=SC.Sno and Cno='3';
```

可见实现同一个查询可以用很多种方法,不同的方法其执行效率可能会存在差别。

查询涉及多个关系时,用嵌套查询逐步求解,层次清楚,易于构造,具有结构化程序设计的特点。

【例 3.39】　查询选修了课程名称为"操作系统"的学生学号和姓名。

```
SELECT Sno, Sname
FROM Student
WHERE Sno IN (SELECT Sno
              FROM SC
              WHERE Cno IN (SELECT Cno
                            FROM Course
                            WHERE Cname='操作系统'));
```

本查询也可以用连接查询替代:

```
SELECT Student.Sno, Sname
FROM Student, SC,Course
WHERE Student.Sno=SC.Sno and SC.Cno=Course.Cno and Cname='操作系统';
```

但有些嵌套子查询不能由连接查询替代,如例 3.40。

【例 3.40】　查询没有选修 3 号课程的学生学号和姓名。

```
SELECT Sno, Sname
FROM Student
WHERE Sno NOT IN (SELECT Sno
                  FROM SC
                  WHERE Cno='3');
```

(2) 带比较运算符的子查询。

带有比较运算符的子查询是指父查询与子查询之间用比较运算符进行连接。当用户能确切知道子查询结果返回的是单个值时,可以用＝、＞、＜、＜＞等比较运算符。

【例 3.41】 查询与"刘霞"在同一个系的学生的学号和姓名。

```
SELECT Sno,Sname
FROM Student
WHERE Sdept=(SELECT Sdept
FROM Student
WHERE Sname='刘霞');
```

【例 3.42】 查询"计算机系"超出全校学生平均年龄的学生学号和姓名。

```
SELECT Sno,Sname
FROM Student
WHERE Sdept='计算机系' and Sage > (SELECT AVG(Sage)
FROM Student);
```

(3) 带 ANY 或 ALL 谓词的子查询。

在带比较运算符的子查询中,当子查询返回多值时,要与 ANY 或 ALL 谓词修饰符配合使用。

ANY:表示任意一个值,在进行运算时,只要子查询中有一行能使结果为无休止,则结果就为真。

ALL:表示所有值,在进行比较运算时,子查询中的所有行都使结果为真时,结果才为真。其具体语义如下。

＞ANY　大于子查询结果中的某个值
＞ALL　大于子查询结果中的所有值
＜ANY　小于子查询结果中的某个值
＜ALL　小于子查询结果中的所有值
＞＝ANY　大于或等于子查询结果中的某个值
＞＝ALL　大于或等于子查询结果中的所有值
＜＝ANY　小于或等于子查询结果中的某个值
＜＝ALL　小于或等于子查询结果中的所有值
＝ANY　等于子查询结果中的某个值
＜＞ANY　不等于子查询结果中的某个值
＜＞ALL　不等于子查询结果中的任何一个值

【例 3.43】 查询数学系比计算机系任意一个学生年龄都大的学生姓名和年龄。

```
SELECT Sname, Sage
FROM  Student
WHERE Sdept='数学系' and Sage>ALL (SELECT Sage
                                   FROM Student
                                   WHERE Sdept='计算机系');
```

事实上,用聚集函数实现子查询通常比直接用 ANY 或 ALL 查询效率要高。ANY、ALL 与聚集函数的对应有关系如表 3.6 所示。

表 3.6　ANY、ALL 谓词与聚集函数的等价转换关系

	=	<>	<	<=	>	>=
ANY	IN	--	<MAX	<=MAX	>MIN	>=MIN
ALL	--	NOT IN	<MIN	<=MIN	>MAX	>=MAX

（4）带 EXIST 谓词的子查询。

EXIST 代表存在量词∃。带有 EXIST 谓词的子查询不返回任何实际数据，只产生逻辑真值"TRUE"或逻辑假值"FALSE"。因此，带 EXIST 谓词的子查询中，其目标列表达式通常用"*"，因为带 EXIST 的子查询只返回"TRUE"或"FALSE"，给出列名无实际意义。

使用 EXIST，若子查询结果为非空，则外层 WHERE 子句返回真值，否则返回假值。

【例 3.44】　查询选修了 3 号课程的学号和姓名。

```
SELECT Sno, Sname
FROM Student
WHERE EXISTS (SELECT *
            FROM SC, Student
            WHERE SC.Sno=Student.Sno and Cno='3' );
```

该子查询与前面 IN 子查询不同，其子查询的条件依赖于父查询的某个属性值，这类查询称为相关子查询。相关子查询的处理过程是先取父查询表中的第 1 行元组到子查询，若子查询结果为非空，则 WHERE 返回为真，则取父查询的当前元组放入结果表；再取父查询表的下一行元组，重复此过程直到父查询表全部访问完。

与 EXIST 谓词相对应的是 NOT EXIST。使用 NOT EXIST，若子查询结果为空，则外层 WHERE 子句返回真值，否则返回假值。SQL 没有提供表示全称量词∀的谓词。

【例 3.45】　查询选修了全部课程的学生姓名。

在 Student 表中查找学生，要求这个学生选修了全部课程。换句话说，即在 S 表中查找这样的学生：在 C 表中不存在一门课程这个学生没有选。按照此语义，可写出 SQL 查询语句为

```
SELECT Sname
FROM Student
WHERE NOT EXISTS (SELECT *
                FROM C
                WHERE NOT EXISTS (SELECT *
                                FROM SC
                        WHERE SC.Sno=Student.Sno and SC.Cno=C.Cno));
```

【例 3.46】　查询所学课程包括学号 3 的学生所学课程的学生学号。

在 SC 表中查找一个学生，对于 3 号学生所学的每一门课程，该学生都学了。将其改为双重否定形式是：不存在 3 号学生所选修的课程不被某个学生选修，这个学生就是要查找的学生。

```
SELECT DISTINCT Sno
FROM SC X
```

```
WHERE NOT EXISTS (SELECT *
                  FROM SC Y
                  WHERE Sno='3' and NOT EXISTS (SELECT *
                                                FROM SC Z
                                                WHERE  Y.Cno=Z.Cno AND X.Sno=Z.Sno));
```

FROM 子句嵌套子查询

2. FROM 子句嵌套子查询

子查询的另一个作用是在 FROM 子句中当关系使用。在 FROM 列表中,除了可以使用存储关系以外,还可以使用括起来的子查询。由于这个子查询的结果没有名字,必须给它取一个别名,然后就可以像引用 FROM 子句中的关系一样引用子查询。

【例 3.47】 查询输出计算机系平均成绩在 85 分以上的学生学号、姓名和平均成绩。

```
SELECT Student.Sno, Sname, AVGGD
FROM Student, (SELECT Sno, AVG(Grade) AVGGD FROM SC GROUP BY Sno HAVING AVG(Grade)
>85) TEMP
WHERE Student.Sno=TEMP.Sno AND Sdept='计算机系';
```

第一个 FROM 子句嵌套了一个子查询,该子查询找出了平均成绩在 85 分以上的学生学号和平均成绩,用别名 TEMP 表示。WHERE 子句则对学生表 Student 进行筛选后与子查询进行连接。

集合查询

3.3.4 集合查询

SELECT 语句的查询结果是元组的集合,所以多个 SELECT 语句的结果可以进行集合操作。集合操作主要包括并操作 UNION、交操作 INTERSECT 和差操作 EXCEPT。参加集合操作各个 SELECT 语句的查询结果的列数必须相同,对应的数据类型也必须相同。

【例 3.48】 查询计算机系和数学系的学生信息。

```
SELECT *
FROM Student
WHERE Sdept='计算机系'
UNION
SELECT *
FROM Student
WHERE Sdept='数学系';
```

该查询也可用逻辑运算 OR 来实现,其 SQL 语句为

```
SELECT *
FROM Student
WHERE Sdept='计算机系' OR Sdept='数学系';
```

【例 3.49】 查询计算机系年龄小于 20 岁的学生信息。

```
SELECT *
FROM Student
WHERE Sdept='计算机系'
```

```
INTERSECT
SELECT *
FROM Student
WHERE Sage<20;
```

该查询也可用逻辑运算 AND 来实现,其 SQL 语句为

```
SELECT *
FROM Student
WHERE Sdept='计算机系' AND Sage<20;
```

◈ 3.4　数 据 更 新

SQL 的数据更新包括数据插入、删除和修改三种操作。

3.4.1　数据插入

SQL 的数据插入语句 INSERT 通常有两种形式,一种是插入单个元组,另一种是插入子查询的结果。

1. 单个元组的插入

插入单个元组的 INSERT 语句的格式为

```
INSERT
INTO <表名> [(<属性列 1>[,<属性列 2>,…])]
VALUES (<常量 1> [,<常量 2>] …);
```

说明:

(1) INTO 子句中的属性列表给出对表中的哪些列插入数据,如果不给出属性列表,则表示对表的所有属性插入数据,且插入顺序与建表时的顺序一致。

(2) VALUES 子句给出常量值,要求与 INTO 子句的属性列表一一对应,包括值的个数和类型都是一一对应,否则插入会出错。

(3) 对 INTO 子句中没有给出的属性列,DBMS 将自动插入 NULL,若未出现属性列表中有属性不允许未空,则插入会出错。

【例 3.50】　向 SC 表中插入一条选课记录('2021050001', '080354546'),可用下列语句实现:

```
INSERT INTO SC
VALUES('2021050001', '080354546',NULL)
```

INTO 子句只给出表名,这表示新元组给出了表所有属性列的值,并且属性值的顺序与建表时的属性列顺序相同。

该语句等价于下面的语句:

```
INSERT INTO SC(Sno, Cno, Grade)
VALUES('2021050001', '080354546',NULL)
```

也可以采用下面的语句形式:

```
INSERT INTO SC(Sno, Cno)
VALUES('2021050001', '080354546')
```

RDBMS 将在新插入记录的 GRADE 列上自动地赋空值。

2. 多元组的插入

将子查询的结果插入指定的表中,语句格式如下。

```
INSERT
INTO <基本表> [(<属性 1>, <属性 2>, …,<属性 n>)]
```

子查询;

说明: 子查询的 SELECT 子句目标列必须与 INTO 子句的属性列表一一对应,包括值的个数和值的类型。

【例 3.51】 为 SC 表中增加一个属性列为绩点 GPA,现在为每个成绩计算绩点插入 SC 表中。

```
Alter Table SC add column GPA FLOAT;         /* 为表 SC 增加一列 */
INSERT INTO SC(Sno,Cno,GPA)
SELECTSno,Cno, (Grade-60)/10+3               /* 绩点计算公式 */
FROM SC
```

RDBMS 在执行插入语句时会检查所插元组是否破坏表上已定义的完整性规则。

【例 3.52】 在课程表中插入一条课程信息('08060132','数据库系统原理','08060001', 5),若其先行课不在课程表中,此条信息将无法插入。

```
INSERT INTO Course
VALUES('08060132', '数据库系统原理', '08060001', 5)
```

DBMS 给出违反完整性约束的提示。

3.4.2 删除数据

删除是对元组进行操作,一次将删除一行或多行元组,甚至可以删除表的所有元组,只保留表的结构。语句格式为

```
DELETE
FROM <表名>
[WHERE <条件>];
```

说明:

(1) WHERE 给出删除操作的条件,满足条件的元组将从表中被删除掉。

（2）当 WHERE 条件省略时，将删除整张表的数据使之成为空表，只存在表结构。

（3）当删除条件涉及其他表时，必须采用子查询书写 WHERE 的条件。

【例 3.53】　删除学号为 2021050001 的选修记录。

```
DELETE
FROM SC
WHERE Sno='2020050001';
```

【例 3.54】　清空选修表。

```
DELETE
FROM SC;
```

【例 3.55】　删除计算机系的学生选修 1 号课程的记录。

```
DELETE
FROM SC
WHERE Cno='1' AND Sno in (SELECT Sno
                          FROM Student
                          WHERE Sdept='计算机系');
```

RDBMS 在执行删除语句时会检查删除的元组是否破坏表上已定义的完整性规则。

【例 3.56】　删除学号为 1 的学生记录。

```
DELETE
FROM Student
WHERE Sno='1';
```

若该学生已有选课记录，参照完整性也没有定义级联删除，则 DBMS 将拒绝该删除请求。

3.4.3　修改数据

用 UPDATE 语句对表中的数据进行修改，其语句的一般格式为

```
UPDATE <基表名>
SET <属性名 1=表达式 1>,[<属性名 2=表达式 2>],…
[WHERE<条件表达式>]
```

说明：

（1）SET 子句指定修改方式，给出修改的列及修改后的值。

（2）WHERE 子句指定要修改的元组，省略时对表中的所有元组进行修改。

（3）当修改条件涉及其他表时需要用子查询。

【例 3.57】　将学生表中的计算机系改为计算机科学系。

```
UPDATE Student
SET Sdept='计算机科学系'
WHERE Sdept='计算机系';
```

【例 3.58】 将选修表中的计算机系学生选修的 3 号课程成绩清空。

```
UPDATE SC
SET Grade=NULL
WHERE Cno='3' and Sno in (SELECT sno
                          FROM Student
                          Where Sdept='计算机系');
```

RDBMS 在执行修改语句时会检查修改操作是否破坏表上已定义的完整性规则,若违反完整性约束,DBMS 将拒绝修改。

小 结

SQL 是关系数据库的标准语言,已广泛应用在商用系统中。SQL 主要由数据定义、数据操纵、数据查询和数据控制 4 个部分组成。

SQL 的数据定义部分包括基本表、视图、索引的创建和撤销。

SQL 的数据查询部分是 SQL 语句的实现。SQL 的数据查询功能是丰富而复杂的,这也是本章的重点部分。本章主要讲述了单表查询、连接查询、嵌套查询及集合查询。

SQL 的数据更新包括插入、删除和修改三种操作。

本章的实例是以 PostgreSQL 的语法为例,若在不同的数据库系统中可能要稍作修改。

习 题

以 School 数据库为例,在该数据库中存在 4 个表格,分别如下。

表 STUDENTS(sid,sname,email,grade);

表 TEACHERS(tid,tname,email,salary);

表 COURSES(cid,cname,hour);

表 CHOICES(no,sid,tid,cid,score)。

在该数据库存在如下语义。

学生可以选择多门课程,一个课程仅对应一个教师,表 CHOICES 保存学生的选课记录。

1. 创建数据库。

(1) 为属性选择合适的数据类型,定义每个表的主码、是否允许空值和默认值等列级数据约束。

(2) 建立三个表的表级约束,每个表的主码约束,实现学生性别只能是"男"或"女"的Check(检查)约束。

2. 对 School 数据库进行数据增加、删除和修改操作,要求学生表、课程表和学生选课表中各有 10 条以上的记录。

3. 求数学系学生的学号和姓名。

4. 求选修了课程的学生学号。

5. 求选修 C1 课程的学生学号和成绩,并要求对查询结果按成绩降序排列,如果成绩相同则按学号升序排列。

6. 获得选修课程 C1 且成绩为 80~90 分的学生学号和成绩,并将成绩乘以系数 0.8 输出。

7. 查询数学系或计算机系姓张的学生的信息。

8. 查询与学号为 80009026 的学生有相同选修课程的学生的学号。

9. 查询学生的基本信息及选修的课程号和成绩。

10. 查询学号为 850955252 的学生的姓名和选修的课程名称及成绩。

聚集查询和子查询:

11. 统计所有老师的平均工资。

12. 查询所有学生的编号、姓名和平均成绩,按总平均成绩降序排列。

13. 统计各个课程的选课人数和平均成绩。

14. 查询至少选修了三门课程的学生的学号。

15. 查询学号为 800009026 的学生所选的全部课程的课程名称和成绩。

16. 查询所有选了 Database 的学生的学号。

17. 求出至少被两名学生选修的课程号。

18. 查询表 COURSES 中最少的课时。

19. 查询选修课程 C++ 或选修课程 Java 的学生的学号。

20. 查询既选修课程 C++ 又选修课程 Java 的学生的学号。

21. 查询选修课程 C++ 而没有选修课程 Java 的学生的学号。

空值查询:

22. 查询所有选课记录的成绩并将它换算为五分制。

23. 查询选修编号 10028 的课程的学生的人数,其中成绩合格的学生人数,不合格的学生人数。

第4章

视图和索引

人们需要高效地检索存储在数据库中的数据,数据库系统为实现高效性必须采用复杂的数据结构来表示数据。理解掌握这种复杂的结构对一般用户来说是非常困难的,为了使用户和系统的交互变得简单,数据库系统在视图层进行了最高层次的抽象。虚拟视图是从一个或几个基本关系导出的关系。数据库只存放视图的定义而不存放视图对应的数据,但是可以对视图进行查询,就好像它确实被存储在数据库中一样。查询处理器会在执行查询时用视图的定义替换视图。在某些情况下,视图也可以更新。

视图也可以被物化(Materialized),即它们从数据库定期地进行构造并存储。物化视图可以加速查询的执行,其中一种非常重要的"物化视图"类型是索引,索引是一种被存储在数据库中的数据结构,它可以加速对存储的关系中特定元组的访问。索引是数据库系统在物理层提供的最底层的抽象。数据库系统通过在物理层、逻辑层和视图层等多个层次的抽象来屏蔽结构的复杂性,三层抽象结构称为数据库系统的模式结构。本章主要介绍视图、索引及数据库的三级模式结构。

◇ 4.1 视 图

视图是让用户可以看见的虚拟表,可以被当作由其他关系上的查询所定义的一种关系,它不在数据库中进行存储。但是视图可以被当作物理存在进行查询,在某些情况下视图也可以进行更新操作。既然视图是从基本表中导出的,那为什么要定义视图而不直接使用基表呢?这是因为合理使用视图可以带来许多好处。

(1)替代复杂查询,减少复杂性。将复杂的查询语句定义为视图,然后使用视图进行查询,可以隐藏具体的实现,简化用户的数据查询操作。

(2)提供一致性接口,实现业务规则。在视图的定义中增加业务逻辑,对外提供统一的接口;当底层表结构发生变化时,只需要修改视图接口,而不需要修改外部应用,可以简化代码的维护并减少错误,提供了一定程度的逻辑独立性。

(3)控制对基表的访问,提高安全性。通过视图为用户提供数据访问,而不是直接访问基表,自动提供了对机密数据的安全保护,限制访问某些敏感信息如身份证号、工资等。

4.1.1 视图的定义

视图的定义

在 SQL 中用 CREATE VIEW 命令定义视图,其语法格式如下。

```
CREATE OR REPLACE VIEW <视图名>[<列名>[,<列名>,…]]
AS <查询表达式>
[WITH CHECK OPTION];
```

说明：

（1）定义视图时需要给视图起一个名字。

（2）查询表达式可以是任何有效的 SELECT 语句。

（3）WITH CHECK OPTION 表示对视图进行更新操作时要保证更新的行满足视图定义的谓词条件（WHERE 子句的条件）。

（4）REPLACE 时 PostgreSQL 只支持在视图定义中追加字段，不支持减少字段或者修改字段的名称。

【例 4.1】 定义一个包含计算机系学生的学生信息视图。

```
CREATE VIEW CS_Students AS
SELECT Sno,Sname,Sage,Ssex
FROM Student
WHERE Sdept='计算机系';
```

【例 4.2】 定义一个男学生的视图，并要求对视图做更新操作时保证该视图只有男学生。

```
CREATE VIEW Male_Students AS
SELECT Sno,Sname,Sage,Sdept
FROM Student
WHERE Ssex='男'
WITH CHECK OPTION;
```

例 4.2 中使用了 WITH CHECK OPTION 选项，用户对该视图进行 INSERT、UPDATE 和 DELETE 操作时，数据库系统会自动加上 Ssex＝'男'的条件。

视图不仅可以定义在单个基表上，也可以定义在多个基表上。

【例 4.3】 定义一个学生姓名、课程名称和成绩的视图。

```
CREATE VIEW Stu_Grade(Sname,Cname,Grade) AS
SELECT Sname,Cname,Grade
FROM Student,Course,SC
WHERE Student.Sno=SC.Sno and Course.Cno=SC.Cno;
```

【例 4.4】 建立所有学生的平均成绩的视图。

```
CREATE VIEW Stu_Avg_Grade(Sname,AvgGrade) AS
SELECT Sname, AVG_Grade
FROM Student, (SELECT Sno, AVG(Grade) as AVG_Grade from SC group by Sno) S_AVG
WHERE Student.Sno=S_AVG.Sno
```

数据库还允许在视图上创建新的视图。

【例 4.5】 建立所有成绩优异的学生（成绩大于或等于 90 分）的视图。

```
CREATE VIEW Good-Stu(Sname,Grade) AS
SELECT Sname,Grade
FROM  Stu_Grade
WHERE Grade>=90;
```

一旦定义了视图，就可以用视图名来代替视图产生的虚关系，可以像基本表一样在视图上进行查询操作。

PostgreSQL 提供 ALTER VIEW 语句修改视图的属性或名称。

```
ALTER VIEW [IF EXISTS] name ALTER [COLUMN] column_name SET DEFAULT expression
ALTER VIEW [IF EXISTS] name RENAME TO new_name
```

【例 4.6】 修改视图 Good-Stu 的名称

```
ALTER VIEW Good-Stu rename to ExcelentStudent;
```

该语句将视图 Good-Stu 重命名为 ExcelentStudent。

4.1.2 视图的查询

视图可以像一个真正的基本表一样来查询。通过 SQL 对视图进行查询时，FROM 子句后面是视图名，查询处理的过程实际上是由 DBMS 从定义该视图的关系中选择出所需要的元组。

【例 4.7】 可以将视图 CS-Students 当作一个存储表来查询计算机系学生的平均年龄。

```
SELECT '计算机系',AVG(Sage)
FROM CS-Students;
```

数据库对视图的查询会根据视图的定义转换为对基本表的查询。例 4.7 的查询等价于对基本表的查询，SQL 语句如下。

```
SELECT '计算机系',AVG(Sage)
FROM Student
WHERE Sdept='计算机系';
```

【例 4.8】 从视图 Stu-Grade 中查询李洋同学的所有课程的成绩。

```
SELECT Cname,Grade
FROM Stu-Grade
WHERE Sname='李洋';
```

视图的修改

◆ 4.2 视图的更新

对于大多数视图，对视图进行插入、删除和修改操作是不允许的。在某些特定条件下可以对视图进行更新操作，这些视图也被称为可更新的视图。由于视图是不保存数据的，所以对视图的更新操作转变成一个等价的对基本表的更新,也就是说,更新操作最终作用在基本表上。此外,也可以采用第 5 章介绍的替换(INSTEAD OF)触发器将视图的更新转变为基本表上的更新,替换触发器能够强制地执行对视图的更新操作。

4.2.1　更新视图

如果一个视图满足以下条件,则该视图是可更新的视图。

(1) FROM 子句只能包含单个基本表或单个可更新视图。

(2) 视图定义的最顶层查询语句中不包含子句:GROUP BY、HAVING、LIMIT、OFFSET、DISTINCT、WITH、UNION、INTERSECT 以及 EXCEPT。

(3) SELECT 列表中不包含窗口函数、集合函数或者聚合函数(例如 SUM、COUNT、AVG 等)。

(4) FROM 子句中的基表中除 SELECT 属性列表外的其他属性域应为 NULL 值或默认值,以允许在对视图进行插入时能够用 NULL 值或默认值填充不属于该视图的属性。

【例 4.9】　向 Male-Students 视图中插入一个记录:学号为 202006065,姓名为张三,年龄为 20,所在系是计算机系。

```
INSERT INTO Male-Students
VALUES(202006065,'张三',20,'计算机系');
```

对视图的更新等价于对基本表 Student 的操作:

```
INSERT INTO Student
VALUES(202006065,'张三','男',20,'计算机系');
```

为防止用户通过视图对数据进行更新时,有意无意地对不属于视图范围内的基本表数据进行操作,可在视图定义时加上 WITH CHECK OPTION 子句。这样在视图上进行插入、删除或修改操作时,DBMS 会检查视图定义中的条件,若不满足条件则拒绝执行该操作,见视图 CS-Students 的更新操作。

【例 4.10】　将计算机系学生的年龄加 1。

```
UPDATE CS-Students
SET Sage=Sage+1;
```

基于视图的更新相当于基本表上的操作,同时附带了 CS-Students 视图定义中的 WHERE 条件:

```
UPDATE Student
SET Sage=Sage+1
WHERE Sdept='计算机系';
```

【例 4.11】　删除计算机学生视图 CS-Students 中学生姓名是张三的信息。

```
DELETE FROM CS-Students
WHERE Sname='张三';
```

对 CS-Students 视图的删除转换成带条件的基本表 Student 上的删除操作:

```
DELETE FROM Student
WHERE Sname='张三' AND Sdept='计算机系';
```

有些视图的更新不能唯一地有意义地转换成对应基本表的更新,这样的视图是不可更新的,如对视图 Stu-Avg-Grade(sname,AvgGrade) 进行如下更新。

```
UPDATE Stu-Avg-Grade
SET AvgGrade=90
WHERE Sname="张艳";
```

该更新无法将对视图的更新转换成对基本表的更新,因为系统难以确定修改哪些成绩使平均成绩达到 90 分。

4.2.2　删除视图

用户可以删除数据库中已经存在的视图,其语法格式为

```
DROP VIEW <视图名> [CASCADE];
```

用户用 DROP VIEW 删除视图后,数据库就删除视图的定义,如果使用了 CASCADE 关键字,数据库不仅删除该视图,还将删除由该视图导出的其他视图。

【例 4.12】　删除视图 CS-Students 和 Stu-Grade。

```
DROP VIEW CS-Students;
DROP VIEW Stu-Grade;
```

第一条语句删除了视图 CS-Students 的定义,所以后面用户不能再对该视图进行查询和更新操作。但是删除该视图不会影响基本表 Student 中的任何元组。

由于在视图 Stu-Grade 上还定义了一个视图 Good-Stu,所以第二个删除视图操作失败,应该使用 CASCADE 来级联删除所有定义在其上的视图:

```
DROP VIEW Stu-Grade CASCADE;
```

索引

◆ 4.3　索　引

当表中的数据量非常大时,通过全表扫描来找出符合给定条件的元组会非常耗时。例如,在学生表 Student 中查找所有计算机系年龄大于 30 岁的学生:

```
SELECT Sname, Sno, Ssex
FROM Student
WHERE Sdept='计算机系' AND Sage>30;
```

该表 Student 中可能有 50 000 个学生,但年龄超过 30 岁的学生可能不到 100 人。

实现该查询最简单的方式是读出所有 50 000 个学生的基本信息,再用 WHERE 中的条件来测试每个元组。但如果存在某种方法,它仅取出年龄大于 30 岁的元组(不超过 100 个)再逐个测试是不是计算机系的,那么查询效率会大大提高。

全表扫描也称为顺序查找,其时间复杂度为 $O(n)$,时间复杂度随着数据量增大而增大。比顺序查找时间复杂低的查找算法有二分查找、二叉树查找等,其时间复杂度仅为 $O(\log_2 n)$,但这些查找算法需要特定的数据结构,如二分查找仅用于有序文件。数据库中的数据组织难以满足各种查找算法的要求,因此数据库系统除存储数据之外,还维护着满足特定查询算法要求的数据结构,这些数据结构以某种方式指向数据库中的数据,这种数据结构就是索引。

索引(INDEX)是建立在属性子集 A 上的一种数据结构,可以理解为"键-值"对,"键"是属性子集 A 上可能的取值,"值"是属性子集 A 的该取值对应的元组在数据库中的具体存放的位置。有了索引,用户查找数据库中的数据时不再需要遍历数据库中的所有数据,优化了数据库的查询效率。将建立索引的属性子集称为索引键。

在包含连接的查询中,索引同样非常有用。

```
SELECT SC.Sno, Cno, Grade
FROM Student, SC
WHERE Sname='刘洋' and Student.Sno=SC.Sno;
```

如果在 Student 的 Sname 字段上有索引,那么就可以用索引直接定位 Sname 为'刘洋'的元组获得其 Sno 值;如果 SC 表上在 Sno 也建立有索引,同样可以用索引直接定位 Sno 所在的元组获取其 Cno 和 Grade 的值,二次定位仅取出基表中少量的元组。如果没有索引,则需要遍历两个关系中每一个元组。

索引键可以是单个属性,也可以是多个属性;索引键可以是关系的主码,也可以是任何非码的属性子集。创建索引和维护索引需要消耗时间,时间开销随着数据量增大而增大;索引也需要占有物理空间,为基本表设计索引时要综合考虑各种因素。

4.3.1 索引类型

基于索引支持的查询操作、访问时间等因素,通常为一个文件建立多个索引,这些索引分为以下两种基本类型。

(1)顺序索引:基于值的顺序排序。

(2)散列索引:基于将值平均分布到若干散列桶中,一个值属于哪个散列桶由散列函数确定。

顺序索引的索引项以"键-值"对的形式存储在文件中称为索引文件,索引文件是按索引键排序的有序文件。索引文件的每个索引项指向基表所在的数据文件,数据文件中的元组自身也可以按照某种顺序存储,如果数据文件按某个索引键指定的顺序排序,那么该索引键对应的索引称为聚簇索引(Clustering Index),如图 4.1 所示。聚簇索引也称为主索引(Primary Index),即一个基本表只能有一个主索引。一般 DBMS 会在主码上建立聚簇索引,但也可以将聚簇索引建立在其他属性子集上。索引键指定的顺序与数据文件中元组的物理顺序不同的索引称为非聚簇索引(Nonclustering Index)或辅助索引(Secondary

Index),如图 4.2 所示。

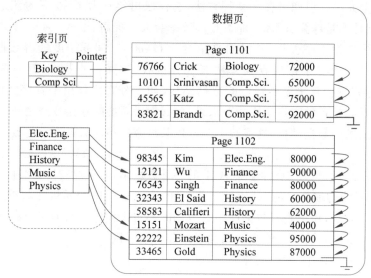

图 4.1　聚簇索引结构示意图

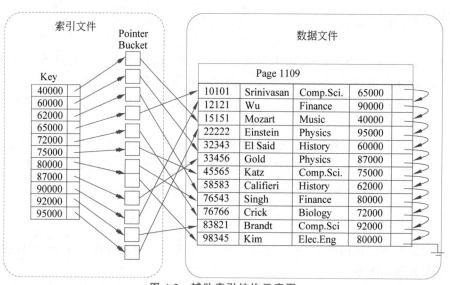

图 4.2　辅助索引结构示意图

顺序索引随着文件的增大性能会下降,B+树索引可以解决该问题。B+树索引采用平衡树结构,叶结点保存属性值和其对应的物理地址,如图 4.3 所示。B+树中每个叶结点到根的路径长度相同,保证了优秀的数据查询效率,但 B+树索引对元组的插入和删除操作增加了时间开销和空间开销。

散列索引是利用散列函数来构造索引。散列索引中用桶表示存储一条或多条记录的存储单位,通常一个桶就是一个磁盘块。令 K 为索引键的所有值的集合,B 表示所有桶地址的集合,则散列函数 $h()$ 是一个从 K 到 B 的函数,将所有元组尽可能均匀地映射到每个桶中。对于索引键值为 K_i 的记录,计算 $h(K_i)$ 即可获得存放该索引键值的元组所在的桶地址。

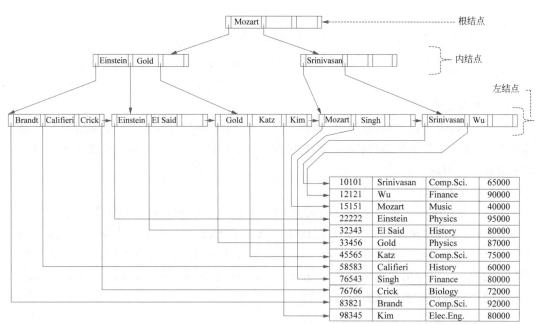

图 4.3　B＋树索引结构示意图

位图索引是使用 bit 数组来存储索引属性值,它主要针对大量相同值的属性如性别。位图索引占用的空间非常小,创建和使用都非常快,但使用范围比较窄。

4.3.2　创建索引

1. 创建索引的语法

SQL 通过 CREATE INDEX 来创建索引,其语法格式为

```
CREATE [UNIQUE] INDEX <索引名>
ON <表名>(<属性名>[次序][,<属性名>[次序]],…);
```

其中,UNIQUE 关键字表示该索引上的索引值对应基本表中唯一的元组;表名表示建立该索引的基本表的名字,每个基本表上可以建立多个索引;索引可以建立在基本表的一个或多个属性上,属性名后可以标明索引值的排序方式:ASC(升序)、DESC(降序),如果用户没有注明排序方式,则系统默认是升序。

PostgreSQL 扩展了 SQL 标准中的索引定义,提供了非常丰富的索引类型,其语法格式如下。

```
CREATE [UNIQUE] INDEX [CONCURRENTLY] [Index-name] ON table-name
[USING method]
({column_name|(expression)}[ASC|DESC][NULLS{FIRST|LAST}][, …])
[INCLUDE (column_name [,…])]
[WHERE predicate ]
```

(1) 唯一索引。

与标准 SQL 相同,PostgreSQL 用 UNIQUE 创建唯一索引,强制一列或多列中值的唯

一性。

【例 4.13】 为表 films 的 title 属性创建唯一索引。

```
CREATE UNIQUE INDEX title_idx ON films (title);
```

（2）索引类型。

USING 提供索引类型,包括 B-树、散列、GiST、SP-GiST 和 GIN。每个索引类型使用不同的算法,适合于不同类型的查询。默认情况下,CREATE INDEX 命令创建 B-树索引,适用于最常见的查询。

（3）并发索引。

在表上创建索引需要对表进行一次全表扫描,因此索引创建时只允许在表上执行读操作的事务,通过加锁阻塞写(INSERT、DELETE、UPDATE)操作事务直到索引创建完成。为了解决创建索引时不阻塞其他 DML 事务,PostgreSQL 提供 CONCURRENTLY 选项来实现并发索引。当使用该选项时,PostgreSQL 需要对表执行两次扫描,此外,必须等待所有当前可能会修改或者使用该索引的事务终止。

（4）表达式索引。

PostgreSQL 支持表达式索引,索引表达式可以在 SQL 命令的 ORDER BY 或 WHERE 子句中指定。但维护表达式的索引非常困难,因为 PostgreSQL 必须在插入或更新每一行时评估表达式,并将结果用于索引。因此,当检索速度比插入和更新速度更重要时才在表达式上使用索引。

【例 4.14】 在表 films 的属性 title 上建立一个不区分大小写的索引。

```
CREATE INDEX ON films ((lower(title)));
```

（5）空值索引。

PostgreSQL 索引支持空值,并支持按条件 IS NULL 和 IS NOT NULL 进行搜索。在索引中 NULL 值存储在索引的一端,取决于创建索引时指定 NULLS FIRST 还是 NULLS LAST。如果查询包括排序,则 ORDER BY 子句中指定的 NULL 顺序(NULLS FIRST 或 NULLS LAST)与构建索引指定的空值顺序必须相同,否则将无法使用索引。

【例 4.15】 在表 films 上创建支持空值优先的索引。

```
CREATE INDEX title-idx-nulls-low ON films (title NULLS FIRST);
```

（6）复合索引。

在多个属性上建立索引称为复合索引。

PostgreSQL 用属性列表和 INCLUDE 两种形式定义复合索引,但这两种复合形式存在一些差异。

【例 4.16】 在表 films 的属性 title、director 和 rating 上建立复合索引。

```
CREATE UNIQUE INDEX title-idx ON films (title, director, rating);
CREATE UNIQUE INDEX title-idx ON films (title) INCLUDE (director, rating);
```

第一种方式是将 title, director, rating 三个属性联合作为索引键, 如果索引类型是 B+树, 则这三个属性的值出现在从根结点到叶子结点的所有结点中。B-树、GiST、GIN 和 BRIN 索引类型都支持该类型的复合索引。

第二种方式只将 title 属性作为索引键, 其属性值出现在 B+树的所有结点中, INCLUDE 中的属性 director 和 rating 仅出现在 B+树的叶子结点。这种建立联合索引的方式降低了索引的开销, 同时针对 director 和 rating 属性的查询仅查询索引就可以完成, 不需要查询基本表, 提高了整体性能。但 INCLUDE 子句中不能使用表达式, 仅 B 树和 GiST 索引类型支持 INCLUDE 复合索引。

（7）部分索引。

仅在属性的某些值上定义索引称为部分索引。WHERE predicate 选项用于定义部分索引, 加快查询速度, 减小索引大小。

【例 4.17】　设有一个订单表 Orders, 其中, 属性 billed 表示订单状态（是否付款）, 数据类型为布尔型, 用户查询主要集中在未付款的订单上, 为提高查询速度建立一个部分索引如下。

```
CREATE INDEX Orders-unbilled-index ON Orders(order-nr) WHERE billed is not
true;
```

只要用户查询涉及订单的未付款状态如 SELECT ＊ FROM Orders WHERE billed is not true and amount＞5000, 此类查询都将使用该索引。与订单状态无关的查询如 SELECT ＊ FROM Orders WHERE amount＜5000 则不会使用该部分索引。

2. 重命名索引

用户根据需要可以对已经建立好的索引重新命名, SQL 通过 ALTER INDEX 命令实现索引重命名功能, 其语法格式如下。

```
ALTER INDEX <原索引名> RENAME TO <新索引名>;
```

【例 4.18】　将 Orders-unbilled-index 索引重命名为 unbilled-index。

```
ALTER INDEX Orders-unbilled-index RENAME TO unbilled-index;
```

3. 重建索引

如果由于硬件故障或软件错误导致索引损坏并且不再包含有效数据, 则需要恢复索引, REINDEX 语句从头开始重建索引内容, 其效果类似于删除索引后再创建索引。REINDEX 支持在多种级别的重建, 如下。

```
REINDEX INDEX index-name;            //重建单个索引
REINDEX TABLE table-name;            //重建表上的多个索引
REINDEX SCHEMA schema-name;          //重建模式中的所有索引
REINDEX DATABASE database-name;      //在特定数据库中重建所有索引
REINDEX SYSTEM database-name;        //重建特定数据库中系统目录的所有索引
```

4. 删除索引

建立好的索引自动保存在数据库中, 由系统来使用和维护索引; 如果用户发现数据库系统性能下降,且是由某个索引导致的,则可以删除索引。SQL 通过 DROP INDEX 命令实现删除索引功能,其语法格式如下。

```
DROP INDEX <索引名>;
```

【例 4.19】 删除基本表 Orders 的 unbilled-index 索引。

```
DROP INDEX unbilled-index;
```

4.3.3 选择索引

存放索引需要占用一定的数据库存储空间,并且当基本表进行插入、删除和修改操作时需要维护索引,使其与新的数据保持一致,这在一定程度上会增加系统的开销。索引的选择是衡量数据库设计成败的重要因素之一,因此数据库设计者需要从查询性能和时空开销两方面来分析选择索引。

1. 选择索引的属性

索引针对的是数据库表中的某些"属性",因此在创建索引时,需要仔细考虑在哪些属性上创建索引,在哪些属性上不适宜创建索引。一般可以考虑以下因素。

(1) 在经常被用来过滤记录的属性上建立索引,例如,Primary Key 的属性,系统自动创建主键的索引;Unique Key 的属性,系统自动创建对应的索引;Foreign Key 约束所定义的作为外键的属性。

(2) 在查询条件中常用的属性上建立索引。

(3) 在经常需要排序、连接和分组的属性上建立索引。

当属性为下列情况时不适宜建立索引。

(1) 在查询中很少用到的属性不应建立索引。因为这些属性很少使用,有索引或无索引并不能提高查询速度。相反,索引增加了系统的维护开销和存储开销。

(2) 数据值取值分布很少的属性不应建立索引。因为这些属性的取值很少,同一个值所占的元组数非常多,在表中搜索元组数的比例很大。增加索引并不能明显加快检索速度。

(3) 修改性能远远大于检索性能的属性不应建立索引。因为修改性能和检索性能是互相矛盾的。增加索引会提高检索性能,但会降低修改性能。减少索引时会提高修改性能,降低检索性能。因此当修改性能远远大于检索性能时,不应创建索引,索引会降低增加、删除和更新行的速度,即降低修改性能。

(4) 定义为 text、image 和 bit 数据类型的属性不应增加索引。因为这些属性的数据量要么相当大,要么取值很少。

2. 选择索引的类型

数据库提供多种索引类型,每种索引基于不同的存储结构和算法,用于优化不同类型的查询。创建什么类型的索引需要考虑在该属性上的操作类型。以 PostgreSQL 为例,它提供 B-树、Hash、GiST、SP-GiST、GIN 以及 BRIN 索引等多种类型。

B-树索引支持等值($=$)、范围查询($<$, $<=$, $>$, $>=$, BETWEEN, IN)、IS NULL 或 IS NOTNULL、排序等操作。

Hash 仅支持等值操作(=)但不适合范围操作符。

GiST 适用于自定义复杂类型,包括 rtree_gist、btree_gist、intarray、tsearch、ltree 和 cube。常用于几何数据的索引和全文搜索,GiST 索引也可以用于优化"最近邻"搜索。

GIN 即广义倒排索引(Generalized Inverted Indexes),主要用于单个字段中包含多个值的数据,例如,hstore、array、jsonb 以及 range 数据类型。一个倒排索引为每个元素值都创建一个单独的索引项,可以有效地查询某个特定元素值是否存在。

3. 通过代价分析选择索引

索引选择除考虑索引属性和索引类型外,还需要分析其代价,数据库系统提供了一些辅助信息来帮助数据库设计者,如 PostgreSQL 提供了以下与索引相关的信息。

stat_user_tables 记录索引表的所有相关信息,包括进行多少次全表扫描、更新情况。

stat_all_indexes 记录索引的扫描情况,也可以用于判断建立这个索引对于索引数据的有效性。

pg_stats / pg_statistics 记录统计信息,对索引创建非常有用。例如,correlation 表示磁盘相关性;属性 n_distinct 表示基数;most_common_vals 记录出现频率最高的属性;cost 表示执行计划的代价,帮助判断索引有没有作用,有多大作用。

对已创建的索引也可以用 EXPLAIN 命令查看执行计划,分析经常使用的索引和不使用的索引,对索引进行重建或删除。

当准备建立多个索引时,选择一个索引会出现另一个问题,即已经选择的索引将会在多大程度上影响其他索引带来的收益,该问题一般由 DBMS 的查询优化器自动完成,采用"贪心策略",该策略在索引的选择上被证明是有效的。"贪心策略"分为以下三步。

(1)初始化。当没有选择索引时,逐一评估各候选索引带来的收益,如果至少有一个索引带来正面的收益,即能够减少查询的平均执行时间,那么选择该索引。

(2)在选定第一步索引的情况下,评估剩下的候选索引,同样选出能够带来最大正面收益的索引。

(3)重复第二步选出能够带来最大收益的下一个索引,直到没有能够带来正面收益的索引为止。

4.4 数据库系统的模式结构

各种数据库管理系统可能支持不同的数据模型,使用不同的数据库语言,采用不同的数据存储结构,但在系统结构上采用了相同的三级模式结构并提供两级映像功能,这种系统结构起到屏蔽复杂的数据结构、简化用户操作的作用。

4.4.1 三级模式结构

SQL 标准提供对基本表、视图和索引等多种数据形式的定义,其目的是为简化用户与数据库系统之间的交互,通过不同层次的抽象来屏蔽系统的复杂性。数据库系统通常采用外模式、模式和内模式的三级模式结构实现对数据不同程度的抽象,模式结构如图 4.4 所示。

在数据模型中有"型"(Type)和"值"(Value)的概念。型是指对某一类数据的结构和属

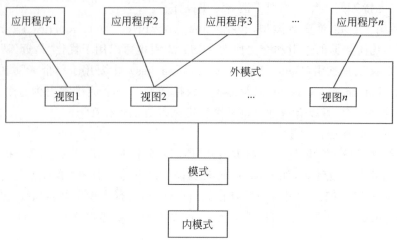

图 4.4　数据库的三级模式结构

性的说明,值是型的一个具体赋值。数据库系统的模式是数据库中全体数据的逻辑结构和特征的描述,它仅涉及型的描述,不涉及具体的值。一旦数据库建立,随着用户需要的改变,信息会被插入数据库或从数据库中删除,数据库的状态也就发生了改变。某个时刻数据库的状态,亦即该时刻存储在数据库中信息的集合,称作数据库的实例(Instance)。同一个模式可以有多个实例。模式是反映数据的结构及其联系的,是相对稳定的,而实例反映的是数据库某一时刻的状态,其随着数据库中数据的更新处于相对变动中。

内模式(Internal Schema)是在数据库的最底层,描述数据在物理介质上是怎样存储的,是数据在数据库内部的组织形式,通常又被称为存储模式。内模式涉及元组的存储是堆存储还是顺序存储,是以二进制还是文本存储,索引是 B+树索引或散列索引等。

模式(Schema)是数据库中存储什么数据以及这些数据之间存在什么关系,是对于数据库中全部数据在逻辑上全局性的结构描述,通常又被称为概念模式或逻辑模式。例如,在学生成绩管理数据库中有三个基本表:学生表 Student、课程表 Course 和选课信息表 SC 来存放所有的数据,数据库可以选用某种特定的结构对这些信息进行描述。模式在数据库系统结构中处于内模式的上层,它屏蔽了数据存储在物理介质上的复杂性。

一个数据库只有一个模式。模式定义时不仅要定义数据的逻辑结构,还要定义数据之间的关系、完整性约束等,模式中的元素包含数据库中的基本表、约束、触发器、用户自定义域、存储过程等。

数据库是让用户可以看到的局部数据的逻辑结构的描述,它是模式的子集,所以外模式(External Schema)又叫子模式或用户模式。尽管在模式层屏蔽了数据物理存储的复杂性,但由于一个数据库中所含信息的多样性,系统仍然存在一定程度的复杂性。而且数据库系统的很多用户并不关心所有的信息,而只需要访问一部分信息。系统通常根据实际需求以视图的形式展现给用户。由于每个用户的应用需求、完整性要求等不一样,所以用户的外模式描述通常也是不同的。通过外模式,可以让不同的用户看到他们希望或被授权的相关信息。例如,在学生成绩管理数据库中每个学生只能看到自己的成绩,老师可以看见自己教授课程的所有成绩,教务人员可以看见所有人的成绩。所以一个数据库可以有多个外模式。

4.4.2　数据独立性

　　数据库系统的三级模式是数据的三个抽象级别,它把数据的具体组织留给数据库管理系统管理,使用户能逻辑地、抽象地处理数据,而不必关心数据在计算机中的具体表示方式与存储方式。为了能够在系统内部实现这三个抽象层次的联系和转换,数据库管理系统在这三级模式之间提供了两层映像:外模式/模式映像和模式/内模式映像。正是这两层映像保证了数据库系统中的数据能够具有较高的逻辑独立性和物理独立性。

　　1. 外模式/模式映像

　　模式描述的是数据的全局逻辑结构,外模式描述的是数据的局部逻辑结构。对应于同一个模式可以有任意多个外模式。对于每一个外模式,数据库系统都有一个外模式/模式映像,它定义了该外模式与模式之间的对应关系。这些映像定义通常包含在各自外模式的描述中。

　　当模式改变时(例如,增加新的关系、新的属性、改变属性的数据类型等),由数据库管理员对各个外模式/模式的映像做相应改变,可以使外模式保持不变。应用程序是依据数据的外模式编写的,从而应用程序不必修改,保证了数据与程序的逻辑独立性,简称数据的逻辑独立性。

　　2. 模式/内模式映像

　　数据库中只有一个模式,也只有一个内模式,所以模式/内模式映像是唯一的,它定义了数据全局逻辑结构与存储结构之间的对应关系。例如,说明逻辑记录和字段在内部是如何表示的。该映像定义通常包含在模式描述中。当数据库的存储结构改变时(例如,选用了另一种存储结构),由数据库管理员对模式/内模式映像做相应改变,可以使模式保持不变,从而应用程序也不必改变。保证了数据与程序的物理独立性,简称数据的物理独立性。

　　在数据库的三级模式结构中,数据库模式即全局逻辑结构是数据库的中心与关键,它独立于数据库的其他层次。因此,设计数据库模式结构时应首先确定数据库的逻辑模式。数据库的内模式依赖于它的全局逻辑结构,但独立于数据库的用户视图,即外模式,也独立于具体的存储设备。它是将全局逻辑结构中所定义的数据结构及其联系按照一定的物理存储策略进行组织,以达到较好的时间与空间效率。

　　数据库的外模式面向具体的应用程序,它定义在逻辑模式之上,但独立于存储模式和存储设备。当应用需求发生较大变化,相应的外模式不能满足其视图要求时,该外模式就得做相应改动,所以设计外模式时应充分考虑到应用的扩充性。

　　特定的应用程序是在外模式描述的数据结构上编制的,它依赖于特定的外模式,与数据库的模式和存储结构独立。不同的应用程序有时可以共用同一个外模式。数据库的二级映像保证了数据库外模式的稳定性,从而从底层保证了应用程序的稳定性,除非应用需求本身发生变化,否则应用程序一般不需要修改。

　　数据与程序之间的独立性使得数据的定义和描述可以从应用程序中分离出去。另外,由于数据的存取由数据库管理系统管理,从而简化了应用程序的编制,大大减少了应用程序的维护和修改。

◆ 小　结

视图是让用户可以看见的虚拟表,用户可以像基本表一样在视图上查询,视图向用户屏蔽了数据库的逻辑结构。

可更新视图是用户可以在该视图上进行插入、更新和删除操作,并不是所有的视图都是可更新视图。

索引是帮助数据库高效获取数据的一种数据结构,包含顺序索引、B+树索引、散列索引和位图索引等。

数据库管理系统利用内模式、模式和外模式三级模式结构管理数据,屏蔽复杂的数据结构,简化用户与系统的交互,实现数据的物理独立性和逻辑独立性。

◆ 习　题

1. 学校数据库 School 有如下 4 个表。

学生表 STUDENTS(学号 sid,学生姓名 sname,邮箱 email,年级 grade,性别 sex,年龄 age,所在系 sdept)

教师表 TEACHERS(职工号 tid,职工姓名 tname,email,工资 salary)

课程表 COURSES(课程号 cid,课程名称 cname,课时 hour,先行课 Cpno)

选课表 CHOICES(记录号 no,学号 sid,职工号 tid,课程号 cid,成绩 score)

(1) 创建一个成绩合格的视图 SCP,包括学号、课程号和该课程成绩。

(2) 创建一个学生选课视图 SCT,包括学生姓名、所选修的课程名称及讲授该课程的教师姓名称。

(3) 在 SCP 视图中再创建一个视图,由学号、学生所选课程数目和平均成绩组成。

(4) 创建一个选修课程 software engineering 的学生姓名、学号的视图。

(5) 向 SCP 视图中插入元组(600000000,823069829,59)会有什么影响? 如果该元组不允许插入基本表,该如何处理?

(6) 取消视图 SCP 和视图 SCT。

2. 在配件表 part(配件序号 PARTKEY,配件名称 name,厂商 mfgr,品牌 brand,类型 type,大小 size,包装 container,零售价 retailprice)中创建如下索引。

(1) 在配件表的配件名称 name 字段上创建唯一索引。

(2) 在配件表的厂商 mfgr 和品牌 brand 两个字段上创建一个复合索引。

(3) 在配件表的厂商字段 mfgr 上创建一个聚簇索引。

(4) 修改配件表的配件名称 name 字段上的索引名。

(5) 在配件名称 name 字段上建立一个不区分大小写的索引。

(6) 在大小 size 字段上建立一个小于 10inch 的索引。

(7) 用 EXPLAIN 查看有索引和无索引的执行代价。

3. 简述数据库系统的三级模式结构,并说明这种结构的优点。

4. 什么是数据与程序的物理独立性? 什么是数据与程序的逻辑独立性? 数据库系统如何实现数据的物理独立性和逻辑独立性?

第
5
章

约束和触发器

编写数据库的应用程序会面临一个非常重要的问题,即当更新数据库时数据可能存在各种各样的错误,如手工录入数据时不小心录错等,因此应用程序需要对每个插入、删除或修改命令都编写相应的检查以确保数据正确。如果将这些检查保存在数据库中并由 DBMS 管理检查,则可以保证这些检查不会被遗忘执行,也避免了大量的重复工作。

SQL 将完整性约束作为数据库模式的一部分,数据库的完整性指数据的正确性和相容性。数据的正确性指数据是否符合现实世界语义、反映当前实际状况;数据的相容性指数据库同一对象在不同关系表中的数据是符合逻辑的。SQL 允许在属性上、元组上和关系之间定义约束,DBMS 提供完整性约束的定义,提供完整性检查的方法并进行违约处理。

本章主要介绍关系间的参照约束、属性和元组上的约束及特定事件用触发器表示的约束。

◆ 5.1 主码和外码约束

约束

第 2 章关系模型的完整性中介绍了实体完整性和参照完整性。实体完整性利用主码约束来实现;参照完整性则通过外码约束来实现,保证出现在某个属性子集的值必须是同一个表或另一个表的主码的值。

5.1.1 主码约束

SQL 的 CREATE TABLE 语句中用 PRIMARY KEY 来定义主码约束,定义某个属性子集是主码,定义为主码的属性子集的值必须是非空且唯一的。

【例 5.1】 创建基本表 Student,用学号 Sno 作为主码。

```
CREATE TABLE Student
( Sno CHAR(12) PRIMARY KEY,
Sname VARCHAR(8),
Ssex CHAR(2)
Sage INT,
Sdept VARCHAR(20));
```

在上面的建表定义中,主码定义在属性上,即关键字 PRIMARY KEY 写在属性的后面。这种主码约束定义称为基于属性的主码约束。

```
CREATE TABLE Student
( Sno CHAR(12) ,
Sname VARCHAR(8),
Ssex CHAR(2)
Sage INT,
Sdept VARCHAR(20),
PRIMARY KEY(Sno));
```

主码约束也可以定义在元组上,即主码定义单列一行写在属性列表后面。这种主码约束定义称为基于元组的主码约束。

用 PRIMARY KEY 定义关系的主码后,每当用户程序对基本表插入记录或对主码进行更新操作时,DBMS 将按照实体完整性规则自动进行检查。

(1) 检查主码值是否唯一,如果不唯一则拒绝插入或修改。

(2) 检查主码的各个属性的值是否为空,只要有一个为空就拒绝插入或修改。

通过检查 DBMS 保证了实体完整性。

【例 5.2】 创建成绩表 SC,用学号 Sno 和课程号 Cno 作为主码。

```
CREATE TABLE SC
(Sno  CHAR(9),
Cno  CHAR(4),
Grade  SMALLINT,
PRIMARY KEY (Sno, Cno));
```

对于多属性组成的主码,声明主码时必须用基于元组的主码约束方式。

5.1.2　主外码约束

关系之间的约束称为断言,外码约束是一个断言。外码约束要求定义为外码的属性子集的值是有意义的,即外码的值必须是其他某个属性子集的值。例如,选修表 SC 中的学号 Sno 被定义为外码,其引用了学生表 Student 中的学号 Sno,表示选修表 SC 中的学号值一定是学生表 Student 中的某个学生。SQL 用 FOREIGN KEY 声明基表的外码,并用 REFERENCE 声明其引用了哪个表的属性子集。声明外码时需要注意以下两点。

(1) 被引用的属性子集必须被声明为 PRIMARY KEY 或者 UNIQUE 约束,否则该属性子集不能作为外码。

(2) 定义为外码的属性子集的值要么在被引用的属性子集中出现过,要么为空。

SQL 提供了以下两种声明外码的方法。

(1) 在 CREATE TABLE 语句的属性类型之后声明其引用某个关系的某个属性,其语法格式如下。

```
REFERENCES <表名>(<属性名>)
```

【例 5.3】 在课程表 Course 中,属性 Cpno 表示本课程的先修课程的课程号,先修课程本身也是一门课程,所以将 Cpno 作为外码,并引用 Course 表的主码 Cno。

```
CREATE TABLE Course
( Cno CHAR(4) PRIMARY KEY,
Cname CHAR(40),
Cpno CHAR(4) REFERENCES Course(Cno),
Ccredit  SMALLINT);
```

从课程表 Course 的定义中可以看出,外码引用的属性不一定是另外一个基表的主码,也可以是与外码同一个表的主码,例如,基本表 Course 的外码 Cpno 引用的就是自身表的主码 Cno。

（2）可以在 CREATE TABLE 语句的属性列表中追加多个声明,用来说明这组属性是该基表的外码。SQL 外码的格式如下。

```
FOREIGN KEY (<属性名>) REFERENCES <表名>(<属性名>)
```

【例 5.4】　学生选课表 SC 中的两个属性:学号 Sno 和课程号 Cno,学号 Sno 必须是在学生表 Student 中出现,课程号 Cno 必须是在课程表 Course 中出现,故需要将这两个属性声明为外码。

```
CREATE TABLE SC
( Sno  CHAR(9),
Cno  CHAR(4),
Grade  SMALLINT,
PRIMARY KEY (Sno,Cno),
FOREIGN KEY (Sno) REFERENCES Student(Sno),
FOREIGN KEY (Cno) REFERENCES Course(Cno));
```

考虑基本表 SC,对其插入一个新的元组,其中,Sno 值非空,且其值没有出现在表 Student 的 Sno 属性中,这时按照主外码约束的定义,这个操作将被数据库拒绝。

如果修改基本表 SC 的 Cno 属性,修改后的 Cno 属性值非空,且其值没有出现在 Course 表的 Cno 属性中,这时按照主外码约束的定义,这个操作也将被数据库拒绝。

考虑基本表 Student,删除其中一个元组,且被删除的 Sno 值出现在基本表 SC 中,这时也违反了主外码约束,是否也会被数据库拒绝呢?

同样地,对基本表 Student 做更新操作,且旧的 Sno 值出现在基本表 SC 中,这时也违反了主外码约束,是否同样会被数据库拒绝呢?

对于上面两种对被引用关系上的更新操作,SQL 提供了以下三种处理策略。

（1）默认原则:拒绝任何违反主外码约束的更新操作,该操作一般设置为默认原则。

（2）级联原则:被引用属性子集的修改同样移到外码上,这样就保证了主外码约束。例如,在 Student 表中删除了某个学号,在级联原则下,就会从 SC 表中删除该学号的元组。如果将 Student 表中某个学生的学号 Sno1 修改为 Sno2,在级联原则下,数据库系统就会将 SC 表中 sno1 的学号修改为 Sno2。

（3）置空值原则:当被引用关系的更新影响外码时,将外码的值置为空值(NULL)。例如,在 Course 表中删除了某个课程号 Cno,在置空值原则下,就会将 Course 表中先修课程 Cpno 属性中值为 Cno 的改为 NULL。如果将 Course 表中某个课程的课程号 Cno1 修改为 Cno2,在置空值原则下,数据库系统就会将 Course 表中先修课程 Cpno 属性中值为 Cno1 的改为 NULL。

因此,表 SC 的插入、修改操作和表 Student 上的删除、修改操作都可能违反外码约束,从而破坏参照完整性规则,其违约处理策略归纳为表 5.1。

表 5.1 可能破坏参照完整性的情况及违约处理

外码引用的表(如 Student)	定义了外码的表(如 SC)	违 约 处 理
SC 插入的 Sno 值不存在	插入元组	拒绝
SC 更新后的 Sno 值不存在	修改外码值	拒绝
删除元组	存在与删除操作相关的元组	拒绝/级联删除/设置为空值
修改主码值	存在与修改操作相关的元组	拒绝/级联修改/设置为空值

上述三种策略中默认原则不需要做任何处理,级联原则通过 CASCADE 选项来定义,置空置原则用 SET NULL 来定义。SQL 针对 DELETE 和 UPDATE 操作可以定义不同的选项。

【例 5.5】 将课程表 Course 中外码 Cpno 对 DELETE 操作设置置空值原则,对 UPDATE 操作设置级联原则。

```
CREATE TABLE Course
(Cno CHAR(4) PRIMARY KEY,
Cname CHAR(40),
Cpno CHAR(4) REFERENCES Course(Cno)
ON DELETE SET NULL
ON UPDATE CASCADE,
Ccredit SMALLINT);
```

理论上,DELETE 操作和 UPDATE 操作都可以有两种选择,但一般情况下对于删除操作采用置空原则,对于更新操作采用级联原则更有实用意义。例如,假设某门课程 A 不适合当前教学,需要删除该门课程 A,则采用 A 作为先修课程的课程 B,采用置空原则,只需要将 B 的先修课程设为 NULL,而不是采用级联原则同样删除课程 B。同样,如果 A 课程的课程号 Cno1 改为 Cno2,则根据级联原则,将课程 B 的先修课程改为 Cno2,而不是采用置空原则,将课程 B 的先修课程改为 NULL。

◆ 5.2 基于属性和元组的约束

用户自定义完整性主要针对某个具体应用的数据所需满足的语义要求。DBMS 也同样提供了定义和检验这类完整性的机制。SQL 在 CREATE TABLE 语句中可以采用两种约束形式来定义用户自定义完整性。

(1) 在某个属性上的约束。

（2）在整个元组上的约束。

如果约束涉及基本表的多个属性，那么必须采用基于元组的约束。如果约束只涉及一个属性，那么既可以采用基于元组的约束，也可以采用基于属性的约束。但是基于元组的约束比基于属性的约束更频繁地被数据库检查，因为只要元组的任意一个属性被改变都要被检查，无论被改变的属性是不是约束中涉及的属性。

5.2.1 非空值约束

在 SQL 中用 NOT NULL 来表示非空值约束，其作用是要求任何元组该属性的值不能为空。非空值约束在 CREATE TABLE 语句的属性声明后用 NOT NULL 声明。

【例 5.6】 将学生表 Student 中的性别属性设为非空值约束。

```
CREATE TABLE Student
(Sno CHAR(12) PRIMARY KEY,
Sname VARCHAR(8),
Ssex CHAR(2) NOT NULL
Sage INT,
Sdept VARCHAR(20));
```

在例 5.6 中，学生的性别不能为空，所以在插入元组时，必须要给定学生的性别，否则会导致插入失败。

如果声明非空值约束的属性同时是外码，这时对破坏参照完整性的违约处理不能用置空值原则，因为该原则与非空值约束冲突。

5.2.2 UNIQUE 约束

数据库规定 UNIQUE 约束要求该属性值是唯一的，与 PRIMARY KEY 不同的是，UNIQUE 约束允许属性值为空。

【例 5.7】 创建院系表 College，要求院系名称唯一，院系编码为主码。

```
CREATE TABLE College
(Cno CHAR(12) PRIMARY KEY,
Cname VARCHAR(8) UNIQUE,
Location VARCHAR(50));
```

对基表 College 执行插入或更新操作时，都必须先判断基表中 Cname 属性是不是唯一的，如果不是唯一的，数据库将拒绝执行该操作。

5.2.3 CHECK 子句

无论是非空值约束还是 UNIQUE 约束都是数据库上的简单约束，对于更复杂的要求是无法实现的，例如，性别只能是"男"或"女"，成绩不能高于 100 等。这些更高级、更复杂的约束用 CHECK 子句来完成。

CHECK 约束可以定义在属性上，也可以定义在元组上。基于属性的 CHECK 约束是对属性值的简单约束，如算术表达式或合法值的枚举等。

【例 5.8】 在学生表 Student 中,对 Ssex 和 Sage 两个属性增加 CHECK 约束,属性 Ssex 要求其值只能是"男"或"女",属性 Sage 要求其值大于 0。

```
CREATE TABLE Student
(Sno CHAR(12) PRIMARY KEY,
Sname VARCHAR(8),
Ssex CHAR(2) NOT NULL CHECK(Ssex IN ('男', '女')),
Sage INT CHECK(Sage>0),
Sdept VARCHAR(20));
```

基于属性的 CHECK 约束只有在插入元组或更新元组时对其属性值进行检查。例如,向 Student 表中插入一个元组,这时会检查插入元组的 Ssex 值是不是"男"或"女"中的一个,检查 Sage 的值是否大于 0,只有都满足时才能将该元组插入表中。如果修改 Student 表 Sage 的值,DBMS 会检查新值是否大于 0。

如果对学生表 Student 的元组进行了更新,但更新的属性不包括与 CHECK 约束相关的属性如 Sdept 属性,则 DBMS 不调用基于属性的 CHECK 约束检查。

如果一个约束条件同时涉及多个属性,那么就需要使用基于元组的 CHECK 约束。SQL 在 CREATE TABLE 语句的属性列表后追加 CHECK 约束,约束条件用括号括起来,约束条件可以是 WHERE 子句中出现的表达式。

【例 5.9】 假设学校规定护理系只能招收女同学,请在 Student 表中添加约束。

```
CREATE TABLE Student
( Sno CHAR(12) PRIMARY KEY,
Sname VARCHAR(8),
Ssex CHAR(2) NOT NULL CHECK(Ssex IN ('男', '女')),
Sage INT CHECK(Sage>0),
Sdept VARCHAR(20)
CHECK (Sdept<>'护理系' or Ssex='女'));
```

例 5.9 中对于非护理系的同学和女同学的元组都满足 CHECK 约束条件,如果插入一个学生信息是护理系的男同学,则这次插入操作将被拒绝。

5.2.4 用户自定义域

域本质上是一种带有可选约束(对值集合上的限制)的数据类型。SQL 定义表时会为每个列指派一种数据类型(如字符型、整型等),这些数据类型提供了一个广泛域。

如果域还需要满足某些约束时,SQL 提供了用户自定义域。使用用户自定义域时,必须先创建该自定义域,其语法规则如下。

```
CREATE DOMAIN <域名> <数据类型> [CONSTRAINT <约束名>] CHECK (约束表达式)
```

【例 5.10】 创建一个分数域,类型为短整型且数据取值范围是[0,100]。

```
CREATE DOMAIN GradeDomain SMALLINT
CONSTRAINT GradeCheck CHECK( VALUE BETWEEN 0 AND 100);
```

这样,选课表 SC 的定义就可以改为

```
CREATE TABLE SC
(Sno CHAR(9),
Cno CHAR(4),
Grade GradeDomain,
PRIMARY KEY (Sno, Cno),
FOREIGN KEY (Sno) REFERENCES Student(Sno),
FOREIGN KEY (Cno) REFERENCES Course(Cno));
```

对于存在的域定义,用户可以用 DROP DOMAIN 删除,其语法格式为

```
DROP DOMAIN <域名> [CASCADE | RESTRICT];
```

关键字 CASCADE 表示级联删除,自动删除依赖于该域的对象(例如表的属性),然后删除所有依赖于那些对象的对象。

关键字 RESTRICT 表示如果有任何对象依赖于该域,则拒绝删除它,该选项是默认值。

【例 5.11】 删除域 GradeDomain。

```
DROP DOMAIN GradeDomain;
```

◇ 5.3 约束的修改

用户任何时候都可以添加和删除约束,但前面的主外码约束、基于属性和元组约束的定义中,约束都是匿名的,这样就难以对它们进行修改操作。SQL 提供了 CONSTRAINT 子句来对约束命名。

例如:

```
CREATE TABLE Student
( Sno CHAR(12) CONSTRAINT SnoKey PRIMARY KEY,
...
);
```

通过 CONSTRAINT 子句将主码约束命名为 SnoKey,后面就可以根据 SnoKey 对该约束进行删除、修改等操作。

SQL 中也可通过 ALTER TABLE 语句来增加或删除约束。用关键字 DROP 删除约束。例如:

```
ALTER TABLE Student DROP SnoKey;
```

这样就删除了 Student 表中的主码约束。

SQL 在 ALTER TABLE 语句中用关键字 ADD 来添加约束。例如:

```
ALTER TABLE Student ADD SnoKey RPIMARY KEY (Sno);
```

对于域中的约束,可以用 ALTER DOMAIN 来添加和删除约束。

【例 5.12】 将 GradeDomain 的取值范围改为[0,150]。

先删除 GradeDomain 的 CHECK 约束:

```
ALTER DOMAIN GradeDomain
DROP GradeCheck;
```

再新加 CHECK 约束,取值范围为[0,150]:

```
ALTER DOMAIN GradeDomain
ADD CONSTRAINT GC CHECK(VALUE>=0 AND VALUE<=150);
```

需要注意的是,通过 ADD 添加的约束必须是基于元组的约束,不能将其恢复到基于属性的约束。

◆ 5.4 断　　言

断言和触发器是 DBMS 中最强的约束形式,与特定的元组或元组分量无关,属于数据库模式的一部分,同基本表一样。断言是 SQL 逻辑表达式,只需要用户说明什么是真。

5.4.1　创建断言

每个断言(Assertion)都是一个谓词,其表达了数据库需要满足的一个条件,是具更一般性的约束,基于属性和元组的约束是断言的特殊形式。

SQL 提供了一种简单的断言形式,其语法格式如下。

```
CREATE ASSERTION <断言名> CHECK (<谓词>);
```

CHECK 子句中的约束条件与 WHERE 子句的条件表达式类似。断言可以定义涉及多个表的或聚集操作的比较复杂的完整性约束。断言的谓词必须为真,且要保持永远为真,断言创建以后,任何对断言中所涉及的关系的操作都会触发关系数据库管理系统对断言的检查,任何使断言不为真值的操作都会被拒绝执行。

5.4.2　使用断言

断言与基于元组的 CHECK 约束在书写上是不同的,基于元组的 CHECK 约束能直接引用它在声明中出现的关系的属性,断言没有这些特权。断言条件中引用的任何属性都必须介绍,特别是要提及在 SELECT-FROM-WHERE 表达式中的关系。

在数据库中创建断言时,系统会检测该断言的有效性,如果断言是有效的,则以后对数据库的修改必须在满足断言的情况下才能生效。

断言的条件必须是逻辑值,因此采用某种方式聚集条件的结果,以获得 True 或 False 值。如 SELECT 操作产生的是一个集合,用 NOT EXISTS 来决断集合是否为空。另外,也可以用 COUNT、SUM、AVG 之类的聚集函数,将其结果与某个常数比较来获得逻辑值。

【例 5.13】　护理系的学生必须是女生。

```
CREATE ASSERTION Nurse CHECK (
NOT EXISTS (SELECT Student.sno
FROM Student
WHERE Sdept='护理系' AND Ssex='男')
);
```

【例 5.14】　每个系的学生人数不能少于 100 人。

```
CREATE ASSERTION StuNum CHECK (100<= ALL
(SELECT COUNT(Sno) FROM Students GROUP BY Sdept));
```

　　CHECK 约束发生在对关系插入元组或属性修改时,并且若有子查询的话就不能确保成立(检查的是一条元组),断言发生在对任何提及的关系做改变时,必须以某种方式聚集条件的结果(检查的是整个关系)。

　　该约束只涉及单个关系,似乎也可以用基于元组的 CHECK 约束而不用断言,如在表 Student 创建时增加基于元组的 CHECK 约束:

```
CHECK (100<= ALL (SELECT COUNT(Sno) FROM Students GROUP BY Sdept));
```

　　如果采用基于元组的 CHECK 约束,则对表做删除操作时将不做任何检查,但删除操作可能导致关系中的数据违反该约束,但如果用断言定义的约束,就不会出现违反约束的情况,因为断言检查的是整个表。不同约束类型的主要区别如表 5.2 所示。

表 5.2　基于属性的 CHECK、基于元组的 CHECK、断言的区别

约束类型	声明的位置	动作的时间	确保不违反约束
基于属性的 CHECK	属性	对关系插入元组或属性修改时	如果 CHECK 包含子查询,则不能确保
基于元组的 CHECK	关系模式元素	对关系插入元组或属性修改时	如果 CHECK 包含子查询,则不能确保
断言	数据库模式元素	对任何涉及的关系做改变时	确保

　　断言可以被删除,删除断言与删除数据库模式的元素格式类似,使用 DROP ASSERTION 来删除断言,格式如下。

```
DROP ASSERTION <断言名>
```

【例 5.15】　删除断言 StuNum。

```
DROP ASSERTION StuNum;
```

　　如果创建的断言很复杂,则系统对该断言的检测会带来很大的开销。因此在数据库中使用断言应该谨慎,建议使用易于检测的简单断言。

◈ 5.5 触 发 器

PG 编程
逻辑

触发器(Trigger)也称作事件-条件-动作(Event-Condition-Action,ECA)规则。触发器与前面介绍的约束有以下几点不同。

(1) 仅当用户设置的事件(Event)发生时,触发器才被激活。这些事件通常是对某个关系的插入、修改或删除操作。

(2) 当触发器被激活后,触发器测试触发的条件(Condition),如果条件不满足,则响应该事件的触发器不做任何动作。

(3) 如果触发器的条件满足,则由数据库执行该触发器相关的动作(Action)。这些动作可以是任何数据库的操作序列,例如,修改事件的结果,撤销相关事务等,也可以是 PL/SQL 程序。

触发器介绍

5.5.1 定义触发器

SQL 中使用 CREATE TRIGGER 来创建触发器,其语法规则如下。

```
CREATE TRIGGER <触发器名称>
{BEFORE|AFTER|INSTEAD OF}<触发事件> ON <表名|视图名>
REFERENCING {NEW|OLD} {ROW|TABLE} AS <变量名>
FOR EACH {ROW|STATEMENT}
[WHEN <条件>] <动作体>;
```

PG 触发器

对触发器的语法规则做如下说明。

(1) 触发器名称。

触发器名称可以包含模式名,也可以不包含模式名。同一模式下,触发器名必须是唯一的,并且触发器名和表名或视图必须在同一模式下。

(2) 触发事件。

触发事件可以是对基本表或视图的插入 INSERT、删除 DELETE 和更新 UPDATE 操作,也可以是它们的组合,如 INSERT OR DELETE 等,更新操作可以指定相关属性如 UPDATE OF <属性列>。

(3) 触发器的目标。

触发器可以定义在基本表上,也可以定义在视图上,称为触发器的目标。

(4) 触发时机。

BEFORE/AFTER 是触发的时机。BEFORE 表示在触发事件的操作执行之前激活触发器,AFTER 表示在触发事件的操作执行之后激活触发器。INSTEAD OF 用来定义视图的触发器。

(5) 触发器类型。

触发器类型分为行级触发器(FOR EACH ROW)和语句级触发器(FOR EACH STATEMENT)。行级触发器是触发语句每操作一行,触发器就被执行一次;而语句级类型触发器只被执行一次。

（6）触发条件。

触发器被激活后,只有当条件为真时才执行动作,否则触发器不执行任何动作;如果没有 WHEN 条件,触发器被激活后立即执行动作。

（7）触发动作体。

触发动作体既可以是一个匿名 PL/SQL 过程块,也可以是对已创建存储过程的调用。如果触发动作体执行失败,激活触发器的事件就会终止执行,触发器的目标表或触发器影响的其他对象不发生任何变化。

下面以 PostgreSQL 的触发器为实例。

（1）创建触发器。

PostgreSQL 在创建触发器前,必须先定义触发器使用的函数。这个函数不能有任何参数,它的返回值的类型必须是 TRIGGER。

函数定义好以后,用命令 CREATE TRIGGER 创建触发器。多个触发器可以使用同一个函数。定义触发器时也可以为它指定参数(在 CREATE TRIGGER 命令中指定)。系统提供了特殊的接口来访问这些参数。

（2）返回值。

① 触发器函数必须返回一个 NULL 或者一个记录/数据行类型的变量,这个变量的结构必须与触发器作用的表的结构一样。

② 对于行级的 BEFORE 触发器,如果返回值为 NULL,则后面的触发器将不会被执行,触发这个触发器的 INSERT/UPDATE/DELETE 命令也不会执行;如果返回非空值,则 INSERT/UPDATE/DELETE 命令继续执行。

③ 对于 UPDATE 和 INSERT 操作触发的行级 BEFORE 触发器,如果它返回的数据行与更新以后的或被插入的数据行不相同,则以触发器返回的数据行作为新的更新行或插入的数据行。

④ 行级 AFTER 触发器的返回值没有任何意义,可以返回 NULL 或者忽略掉。

⑤ 语句级的触发器必须返回 NULL,否则会报错。

（3）内置变量。

触发器在被调用时,系统会自动传递一些数据给它,这些数据包括触发触发器的事件类型如 INSERT 或 UPDATE;对于行级触发器,还包括 NEW 数据行(对 INSERT 和 UPDATE 触发器)和 OLD 数据行(对 UPDATE 和 DELETE 触发器)等;系统自动在最外层的块创建一些特殊的变量来获取这些数据供触发器使用。常用的内置变量如下。

① NEW 变量。

数据类型是 RECORD。对于行级触发器,它用来存储 INSERT 或 UPDATE 操作产生的新的数据行。对于语句级触发器,它的值是 NULL。

② OLD 变量。

数据类型是 RECORD。对于行级触发器,它用来存储被 UPDATE 或 DELETE 操作修改或删除的旧的数据行。对于语句级触发器,它的值是 NULL。

③ TG_OP。

数据类型是 text,它的值是 INSERT、UPDATE 或 DELETE,表示触发触发器的操作类型。

④ TG_TABLE_NAME。

数据类型是 name,表示触发器作用的表的名字。

【例 5.16】 emp 为员工工资的操作记录表,在添加或修改员工工资时,要求检查员工姓名和工资的合法性,并记录下操作的时间和操作人员。emp 表结构如下。

```
CREATE TABLE emp (
    empname text,
    salary integer,
    last_date timestamp,
    last_user text
);
```

创建 AFTER 的行级触发器自动记录操作时间和操作员。

```
--先创建函数,函数返回值类型为触发器
CREATE FUNCTION emp_stamp() RETURNS trigger AS $emp_stamp$
    BEGIN
--输入的 empname 不允许为空,否则输出提示信息;其中,NEW 为内置变量
IF NEW.empname IS NULL THEN
RAISE EXCEPTION 'empname cannot be null';
END IF;
--输入的 salary 不允许为空,也不允许小于 0,否则输出提示信息
IF NEW.salary IS NULL THEN
RAISE EXCEPTION '% cannot have null salary', NEW.empname;
END IF;
IF NEW.salary < 0 THEN
RAISE EXCEPTION '% cannot have a negative salary', NEW.empname;
END IF;
--将当前时间和用户赋给新输入的记录
NEW.last_date := current_timestamp;
NEW.last_user := current_user;
RETURN NEW;    --函数返回值,与触发器作用的表结构一致
END;
$emp_stamp$ LANGUAGE plpgsql;
--定义触发器
CREATE TRIGGER emp_stamp BEFORE INSERT OR UPDATE ON emp
FOR EACH ROW EXECUTE FUNCTION emp_stamp();
--为表 emp 上的 INSERT 和 UPDATE 事件定义了 BEFORE 行级触发器
```

【例 5.17】 为了审计方便,将员工工资表的操作记录到 emp_audit 表,对 emp 表做的任何修改都将被自动记录,并记录下操作时间和操作员。emp 表和 emp_audit 表的结构如下。

```
CREATE TABLE emp(
            empname text NOT NULL,
            salary integer );
CREATE TABLE emp_audit(
            operation char(1) NOT NULL,
```

```
                    stamp timestamp NOT NULL,
                    userid text    NOT NULL,
                    empname text NOT NULL,
                    salary integer );
```

创建 BEFORE 行级触发器完成对员工工资表的操作记录。

```
--先创建函数,返回值类型为触发器
CREATE OR REPLACE FUNCTION process_emp_audit() RETURNS TRIGGER AS $emp_audit$
BEGIN
--TG_OP 为内置变量,表示触发事件的类型
IF (TG_OP = 'DELETE') THEN
INSERT INTO emp_audit SELECT 'D', now(), user, OLD.*;
ELSIF (TG_OP = 'UPDATE') THEN
INSERT INTO emp_audit SELECT 'U', now(), user, NEW.*;
ELSIF (TG_OP = 'INSERT') THEN
INSERT INTO emp_audit SELECT 'I', now(), user, NEW.*;
END IF;
RETURN NULL; -- AFTER 类型的触发器其返回值被忽略
END;
$emp_audit$ LANGUAGE plpgsql;
--定义触发器
CREATE TRIGGER emp_audit
AFTER INSERT OR UPDATE OR DELETE ON emp
FOR EACH ROW EXECUTE FUNCTION process_emp_audit();
--为表 emp 上的 INSERT、UPDATE、DELETE 事件定义了 AFTER 行级触发器
```

如何选择 BEFORE 和 AFTER 触发器？BEFORE 触发器一般用于检查和修改将被插入和更新的数据；AFTER 触发器一般用于将表中被更新的数据记录到其他的表中,或者检查与其他的表中的数据是不是一致的。BEFORE 触发器的执行效率比 AFTER 触发器高,在 BEFORE 触发器和 AFTER 触发器都能被使用的情况下,应该选择 BEFORE 触发器。

例 5.16 和例 5.17 定义的是行级触发器,使用内置变量在系统和函数间传递数据。如果触发器被定义为语句级,则引入两个过渡表 OLD TABLE 和 NEW TABLE 进行数据传递。

【例 5.18】 用语句级触发器代替例 5.17 中的行级触发器。

创建语句级触发器的函数使用过渡表代替行级触发器中的内置变量。

```
CREATE OR REPLACE FUNCTION process_emp_audit() RETURNS TRIGGER AS $emp_audit$
BEGIN
-- TG_OP 为内置变量,表示触发事件的操作类型
IF (TG_OP = 'DELETE')
THEN INSERT INTO emp_audit
SELECT 'D', now(), user, o.* FROM old_table o;
--用过渡表 OLD TABLE 代替内置变量 OLD,将 DELETE 操作插入审计表
ELSIF (TG_OP = 'UPDATE')
THEN INSERT INTO emp_audit
SELECT 'U', now(), user, n.* FROM new_table n;
--用过渡表 NEW TABLE 代替内置变量 NEW,将 UPDATE 操作插入审计表
```

```
ELSIF (TG_OP = 'INSERT')
THEN INSERT INTO emp_audit
SELECT 'I', now(), user, n.* FROM new_table n;
--用过渡表 NEW TABLE 代替内置变量 NEW,将 INSERT 操作插入审计表
END IF;
RETURN NULL; -- AFTER 触发器,返回结果被忽略掉
END;
$emp_audit$ LANGUAGE plpgsql;
--在 process_emp_audit()函数上分别创建 INSERT、DELETE 和 UPDATE 的触发器
CREATE TRIGGER emp_audit_ins
AFTER INSERT ON emp
REFERENCING NEW TABLE AS new_table
FOR EACH STATEMENT EXECUTE FUNCTION process_emp_audit();
--对表 emp 的插入事件 INSERT 创建一个 AFTER 的语句级触发器
--引用了过渡表 NEW TABLE
CREATE TRIGGER emp_audit_upd
AFTER UPDATE ON emp
REFERENCING OLD TABLE AS old_table NEW TABLE AS new_table
FOR EACH STATEMENT EXECUTE FUNCTION process_emp_audit();
--对表 emp 的更新 UPDATE 事件创建一个 AFTER 的语句级触发器
--引用了过渡表 OLD TABLE 和 NEW TABLE
CREATE TRIGGER emp_audit_del
AFTER DELETE ON emp
REFERENCING OLD TABLE AS old_table
FOR EACH STATEMENT EXECUTE FUNCTION process_emp_audit();
--对表 emp 的删除 DELETE 事件创建一个 AFTER 的语句级触发器
--引用了过渡表 OLD TABLE
```

　　视图上也可以定义触发器,用 INSTEAD OF 代替 BEFORE 或 AFTER。当一个事件唤醒视图上的触发器时,触发器的操作将会取代事件本身而被执行,即 INSTEAD OF 触发器会拦截任何试图对视图进行的修改操作而用触发器中的操作来代替这些修改操作。

　　【例 5.19】　为 emp 和 emp_audit 表建立视图用来记录每个员工工资的最后修改时间。视图定义如下。

修改视图
的触发器

```
CREATE VIEW emp_view AS
SELECT emp.empname, emp.salary, max(emp_audit.stamp) AS last_updated
FROM emp LEFT JOIN emp_audit ON emp_audit.empname = emp.empname
GROUP BY emp.empname, emp.salary;
定义 INSTEAD OF 触发器实现视图的修改。
--先创建函数,返回值类型为触发器
CREATE OR REPLACE FUNCTION update_emp_view() RETURNS TRIGGER AS $$
BEGIN
--对视图的操作将分解到基本表 emp 和 emp_audit 上执行。
IF (TG_OP = 'DELETE')
THEN DELETE FROM emp WHERE empname = OLD.empname;
--视图的删除转换到基本表 emp 上的删除操作
IF NOT FOUND THEN RETURN NULL; END IF;
OLD.last_updated = now();   --记录当前时间
```

```
INSERT INTO emp_audit VALUES('D', user, OLD.*);
--对 emp 的删除操作被记录到审计表 emp_audit
RETURN OLD; --函数返回值，与视图的结构一致
ELS IF (TG_OP = 'UPDATE')
THEN UPDATE emp SET salary = NEW.salary WHERE empname = OLD.empname;
--视图的更新转换到基本表 emp 上的更新操作
IF NOT FOUND THEN RETURN NULL; END IF;
NEW.last_updated = now();
INSERT INTO emp_audit VALUES('U', user, NEW.*);
--对 emp 的更新操作被记录到审计表 emp_audit
RETURN NEW; --函数返回值，与视图的结构一致
ELS IF (TG_OP = 'INSERT')
THEN INSERT INTO emp VALUES(NEW.empname, NEW.salary);
--视图的插入转换到基本表 emp 上的插入操作
NEW.last_updated = now();
INSERT INTO emp_audit VALUES('I', user, NEW.*);
--对 emp 的插入操作被记录到审计表 emp_audit
RETURN NEW; --函数返回值，与视图的结构一致
END IF;
END;
$$ LANGUAGE plpgsql;
--定义触发器
CREATE TRIGGER emp_audit
INSTEAD OF INSERT OR UPDATE OR DELETE ON emp_view
FOR EACH ROW EXECUTE FUNCTION update_emp_view();
--为视图上的 INSERT、UPDATE、DELETE 事件定义了 INSTEAD OF 的行级触发器，触发器将对视
--图的操作转换为对基本表的操作
```

5.5.2 触发器的执行

触发器的执行是由触发器事件激活，并由数据库服务器自动执行。触发器在执行过程中，如果同时执行 SQL 命令访问目标表中的数据，这些 SQL 命令遵循下面的数据可见规则。

(1) 语句级的 BEFORE 触发器在执行过程中，触发事件对目标表的所有更新对 SQL 命令都不可见的。

(2) 语句级的 AFTER 触发器在执行过程中，触发事件对目标表的所有更新对 SQL 命令都是可见的。

(3) 行级 BEFORE 触发器在执行过程中，已经激活触发器处理完的触发动作的结果对 SQL 命令是可见的，但激活触发器正在处理的更新操作的结果（插入、更新或删除）对 SQL 命令是不可见的。

(4) 行级 AFTER 触发器在执行过程中，触发事件对目标表的所有更新对 SQL 命令都是可见的。

触发器被激活时遵循如下执行顺序。

(1) 触发器按执行的时间分为 BEFORE 触发器和 AFTER 触发器。语句级的 BEFORE 触发器在语句开始执行前被调用，语句级的 AFTER 触发器在语句执行结束后被

调用。

（2）数据行级的 BEFORE 触发器在操作每个数据行以前被调用,数据行级的 AFTER 触发器在操作每个数据行以后被调用。

（3）如果同一个表上对同一个事件定义了多个触发器,这些触发器将按它们的名字的字母顺序被触发。

（4）对于行级 BEFORE 触发器来说,前一个触发器返回的数据行作为后一个触发器的输入。如果任何一个行级 BEFORE 触发器返回 NULL,后面的触发器将停止执行,触发触发器的 INSERT/UPDATE/DELETE 命令也不会被执行。

如果触发器在执行的过程中遇到或者发出了错误,触发事件的操作将被终止。

5.5.3 删除触发器

SQL 提供 DROP 命令来删除已经存在的触发器,其格式如下。

```
DROP TRIGGER <触发器名称> ON <表名>;
```

对于示警或者满足某种特定条件时自动执行某项任务来说,触发器是非常有用的机制。但需要注意的是,不能无限地设置触发器,因为过多的触发器会影响数据库的性能。

◇ 小　　结

数据库的完整性是指数据库存储的数据是正确的,是符合现实世界语义的。约束用来保证数据库的完整性,DBMS 提供了约束的定义机制、检查机制及违约处理。

主码约束和主外码约束实现了数据库的实体完整性和参照完整性。

基于属性的约束是在创建基本表时在属性类别的后面加 CHECK 约束,实现了对属性值的约束。基于元组的约束在创建基本表时在属性列表的后面加 CHECK 约束,实现对关系元组的约束。

断言是数据库模式级的约束,断言声明给出检查条件,该条件可以涉及一个或多个关系,可以将整个关系作为一个整体,如聚集,也可以只针对单个的元组。

触发器使用 ECA 规则,触发器不仅可以用于数据库完整性检查,也可以用来实现数据库系统的其他功能,包括数据库安全性、应用系统的业务流程和控制流程及基于规则的数据和业务控制功能等。

◇ 习　　题

1. 试为下面的电影数据库定义满足条件的约束。

影片(片名,上映时间,时长,类型,制片人)

主演(片名,上映时间,演员)

演员(姓名,地址,性别,身份证,出生日期)

制片人(姓名,地址,身份证,资格证)

（1）请为各个关系定义主码约束。

（2）为关系定义主外码约束。

（3）"主演"表中的演员至少有一名来自于"演员"表。

（4）出现在"主演"表中的片名必须来自于"影片"表。

（5）电影时长不能少于 60min 也不能多于 180min。

（6）影星不可能出现在其出生日期之前的影片之中。

2. 对 PC 产品数据库编写触发器。如果不满足声明的约束则拒绝或撤销更新。

```
product(maker,model,type)
PC(model,speed,ram,hd,price)
```

（1）当修改 PC 的价格时，检查不存在 speed 与其相同但 price 更低的 PC。

（2）当修改任何 PC 的 ram 或 hd 时，要求被修改的 PC 的 hd 至少是 ram 的 100 倍。

（3）当插入新的 PC 时，检查其 model 是否已在 product 表中存在。

3. 对 PC 数据库创建视图：

```
CREATE VIEW NewPC AS
SELECT maker,model,speed,ram,hd,price
FROM product,PC
WHERE product.model=PC.model and type="pc";
```

（1）写一个替换触发器用于处理对视图插入操作。

（2）写一个替换触发器用于处理对视图中属性 price 的修改操作。

（3）写一个替换触发器用于处理从视图中删除一个特定的元组。

4. 某单位想举行一个小型的联谊会，关系 Male 记录注册的男嘉宾信息，关系 Female 记录注册的女嘉宾的信息，建立约束实现将来宾的人数限制在 100 人以内。

数据库的安全性

第6章

数据库是存储数据的仓库,是应用程序的核心,它存储着单位、组织、企业和个人的重要信息和机密数据,而且数据集中存放,供多用户共享,因此必须加强对数据库访问的控制和数据安全防护。数据库管理系统对数据库的安全保护主要通过完整性控制、安全性控制、并发控制和数据库备份及恢复等几方面来实现。本章主要介绍数据库安全相关的基本概念及数据库的安全技术。

◆ 6.1 数据库的安全性概述

数据库安全性介绍

6.1.1 数据库安全的基本概念

1. 数据库安全

数据库的安全性(Database Security)是指采取各种安全措施对数据库及其相关文件和数据进行保护。

数据库的安全特性主要是针对数据而言的,包括数据独立性、数据完整性、数据安全性、并发控制和故障恢复等几个方面。

2. 数据库的系统安全

系统安全保护措施是否有效是数据库系统的主要技术指标之一,一般地,DBMS采取用户标识和鉴别、存取控制、视图及密码存储等技术进行安全控制。

从系统与数据的关系上,也可将数据库安全分为数据库的系统安全和数据安全。

数据库的系统安全是在系统级别去阻止有损数据库安全的非法操作和提前对潜在的威胁进行跟踪核查等,具体包括以下几个方面。

(1) 系统的安全设置及管理,包括法律法规、政策制度和实体安全等。

(2) 数据库的访问控制和权限管理。

(3) 用户的资源限制,包括访问、使用、存取、维护与管理等。

(4) 系统运行安全及用户可执行的系统操作。

(5) 数据库审计有效性。

(6) 用户对象可用的磁盘空间及数量。

在数据库系统中,通常采用用户标识和鉴别、存取控制、视图及密码存储等技术进行安全防范。

3. 数据安全

数据库安全的核心和关键是其数据安全。数据安全是指通过保护措施确保数据的完整性、保密性、可用性、可控性和可审查性。主要通过实施对象级控制数据库的访问、存取、加密、使用、应急处理和审计等机制,包括用户可存取指定的模式对象及在对象上允许进行的具体操作等。

6.1.2　数据库的潜在安全风险

数据库信息资产面临的挑战及安全风险,主要表现在管理层面、技术层面和审计层面。

1. 管理层面

管理层面主要表现为人员的职责和流程有待完善,内部员工的日常操作有待规范,以及第三方维护人员的操作监控失效等,致使安全事件发生时,无法追溯并定位真实的操作者。

2. 技术层面

现有的数据库内部操作不明,无法通过外部的安全工具(如防火墙、IDS 和 IPS 等)来阻止内部用户的恶意操作、滥用资源和泄露企业机密信息等行为。

3. 审计层面

现有的依赖于数据库日志文件的审计方法存在诸多弊端,如数据库审计功能的开启会影响数据库本身的性能,数据库日志文件本身存在被篡改的风险,难以体现审计信息的真实性等。伴随着数据库信息价值及可访问性的提升,使得数据库面对来自内部和外部的安全风险大大增加,如违规越权操作或恶意入侵导致机密信息窃取泄露,但事后却无法有效追溯和审计等。

常见数据库的安全缺陷和隐患要素主要包括以下几个。

(1) 数据库应用程序的研发、管理和维护等人为因素的疏忽。

(2) 用户对数据库安全的忽视,安全设置和管理失当。

(3) 部分数据库机制威胁网络底层安全。

(4) 系统安全特性自身存在的缺陷。

(5) 数据库账号及密码容易泄露和破译。

(6) 操作系统后门及漏洞隐患。

(7) 网络协议、病毒及运行环境等其他威胁。

6.1.3　数据库安全常用的关键技术

在网络数据库安全中,常用的数据库安全关键技术包括三大类。

(1) 预防保护类。包括身份认证、访问管理、加密、防恶意代码、防御和加固。

(2) 检测跟踪类。主体对客体的访问行为需要进行监控和事件审计,防止在访问过程中可能产生安全事故的各种举措,包括监控和审核跟踪。

(3) 响应恢复类。网络或数据一旦发生安全事件,应确保在最短的时间内对其事件进行应急响应和备份恢复,尽快将其影响降至最低。

常用的网络数据库安全关键技术如下。

(1) 身份认证(Identity and Authentication)。确保网络用户身份的正确存储、同步、使用、管理和一致性确认,防止别人冒用。

（2）访问管理(Access Management)。用于确保授权用户在指定时间对授权的资源进行正当的访问,防止未经授权的访问。

（3）加密(Cryptoraghy)。利用加密技术确保网络信息的保密性、完整性和可审查性。加密技术包括加密算法、密钥长度的定义和要求等,以及密钥整个生命周期(生成、分发、存储、输入/输出、更新、恢复和销毁等)的技术方法。

（4）预防恶意代码(Anti-Malicode)。通过建立计算机病毒的预防、检测、隔离和清除机制,预防恶意代码入侵,迅速隔离并查杀已感染的病毒,识别并清除恶意代码。

（5）加固(Hardening)。对系统自身弱点采取的一种安全预防手段,主要是通过系统漏洞扫描、渗透性测试、安装安全补丁及入侵防御系统、关闭不必要的服务端口和对特定攻击的预防设置等技术或管理手段确保并增强系统自身的安全。

（6）监控(Monitoring)。通过监控主体的各种访问行为,确保对客体的访问过程中安全的技术手段,如安全监控系统、入侵监测系统等。

（7）审核跟踪(Audit Trail)。对出现的异常访问、探测及操作相关事件进行核查、记录和追踪。每个系统可以由多个审核跟踪不同的特定相关活动。

（8）备份恢复(Backup and Recovery)。预先备份系统,在网络出现异常、故障和入侵等意外事故时,及时恢复系统和数据。

◇ 6.2 数据库安全性控制

在一般计算机系统中,安全措施是一级一级层层设置的,其安全控制模型一般如图 6.1 所示。

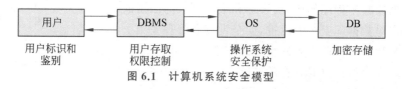

图 6.1　计算机系统安全模型

由如图 6.1 所示的安全模型,当用户进入计算机系统时,系统首先根据输入的用户标识进行身份的鉴定,只有合法的用户才准许进入系统。对已进入系统的用户,DBMS 还要进行存取控制,只允许进行合法的操作。

DBMS 是建立在操作系统之上的,安全的操作系统是数据库安全的前提。操作系统一级也会有自己的保护措施,操作系统提供的安全措施不需要数据库参与实现。一般地,操作系统解决的数据安全问题包括审核用户;对用户进行完全隔离,避免不必要的相互干扰;保证数据库中的数据必须由 DBMS 访问而不允许用户越过 DBMS,直接通过操作系统或其他方式访问数据库中的数据。

最终数据还可以通过加密的形式存储到数据库中。下面介绍与数据库有关的安全措施,包括用户标识和鉴别、存取控制、统计数据库、审计和数据加密。

6.2.1　用户身份鉴别

数据库不允许未经许可的用户访问数据库。用户标识和鉴别是系统提供的最外层的安全措施。其方法是由系统提供一定的方式让用户标识自己的名字或身份,系统内部记录所有合法用户的标识,每次用户要求进入系统时,由系统进行核实,经系统核查如果符合,则进入下一步的鉴定;否则,系统将拒绝执行用户的要求。

系统鉴别的方法通常有以下几种。

1. 口令

口令是使用最广泛的鉴别方法。首先用户通过用户标识符来标明用户的身份,系统以此来鉴别用户的合法性。为进一步核实用户,系统常常要求用户输入口令,用户输入的口令在终端不显示。口令设计时,为提高安全性,可用数字、字母、特殊字符等组合作为口令。

2. 公式鉴别法

每个用户都预先约定好一个过程或函数,鉴别用户身份时,系统提供一个随机数,用户根据自己预先约定的计算过程或函数进行计算,系统根据计算结果辨别用户身份的合法性。

3. 生物特征鉴别

通过生物特征如声音、指纹等进行认证的技术。这种方式通过图像处理和模式识别等技术实现了基于生物特征的认证,安全性较高。

4. 智能卡鉴别

智能卡如 IC 卡或磁卡等是一种不可复制的硬件,内置集成电路的芯片,具有硬件加密功能。智能卡由用户随身携带,登录数据库管理系统时用户将智能卡插入专用的读卡器进行身份验证。

【例 6.1】 PostgreSQL 的客户端认证方法。

客户端连接认证是用来过滤客户端并保护服务器不被恶意访问攻击。PostgreSQL 客户端认证由策略配置文件 pg_hba.conf 存储,通过该配置文件能够指定哪些 IP 可以访问,哪些 IP 不可以访问,以及访问的资源和认证方式。HBA(Host-Based Authentication)表示基于主机的认证。initdb 初始化数据目录时会安装一个默认的 pg_hba.conf 文件,该文件存放在数据库集簇目录中,也可以把认证配置文件放在其他地方。

PostgreSQL 的 pg_hba.conf 文件由一组记录组成,可以使用♯注释行,并且忽略空格。每条记录占一行,指定一条访问认证规则。每行由 5 个参数组成,TYPE 为主机类型、DATABASE 为数据库名、USER 表示用户名、ADDRESS 表示 IP 地址和掩码、AUTH-METHOD 表示身份认证方法。

(1)主机类型 TYPE。

参数 TYPE 可取值 local、host、hostssl 和 hostnossl 等。

local 表示使用 UNIX 域套接字连接。

host 表示使用 TCP/IP 建立连接。

hostssl 使用 TCP/IP 建立的连接,但必须是使用 SSL 加密的连接。使用该选项时,编译服务器时必须打开 SSL 支持。

hostnossl 与 hostssl 相反,它只匹配那些在 TCP/IP 上不使用 SSL 的连接。

hostgssenc 使用 TCP/IP 建立连接但使用 GSSAPI 加密。

hostnogssenc 使用 TCP/IP 建立连接但不使用 GSSAPI 加密。

(2)数据库名 DATABASE。

参数 DATABASE 指定匹配的数据库名称,可取值 all、sameuser、samerole、replication。

all 指定该记录匹配所有数据库。

sameuser 指定如果被请求的数据库和请求的用户同名,则匹配。可以通过用逗号分隔的方法指定多个数据库,也可以通过在文件名前面放@来指定一个包含数据库名的文件。

（3）用户名 USER。

参数 USER 表示匹配哪些数据库用户名。

all 指定它匹配所有用户,也可以具体指定一个用户。多个用户用","隔开。和DATABASE 一样,也可以将配置放到文件中,文件名加上前缀@。

（4）地址 ADDRESS。

参数 ADDRESS 匹配的客户端地址。客户端地址可以是主机名,或者由 IP 地址和CIDR 掩码组成。掩码可以为 0～32(IPv4)或者 0～128(IPv6)的一个整数,32 表示子网掩码为 255.255.255.255,24 表示子网掩码为 255.255.255.0,这些域只适用于 TYPE 为 host、hostssl 和 hostnossl 的记录。主机名以"."开头。samehost 可以匹配所有主机,samenet 可以匹配同一个掩码内的所有主机。

（5）身份认证 AUTH-METHOD。

参数 AUTH-METHOD 表示身份认证方法,指定连接与此条记录匹配时使用的身份认证方法,可选项有 trust、reject、scram-sha-256、md5、password、gss、sspi、ident、peer、ldap、radius、cert、pam、bsd。

peer 认证是通过从内核获得客户端的操作系统用户名并把它用作被允许的数据库用户名(和可选的用户名映射)来工作,这种方法只在本地连接上支持。

ident 认证从身份验证服务器获取客户端操作系统用户名,并将其用作允许的数据库用户名(具有可选的用户名映射),这只在 TCP/IP 连接上支持,用法与 peer 认证类似。使用ident 认证方式,需要具备同名用户或建立映射用户。建立映射用户需要配置 pg_ident.conf文件。

trust 认证是只要知道数据库用户名就不需要密码或 ident 就能登录。

基于密码的身份验证有 password、md5、scram-sha-256。password 以明文形式发送密码,因此很容易受到密码嗅探攻击。md5 采用了一种 challenge-response 机制,并在服务器上存储散列密码,多年来一直是 PostgreSQL 首选的密码散列机制,但是如果攻击者设法从服务器窃取了密码散列,则无法提供保护。md5 现在被设为是不安全的认证方法。从PostgreSQL 10.0 开始引入 scram-sha-256,可以避免攻击者获得对散列的访问权时出现问题,是目前被认为安全的加密散列机制。

GSSAPI 认证是 RFC 2743 中定义的行业标准,它提供自动身份验证(单点登录)。

LDAP 认证仅用于验证用户名/密码对。

pg_hba.conf 文件归纳起来共有以下几种格式。

local	database	user	auth-method [auth-options]
host	database	user address	auth-method [authoptions]
hostssl	database	user address	auth-method [authoptions]
hostnossl	database	user address	auth-method [authoptions]
hostgssenc	database	user address	auth-method [authoptions]
hostnogssenc	database	user address	auth-method [authoptions]

host	database	user IP-address IP-mask	auth-method [auth-options]
hostssl	database	user IP-address IP-mask	auth-method [auth-options]
hostnossl	database	user IP-address IP-mask	auth-method [auth-options]
hostgssenc	database	user IP-address IP-mask	auth-method [auth-options]
hostnogssenc	database	user IP-address IP-mask	auth-method [auth-options]

6.2.2　存取控制

数据库安全中最重要的一点就是确保只授权给有资格的用户访问数据库的权限,保证用户只能存取他有权存取的数据,这主要通过数据库系统的存取控制机制来实现的。

存取控制机制主要包括用户权限和合法权限检查两部分。

1. 用户定义权限,并将用户权限登记到数据字典中

用户对某一数据对象的操作权利称为权限。某个用户应该具有何种权限是管理问题和政策问题,而不是技术问题。DBMS 提供语言来定义用户权限,这些定义经过编译后存储在数据字典中,被称为安全规则或授权规则。

授权规则将 DBMS 管理的实体分为两类,即主体和客体。主体是系统中的活动实体,既包括 DBMS 所管理的实际用户,也包括代表用户的各个进程。客体是系统中的被动实体,是受主体操作的,包括文件、基本表、索引、视图等。

2. 合法权限检查

每当用户发出存取数据库的操作请求后(请求一般应包括操作类型、操作对象和操作用户等信息),DBMS 查找数据字典,根据安全规则进行合法权限检查,若用户的操作请求与定义的权限不匹配,系统将拒绝执行此操作。

定义用户权限和合法权限检查机制组成了 DBMS 的存取控制子系统。DBMS 主要提供两种访问控制方法来控制数据的访问,即自主访问控制(Discretionary Access Control, DAC)和强制访问控制(Mandatory Access Control,MAC)。在大数据场景下,数据、应用和用户规模激增,用户的访问请求复杂多变,跨数据中心、跨安全域的数据共享越来越频繁,访问控制面临海量数据的细粒度访问控制和跨域访问控制的挑战。基于属性的访问控制模型(Attribute Based Access Control,ABAC)和基于角色的访问控制模型(Role Based Access Control,RBAC)成为大数据环境下的访问控制模型。

1) 自主存取控制

用户对于不同的数据库对象有不同的存取权限,不同的用户对同一对象也有不同的权限,用户也可将其拥有的权限转授给其他用户。现有的 DBMS 都支持自主存取控制,通过 SQL 的 GRANT 和 REVOKE 命令来定义和撤销用户权限。

2) 强制存取控制

强制存取控制方法对客体标以一定的密级,每一个主体也被授予某一个级别的许可证。对于任意一个客体,只有具有合法许可证的主体才可以存取。

3) 基于属性的访问控制

基于属性的访问控制将客体访问权限通过策略和属性的组合授予主体,并通过一定的逻辑对属性进行动态计算,来判断主体的访问请求是否满足条件,从而进行授权管理。策略可以使用各种类型的属性,包括用户属性(如用户年龄)、环境属性(如时间戳、MAC 地址)

等。因此该方法能够实现非常灵活的权限控制。

4）基于角色的访问控制

基于角色的访问控制通过在主体和客体之间建立"角色"的概念，权限不直接授予主体，而是授予某些角色，当主体被分配了某些角色，也就拥有了此角色的所有操作权限。通过将主体和客体的访问权限进行解耦，提高权限分配和变更的灵活性，也通过简化操作减少了系统开销。

6.2.3 自主存取控制

用户权限由两个要素组成：数据库对象和操作类型。定义一个用户的存取权限就是要定义这个用户可以在哪些数据库对象上进行哪些类型的操作。在数据库系统中，定义存取权限称为授权。SQL 中使用 GRANT 和 REVOKE 语句向用户授予或收回某数据对象上的操作权限。下面以 PostgreSQL 数据库为例介绍自主存取控制。

1. 数据库对象和权限

表 6.1 给出了 PostgreSQL 的数据库对象及该对象上的权限。

表 6.1 PostgreSQL 数据库对象和权限

对 象 类 型	所 有 权 限
DATABASE	CREATE、TEMPORARY、CONNECT
DOMAIN	USAGE
FUNCTION or PROCEDURE	EXECUTE
FOREIGN DATA WRAPPER	USAGE
FOREIGN SERVER	USAGE
LANGUAGE	USAGE
LARGE OBJECT	SELECT、UPDATE
SCHEMA	USAGE、CREATE
SEQUENCE	SELECT、UPDATE、USAGE
TABLE (and table-like objects)	INSERT、SELECT、UPDATE、DELETE、TRUNCATE、REFERENCES、TRIGGER、ALL PRIVILEGES
TABLE COLUMN	INSERT、SELECT、UPDATE、REFERENCES
TABLE SPACE	CREATE
TYPE	USAGE

对部分权限的解释如下。

TRUNCATE：允许对表进行清空操作。

REFERENCES：允许给参照列和被参照列上创建外键约束。

TRIGGER：允许在表上创建触发器。

TEMPORARY 或是 TEMP：允许在指定数据库的时候创建临时表。

EXECUTE：允许执行某个函数。

USAGE：对于程序语言来说，允许使用指定的程序语言创建函数；对于 Schema 来说，允许查找该 Schema 下的对象；对于序列来说，允许使用 currval( ) 和 nextval( ) 函数；对于外部封装器来说，允许使用外部封装器来创建外部服务器；对于外部服务器来说，允许创建外部表。

ALL PRIVILEGES：表示一次性给予可以授予的权限。

2. 角色、用户和组

一个角色是一个实体，它可以拥有数据库对象并且拥有数据库特权。根据一个角色如何被使用，它可以被考虑成一个"用户"、一个"组"或者两者。具有 LOGIN 权限的角色与数据库用户是相同的含义。在 PostgreSQL 数据库中，CREATE USER 除默认赋予 LOGIN 权限之外，CREATE USER 等价于 CREATE ROLE。

（1）创建角色。

```
CREATE ROLE name [ [ WITH ] option [ … ] ]
```

在 PostgreSQL 数据库中创建角色时，允许 option 属性有如下选项。

SUPERUSER|NOSUPERUSER：指定创建的用户是否为超级用户。

CREATEDB|NOCREATEDB：指定创建的用户是否具有创建数据库的权限。

CREATEROLE|NOCREATEROLE：指定创建的用户是否具有创建角色的权限。

INHERIT|NOINHERIT：如果新的角色是其他角色的成员，该子句决定新角色是否从那些角色中"继承"特权，把新角色作为成员的角色称为新角色的父角色。一个带有 INHERIT 属性的角色能够自动使用已经被授予给其直接或间接父角色的任何数据库特权。如果没有 INHERIT，在另一个角色中的成员关系只会把 SET ROLE 的能力授予给其他角色。如果没有指定，默认值是 INHERIT。

LOGIN|NOLOGIN：指定创建的用户是否具有登录权限。

REPLICATION|NOREPLICATION：指定创建的用户是否具有复制权限。

BYPASSRLS|NOBYPASSRLS：指定创建的用户是否具有绕过行安全策略权限。

CONNECTION LIMIT connlimit：指定创建的用户访问数据库连接的数目限制。

[ENCRYPTED|UNENCRYPTED] PASSWORD 'password'：指定创建的用户密码是否需要加密。

VALID UNTIL 'timestamp'：指定创建的用户密码失效时间。

IN ROLE role_name [,…]：指定创建的用户成为哪些角色的成员。

【例 6.2】　创建一个能登录但是没有口令的角色。

```
CREATE ROLE jonathan LOGIN;
```

【例 6.3】　创建一个有口令的角色。

```
CREATE USER david WITH PASSWORD 'jw8s0F4';
```

（CREATE USER 和 CREATE ROLE 完全相同，除了它带有 LOGIN）。

【例 6.4】　创建一个新角色，其账号名为"testrole"，密码为"123456"。该用户具有登录权限(LOGIN)和角色继承权限,但它不是超级用户,不具有创建数据库权限、创建角色权限、数据库复制权限,此外,数据库连接数不受限制。

```
CREATE role "testrole" WITH LOGIN
NOSUPERUSER
NOCREATEDB
NOCREATEROLE
INHERIT
NOREPLICATION
CONNECTION LIMIT -1
PASSWORD '123456';
```

在 PostgreSQL 数据库服务器中执行该 SQL 语句后,系统将创建出"testrole"用户。SQL 执行结果界面如图 6.2 所示。

创建了"testrole"角色后,该角色可登录访问默认数据库(postgres),运行命令行工具 psql 执行用户登录操作命令,其操作界面如图 6.3 所示。

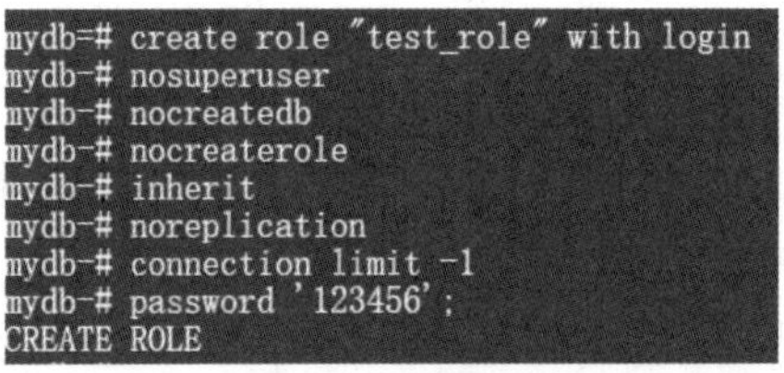

图 6.2　执行创建角色的结果 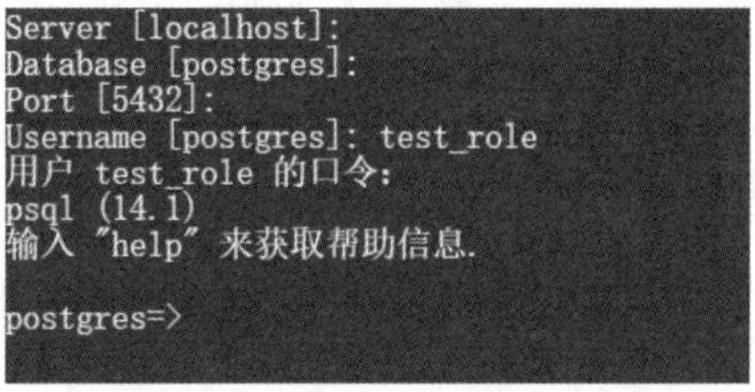　　　　　　图 6.3　testrole 登录 postgres

在 PostgreSQL 中用户是具有 LOGIN 权限的 role,同时组 Group 也是 role,包含其他 role 的 role 就是组。把用户组合起来简化权限管理是个常用的便利方法。使用这样的方法,权限可以赋予整个组,也可以对整个组撤销。设置组的命令与创建角色命令一样。

一旦组角色已经存在了,就可以用 GRANT 和 REVOKE 命令添加和撤销权限。

GRANT group_role TO role1,…;将角色 role1 加入角色组 group_role。

REVOKE group_role FROM role1,…;从角色组 group_role 中删除角色 role1。

【例 6.5】　创建角色和角色组。

```
CREATE ROLE joe LOGIN INHERIT;
CREATE ROLE admin NOINHERIT;
CREATE ROLE wheel NOINHERIT;
GRANT admin TO joe;
GRANT wheel TO admin;
```

角色 joe 除具有连接权限之外,还将"继承"admin 的权限,但不继承 wheel 的权限,因为即使 joe 是 wheel 的一个间接成员,但该成员关系是通过 admin 过来的,而该角色有 NOINHERIT 属性。

(2) 角色修改。

数据库系统允许对数据库已有用户进行属性修改,如修改用户密码、账户期限、连接数限制,以及用户的角色与权限等。用户修改语句包括修改用户的属性,修改用户名称等

SQL 语句。

ALTER ROLE 命令更改一个数据库角色的属性：

```
ALTER ROLE role_specification [ WITH ] option [ ⋯ ]
```

修改用户的名称：

```
ALTER USER <用户名> RENAME TO <新用户名>;
```

修改用户的参数值：

```
ALTER USER <用户名> SET<参数项> {TO|=} {value|DEFAULT};
```

重置用户参数值：

```
ALTER USER <用户名> RESET <参数项>;
```

其中,ALTER USER 为修改用户语句的关键词;<用户名>为将被修改的用户名称;
<新用户名>为被修改后的新用户名称;option 为角色的属性选项;<参数项>为将被修改
用户的某个属性参数名称。

【例 6.6】　修改角色"user1"的账号密码,新密码为"gres123",同时也限制该用户的数
据库连接数为 10,修改语句如下。

```
ALTER ROLE "user1" CONNECTION LIMIT 10 PASSWORD 'gres123';
```

（3）删除角色。

数据库用户管理可以删除不再需要的用户。删除用户的 SQL 语句格式为

```
DROP ROLE [ IF EXISTS ] name [, ⋯];
```

其中,DROP ROLE 为删除角色语句的关键词;name 为将被删除的角色名称。

【例 6.7】　删除角色"userA"。

```
DROP ROLE userA;
```

3. 授权与收回

授权是在数据库对象上给一个或多个角色授予特定的权限,或将一个角色的成员关系
赋予另一个或多个其他角色。授权 GRANT 语句的一般格式为

```
GRANT { <权限>, <权限>,⋯,<权限>}
ON {<对象类型> }
TO role_specification [,⋯]
[ WITH GRANT OPTION ]
```

其中,role_specification 可以是如下取值。

[GROUP]role_name：用户组或角色。

PUBLIC：授予所有角色，包括那些可能稍后会被创建的角色。

CURRENT_USER：当前用户。

SESSION_USER：会话用户。

如果指定了 WITH GRANT OPTION，特权的接收者可以接着把它授予其他人。如果没有授权选项，接收者就不能这样做。授权选项不能被授予 PUBLIC。

【例 6.8】 把表 films 上的插入特权授予所有用户。

```
GRANT INSERT ON films TO PUBLIC;
```

【例 6.9】 把视图 kinds 上的所有可用特权授予用户 manuel。

```
GRANT ALL PRIVILEGES ON kinds TO manuel;
```

PostgreSQL 对标准 SQL 权限管理进行了扩展，允许对数据库、表空间、模式、语言、序列等进行权限管理。

收回权限或成员关系的 REVOKE 语句的一般格式为

```
REVOKE [ GRANT OPTION FOR ] { <权限>, <权限>,…,<权限>}
ON DATABASE database_name [, …]
FROM { [ GROUP ] role_name | PUBLIC } [, …]
[ CASCADE | RESTRICT ]
```

注意：

（1）REVOKE 命令收回一个或者更多角色授予的特权。

（2）任何特定角色拥有的特权包括直接授予给他的特权、他作为角色的成员得到的特权以及授予 PUBLIC 的特权。因此，从 PUBLIC 收回 SELECT 特权并不一定会意味着所有角色都会失去在该对象上的 SELECT 特权，那些直接被授予或者通过另一个角色被授予的角色仍然会拥有它。类似地，从一个用户收回 SELECT 后，如果 PUBLIC 或者另一个成员关系角色仍有 SELECT 权利，该用户还是可以使用 SELECT。

（3）如果指定了 GRANT OPTION FOR，只会收回该特权的授予选项，特权本身不被收回；否则，特权及其授予选项都会被收回。

（4）如果一个用户持有一个带有授予选项的特权并且把它授予其他用户，那么被其他用户持有的该特权被称为依赖特权。如果第一个用户持有的该特权或者授予选项正在被收回且存在依赖特权，指定 CASCADE 可以连带收回那些依赖特权，不指定则会导致收回动作失败。这种递归收回只影响可追溯到该 REVOKE 命令的主体的用户链授予的特权。因此，如果该特权经由其他用户授予给受影响用户，受影响用户可能实际上还保留有该特权。

（5）在收回一个表上的特权时，也会在该表的每一个列上自动收回对应的列特权（如果有）。在另一方面，如果一个角色已经被授予一个表上的特权，那么从个别的列上收回同一个特权将不会生效。

【例 6.10】 从 PUBLIC 收回表 films 上的插入特权。

```
REVOKE INSERT ON films FROM PUBLIC;
```

【例 6.11】　从用户 manuel 收回视图 kinds 上的所有特权。

```
REVOKE ALL PRIVILEGES ON kinds FROM manuel;
```

【例 6.12】　删除用户 joe 与 admins 成员关系。

```
REVOKE admins FROM joe;
```

4. 行级安全策略

角色权限管理实现了数据库表、属性列等粗粒度上的存取控制策略,更细粒度的存取控制策略是行级安全(Row-Level Security,RLS)。RLS 控制用户访问数据库的查看权限,简化应用程序的设计和编码,帮助实现数据库行级数据的访问控制,使得数据库安全系统更加稳定、可靠、强大。

行级安全(RLS)实现不同的用户访问不同的数据内容,如数据库中存储了公司员工信息,部门组长只能访问与其部门相关的员工信息,而人力资源部可以访问公司所有员工的信息。行级安全可以限制每个用户的正常查询可以返回哪些行,或者可以修改(INSERT、UPDATE、DELETE)哪些行。行级安全(RLS)满足数据安全的要求和通用数据保护条例(General Data Protection Regulation,GPDR)。

PostgreSQL 数据库允许在表上执行行安全策略(Row Security Policies,RSP)。默认情况下,表没有任何行安全策略,用户只要拥有对表的访问权限就可以查询或更新表中的所有行。当表启用了行安全策略,则对表的所有查询或修改操作都必须获得行安全策略的允许。如果启用了行安全策略而在表上不存在任何策略,则表示拒绝策略,即不能对表进行任何查询或修改操作。启用行安全策略由 ALTER TABLE 命令完成。

行安全策略可以指定操作命令、限制角色或两者同时指定操作命令和角色。操作命令类型包括 ALL、SELECT、INSERT、UPDATE、DELETE 等;一条策略可以分配给多个角色,具有继承性的角色成员同样可以继承角色的策略。

下面介绍 PostgreSQL 行级策略的语法。

(1) 创建策略。

```
CREATE POLICY name ON table_name
[ AS {PERMISSIVE|RESTRICTIVE}]
[ FOR {ALL|SELECT|INSERT|UPDATE|DELETE}]
[ TO {role_name| PUBLIC|CURRENT_ROLE|CURRENT_USER|SESSION_USER}[, …]]
[ USING ( using_expression ) ]
[ WITH CHECK ( check_expression ) ];
```

CREATE POLICY 为创建策略的保留字,name 为策略名称,同一个表上策略名称必须是唯一的,不同表之间的策略名称可以不唯一。

table_name 定义策略的对象,表名前可以加带模式名,形如 schema_name.table_name。

AS 定义策略生效方式。PERMISSIVE 表示宽松的,即多个 PERMISSIVE 策略之间用或(OR)运算;RESTRICTIVE 表示严格的,多个 RESTRICTIVE 策略之间用与(AND)运算。

FOR 指定策略适用的命令,默认值为 ALL,表示所有操作。

TO 指定策略适用的用户或角色,默认值为 PUBLIC,多个用户或角色之间用逗号隔开。

USING 定义一个布尔类型的条件表达式,不可以是聚合或窗口函数。一旦启用表的行级安全,则策略用户或角色对表中数据的操作都将添加该条件表达式。USING 条件表达式检查的是表中已有的行,所以适用的操作类型为 SELECT、DELETE 和 UPDATE。使条件表达式的值为真的行对用户是可见的,允许用户操作;使条件表达式的值为假的行对用户是不可见的,不允许用户操作,但系统不会报错,不影响用户对表的访问。

WITH CHECK 定义一个布尔类型的条件表达式,不可以是聚合或窗口函数。如果启用表的行级安全,则此表达式用于检查策略用户操作的但不在表中的数据,如插入的数据或修改的新值。如果插入或修改后的数据使该条件表达式为真,则允许对表进行插入或修改,否则不允许对表进行插入或修改,直接报错。WITH CHECK 条件表达式适用的操作类型为 INSERT 和 UPDATE。

(2) 修改 POLICY。

```
ALTER POLICY name ON table_name RENAME TO new_name;
ALTER POLICY name ON table_name
[TO {role_name|PUBLIC|CURRENT_ROLE|CURRENT_USER|SESSION_USER}[, …]]
[USING (using_expression)]
[WITH CHECK (check_expression)];
```

(3) 删除 POLICY。

```
DROP POLICY [IF EXISTS] name ON table_name [CASCADE|RESTRICT]
```

(4) 行级安全开关。

```
ALTER TABLE [IF EXISTS] [ONLY] name [ * ]
```

* 的可选项如下。

DISABLE ROW LEVEL SECURITY   -- 启用 RLS。

ENABLE ROW LEVEL SECURITY   -- 禁用 RLS。RSPs 可以继续存在。

FORCE ROW LEVEL SECURITY   -- RLS 应用于 TABLE 的 OWNER。

NO FORCE ROW LEVEL SECURITY   -- RLS 不应用于 TABLE 的 OWNER。

如果一个表上有多个行级安全策略,它们的生效顺序必须满足以下规则。

(1) 若不同命令类型的多个策略应用于同一命令时(如 SELECT 和 UPDATE 策略应用到同一个 UPDATE 命令),则用户必须同时拥有这两种类型的权限(如用户同时拥有该表的 SELECT 和 UPDATE 权限),并且命令需同时满足策略的条件表达式,即策略表达式命名用 AND 运算。策略和命令的适用关系如表 6.2 所示。

(2) 若相同命令类型的多个策略应用于同一命令时,表上至少有一个 PERMISSIVE 策略,否则直接拒绝访问;若这多个策略同时拥有 PERMISSIVE 策略和 RESTRICTIVE 策略,则将所有 PERMISSIVE 策略的表达式按或(OR)运算组合,所有 RESTRICTIVE 策略表达式按与(AND)组合,最后的结果按与(AND)运算组合。

表 6.2　策略、条件与命令之间的适用关系

命令 ＼ 策略	SELECT/ALL 策略	INSERT/ALL 策略	UPDATE/ALL 策略		DELETE/ALL 策略
	USING	WITH CHECK	USING	WITH CHECK	USING
SELECT	已有记录	--	--	--	--
INSERT	--	新的记录	--	--	--
UPDATE	已有记录 新的记录	--	已有记录	新的记录	--
DELETE	已有记录	--	--	--	已有记录

注：--表示不存在适用关系，已有记录指表中已有的记录，新的记录指准备新添加到表中的记录。

行级安全策略(RLS)的使用要注意以下几点。

(1) 表的拥有者才能创建、修改、删除策略及使用行级安全开头。

(2) 表的拥有者访问数据行时通常不受策略的约束，但拥有者可以选择使用 ALTER TABLE … FORCE ROW LEVEL SECURITY 来接受行级安全策略(RSP)的约束。

(3) 若表上无行级安全策略(RSP)，但启用了表的 RLS，默认为拒绝策略(所有行不可读和不可写)。

(4) 权限 TRUNCATE 和 REFERENCES 不受策略约束。

(5) superuser 和具有 BYPASSLRS 属性的角色在访问表时总是绕过 RLS 系统。

【例 6.13】　利用 PostgreSQL 创建行级安全策略并验证策略执行情况。

(1) 数据库管理用户 pgdba 创建表 customer 和普通用户 jerry。

```
create role jerry login password 'jerry';        --创建登录用户 jerry
create table customer(
        id bigserial constraint pk primary key,
        name char(63),
        age smallserial,
        gender char(6),
        ts timestamp not null);                  --创建表 customer
insert into customer(id, name, age, gender, ts)
values(1,'jerry',28,'male',now());               --向表 customer 插入一条记录
grant select, insert, update, delete on customer to jerry;
                                                 --授予用户 jerry 操作权限
```

jerry 执行如下查询：

```
select * from customer;
```

返回结果为

```
postgres=> select * from customer;
 id |                      name                    | age | gender |            ts
----+----------------------------------------------+-----+--------+--------------------------
  1 | jerry                                        |  28 | male   | 2022-12-05 20:16:15.172843
(1 行记录)

postgres=>
```

返回了表中当前记录。

(2) 数据库管理用户 pgdba 接着创建行级安全策略并启用该策略。

```
create policy rls_gender_read on customer
for select
to jerry
using (gender in ('female'));      --创建表 customer、用户 jerry 的 select 的行级安全策略
alter table customer enable row level security;   --启用 customer 上的行级安全策略
```

jerry 再次执行同样的查询:

```
select * from customer;
```

返回结果为

```
postgres=> select * from customer;
 id | name | age | gender | ts
----+------+-----+--------+----
(0 行记录)
```

pgdba 定义的行级安全策略限制了 jerry 的查询操作,但不影响 jerry 的操作。

(3) 数据库管理员 pgdba 继续向表中插入一行数据。

```
insert into customer(id, name, age, gender, ts)
values(2,'tom',28,'female',now());
```

jerry 再次执行同样的查询:

```
select * from customer;
```

返回结果为

```
postgres=> select * from customer;
 id |                        name                        | age | gender |             ts
----+----------------------------------------------------+-----+--------+-----------------------------
  2 | tom                                                |  28 | female | 2022-12-05 20:21:24.879626
(1 行记录)

postgres=>
```

查询返回了满足策略条件的结果。

(4) 数据库管理用户 pgdba 创建另一个插入命令的行级安全策略。

```
create policy rls_gender_write on customer
for insert
to jerry
with check (gender in ('male', 'female'));
```

jerry 在表 customer 上执行插入操作:

```
insert into customer(id, name, age, gender, ts)
values(3,'master',29,'mtf',now());
```

系统返回结果为

```
postgres=> insert into customer(id, name, age, gender, ts)
postgres-> values(3,'master',29,'mtf',now());
错误:　新行违背了表"customer"的行级安全策略
```

行级安全策略影响了 jerry 的插入操作,对不满足条件的记录拒绝插入操作。

6.2.4　强制存取控制

一般情况下,自主存取控制是很有效的,可以满足普通的安全性要求。但它存在一个漏洞,一些别有用心的用户可以欺骗一个授权用户,采用一定的手段来获取敏感数据。存在这种漏洞的根源在于,自主存取控制机制仅以授权来将主体(用户)与客体(被存取数据对象)关联,通过控制权限来实现安全要求,对主体和客体(对象)本身未做任何安全性标注。强制存取控制(Mandatory Access Control,MAC)就能处理自主存取控制的这种漏洞问题。

强制存取控制是指系统为保证更高程度的安全性所采取的强制存取检查手段。它不是用户能直接感知或进行控制的。强制存取控制适用于对数据有严格而固定密级分类的部门,例如,军事部门或政府部门。

在强制存取控制中,数据库管理系统对管理的主体和客体指派一个敏感度标记(Label)。敏感度标记被分成若干级别,例如,绝密(Top Secret,TS)、机密(Secret,S)、可信(Confidential,C)、公开(Public,P)等。密级的次序是 TS≥S≥C≥P。主体的敏感度标记称为许可证级别(Clearance Level),客体的敏感度标记称为密级(Classification Level)。敏感度标记由系统分配,用户无法自主改变等级,也无法对其他用户进行授权操作,确保了安全性。当用户发起请求时,系统根据用户和数据的敏感度标记对用户的访问进行判定。最早的强制访问控制模型是由 Bell 和 LaPadula 于 1976 年提出的 Bell-La-Padula 模型(BLP 模型)。BLP 模型满足以下条件。

(1) 简单安全属性(ss-property):一个主体只能读不高于自身安全级别的客体。

(2) 星属性(star-property):一个主体只能写不低于自身安全级别的客体。

该模型的特性是"上写下读",通过这种特性,模型禁止了信息从高安全级别流向低安全级别,保证了信息的单向流通。

BLP 模型虽然具备很高的安全性,但是没有考虑数据的完整性,针对该问题,Biba 模型被提出。Biba 采用与 BLP 完全相反的"上读下写"原则,具体来说,就是不允许高完整性级别的用户读取低级别的数据,也不允许低完整性级别的用户向高完整性级别数据执行写入操作,禁止信息从低安全级别流向高安全级别,BLP 主要用于安全模型,而 Biba 则作为保障完整性的模型。强制存取控制保证了高安全性,牺牲了灵活性。

强制存取控制对数据本身进行密级标记,无论数据如何复制,标记与数据是一个不可分的整体,只有符合密级标记要求的用户才可以操纵数据,从而提供了更高级别的安全性。较高安全性级别提供的安全保护需要包含较低级别的所有保护,因此在实现强制存取控制时要首先实现自主存取控制(DAC),即自主存取控制与强制存取控制共同构成数据库管理系统的安全机制。

◆ 6.3 审 计

6.3.1 审计事件

任何系统的安全保护措施都不是完美无缺的,蓄意盗窃、破坏数据的人总是想方设法打破控制。数据库审计作为数据库管理系统安全性重要的一部分,能够记录与数据库安全性相关的所有数据库操作,如数据库操作、改变的数据值、执行该项操作的人以及其他属性。审计确保生成的记录文件是准确和完整的。审计事件可以归纳为以下几类。

(1)服务器事件:审计数据库服务器发生的事件,包含数据库服务器的启动、停止,数据库服务器配置文件的重新加载。

(2)系统权限:对系统拥有的结构或模式对象进行操作审计,要求该操作的权限是通过系统权限获得的。

(3)语句事件:对 SQL 语句,如 DDL、DML、DQL(Data Query Language,数据查询语言)及 DCL 语句的审计。

(4)模式对象事件:对特定模式对象上进行的 SELECT 或 DML 操作的审计。模式对象包括表、视图、存储过程、函数等。模式对象不包括依附于表的索引、约束、触发器、分区表等。

6.3.2 审计功能

审计的目的是将用户对数据库的所有操作自动记录下来放入审计日志中,DBA 可以利用审计跟踪的信息,重现导致数据库现有状况的一系列事件,找出非法存取数据的人、时间和内容等。还可以通过对审计日志进行分析,对潜在的威胁提前采取措施加以防范。数据库安全审计系统提供多种审计查阅方式,如基本的、可选的、有限的等;提供审计规则方便审计员管理;提供审计分析和报表功能。审计日志管理防止审计员误删审计记录。系统提供查询审计设置及审计记录信息的专门视图。对于系统权限级别、语句级别及模式对象级别的审计记录也可通过相关的系统表直接查看。

我国对数据库审计的要求如下。

(1)审计范围应覆盖到服务器的每个数据库用户。

(2)审计内容应包括重要用户行为、系统资源的异常使用和重要系统命令的使用等系统内重要安全相关事件。

(3)审计记录应包括事件的日期、时间、类型、主体标识(账号)、客体标识(数据库表级、数据库字段级)和结果等。

(4)应能根据记录数据进行分析,并生成审计报表。

(5)应保护审计进程,避免受到未预期的中断。

(6)应保护审计记录,避免受到未预期的删除、修改或覆盖等。

审计通常是很费时间和空间的,DBMS 提供的审计功能一般将其作为可选特征,开启审计必须先打开审计开关。

标准 SQL 中用 AUDIT 设置审计功能,NOAUDIT 语句用于取消审计功能。

6.3.3　PostgreSQL 的审计

PostgreSQL 可以通过 log_statement＝all 提供日志审计,但是不能提供审计的详细要求。PostgreSQL Audit Extension（pgAudit）提供详细的会话和对象审计日志,是 PostgreSQL 的一个扩展插件。pgAudit 通过 PostgreSQL 的日志记录工具提供详细的会话或对象两种模式的审计日志记录。

1. 会话审计日志

会话审计日志提供用户在后端执行的所有语句的详细日志。会话审计的设置只能由超级用户修改,可以在全局 postgresql.conf 中或使用 ALTER SYSTEM … SET 进行设置,也允许在数据库级别使用 ALTER DATABASE … SET 或在角色级别使用 ALTER ROLE … SET 指定设置。设置不会通过正常的角色继承来继承,并且 SET ROLE 不会改变用户的 pgAudit 设置。会话审计日志的设置包括以下选项。

pgaudit.log 指定会话审计日志将记录哪些类的语句,可取值为 READ、WRITE、FUNCTION、ROLE、DDL 等。

pgaudit.log_catalog 指定语句中的所有关系都在 pg_catalog 中时启用会话日志记录。

pgaudit.log_parameter 指定审计日志记录应包括与语句一起传递的参数。参数以 CSV 格式包含在语句文本之后,默认值为 off。

pgaudit.log_relation 指定会话审计日志是否应该为 SELECT 或 DML 语句中引用的每个关系(TABLE、VIEW 等)创建单独的日志条目。这是一种在不使用对象审计日志的情况下记录详细日志的快捷方式,默认值为 off。

pgaudit.log_rows 指定审计日志记录应包括检索到或受语句影响的行。启用后,行字段将包含在参数字段之后,默认值为 off。

pgaudit.log_statement 指定日志记录是否包括语句文本和参数。某些情况下为使日志不要太过冗长,审计日志可能选择不这样做,默认值为 on。

【例 6.14】　启用所有 DML 和 DDL 的会话日志记录,并记录 DML 语句中的所有关系。用 ALTER SYSTEM … SET 命令完成如下设置。

```
set pgaudit.log = 'write, ddl';
set pgaudit.log_relation = on
```

如果用户做了一个建表的操作:

```
create table account( id int,
                name text,
                password text,
                description text);
```

审计日志将输出如下日志形式:

```
AUDIT: SESSION,1,1,DDL,CREATE TABLE,TABLE,public.account,create table account(
    id int,
    name text,
```

```
    password text,
    description text
);,<not logged>
```

2. 对象审计日志记录

对象审计模式只支持 SELECT，INSERT，UPDATE 和 DELETE 命令，对象审计日志中不包括 TRUNCATE。对象审计通过角色系统来实现，pgaudit.role 设置将用于审计日志的角色。当审计角色对执行的命令具有权限或从另一个角色继承权限时，将记录一个关系(TABLE、VIEW 等)。

【例 6.15】 记录角色 auditor 对表 account 的 SELECT 和 DELETE 的操作记录。

设置 pgaudit.role 为 auditor，并授予表 account 的 SELECT 和 DELETE 权限，对象审计日志将记录下角色 auditor 在 account 表中的任何 SELECT 或 DELETE 语句。

```
set pgaudit.role = 'auditor';
grant select, delete
on account
to auditor;
```

auditor 对表 account 执行如下查询。

```
select id, name from account;    未授权的操作对象
select password from account;    已授权的操作对象
update account set password = 'HASH2'; 未授权的操作
```

审计日志将输出如下日志形式。

```
AUDIT: OBJECT, 1, 1, READ, SELECT, TABLE, public. account, select password from
account, <not logged>
```

由此可以看到，对象日志对未授权的操作对象和操作都不会记录。

◆ 6.4 数据库加密技术

数据库通常存储着许多敏感数据，如身份证号码、银行卡信息、手机号码等，数据加密是为增强普通数据库管理系统的安全性，提供一个安全适用的数据库加密平台，对数据库存储的内容实施有效保护。它通过数据库存储加密等安全方法实现了数据库数据存储保密和完整性要求，使得数据库以密文方式存储并在密态方式下工作，确保了数据安全。

6.4.1 数据加密

数据加密的目的是保障数据库安全和数据安全，但加密最基本的要求是不影响数据库的性能，此外，数据库的数据加密还应该满足数据完整性约束，加密和解密过程对合法用户来说是透明的。

数据库中的数据加密主要有三种方式：系统中加密、客户端(DBMS 外层)加密、服务器

端(DBMS 内核层)加密。客户端加密的好处是不会加重数据库服务器的负载,并且可实现网络的加密传输,这种加密方式通常利用数据库外层工具实现。而服务器端的加密需要对数据库管理系统本身进行操作,属核心层加密,需要数据库开发商的配合。核心层加密对用户是完全透明的,系统写数据到磁盘时对数据进行加密,授权用户读取数据时再对其进行解密,数据库的应用程序不需要做任何修改,只需在创建表时指明需要加密的字段。

数据库加密技术具有以下功能和特性。

(1)身份认证:用户除提供用户名、口令外,还必须按照系统安全要求提供其他相关安全凭证,如使用终端密钥。

(2)通信加密与完整性保护:有关数据库的访问在网络传输中都被加密,通信一次一密的意义在于防重放、防篡改。

(3)数据库数据存储加密与完整性保护:数据库系统采用数据项级存储加密,即数据库中不同的记录、每条记录的不同字段都采用不同的密钥加密,辅以校验措施来保证数据库数据存储的保密性和完整性,防止数据的非授权访问和修改。

(4)数据库加密设置:系统中可以选择需要加密的数据库列,以便于用户选择那些敏感信息进行加密而不是全部数据都加密。只对用户的敏感数据加密可以提高数据库访问速度。这样有利于用户在效率与安全性之间进行自主选择。

(5)多级密钥管理模式:主密钥和主密钥变量保存在安全区域,二级密钥受主密钥变量加密保护,数据加密的密钥存储或传输时利用二级密钥加密保护,使用时受主密钥保护。

(6)安全备份:系统提供数据库明文备份功能和密钥备份功能。

6.4.2 PostgreSQL 加密技术

PostgreSQL 为确保数据库服务器的数据不被盗窃,不被不道德的管理员或不安全的网络泄露,提供了以下几种不同级别的加密。

(1)密码加密:PG 支持用户密码的加密存储(加密方式由 password_encryption 参数决定),确保数据库管理员无法得到用户的密码。

(2)为指定的字段加密:扩展模块 pgcrypto 可为指定字段加密。

(3)传输加密:SSL 连接可以加密网络传输中的所有数据,包括密码、查询语句以及返回的结果等。pg_hba.conf 配置文件可以允许管理员指定哪些主机可以使用非加密连接(host),哪些主机需要使用 SSL 加密连接(hostssl),可指定客户端只能通过 SSL 连接。

(4)认证加密:PostgreSQL 客户端和服务器都可以提供相互的 SSL 认证。认证加密可以防止机器伪装成数据库服务器读取客户端发送的密码,同时也可以防止"中间人"攻击,也就是在客户端和服务器中间的机器伪装成服务器读取和传递它们之间的所有数据。

扩展模块 pgcrypto 提供两类加密算法:单向加密和双向加密。单向加密属于不可逆加密,无法根据密文解密出明文,适用于数据验证如登录密码验证。常用的单向加密算法有MD5、SHA、HMAC 等。双向加密属于可逆加密,根据密文和密钥可解密出明文,适用于数据的安全传输,如电子支付、数字签名等。常用的双向加密算法有 AES、DES、RSA、ECC 等。

pgcrypto 提供如下加密函数。

1. 用哈希函数

digest()函数可以根据不同的算法生成数据的二进制哈希值,语法如下。

```
digest(data text, type text) returns bytea
digest(data bytea, type text) returns bytea
```

其中,data 是原始数据;type 是加密算法,标准算法支持 md5,sha1,sha224,sha256, sha384 以及 sha512,如果编译时有 OpenSSL 选项,那么会有更多的算法支持;函数的返回结果为二进制字符串。

【例 6.16】 为新建用户密码加密。

```
INSERT INTO users(username, password)
VALUES ('tony', encode(digest('123456','md5'), 'hex'));
```

2. 密码哈希函数

crypt()和 gen_salt()函数专用于密码加密,其中,crypt()用于加密数据,gen_salt()用于生成 crypt()的 salt 值。

crypt()函数的语法如下。

```
crypt(password text, salt text) returns text
```

该函数返回 password 字符串格式的哈希值,salt 参数由 gen_salt()函数生成。对于相同的密码,crypt() 函数每次都返回不同的结果,因为 gen_salt()函数每次都会生成不同的 salt。

【例 6.17】 用 crypt()函数为用户密码加密。

```
UPDATE users SET password = crypt('123456', gen_salt('md5'));
```

◇ 6.5 数据脱敏技术

数据脱敏是指对某些敏感信息如身份证号、手机号、卡号或隐私数据通过脱敏规则进行数据变形,实现敏感隐私数据的可靠保护,是数据库安全的关键技术之一。

数据脱敏可用于开发测试、数据分析、生产、数据交换、运维等技术场景,或者信贷风险评估、消费信贷等业务场景。

1. 数据脱敏的分类

根据数据脱敏的实时性和应用场景的不同,数据脱敏分为动态数据脱敏和静态数据脱敏。

静态数据脱敏是数据的"搬移并仿真替换",是将数据抽取进行脱敏处理后,下发给下游环节随意取用和读写,脱敏后数据与生产环境相隔离,满足业务需求的同时保障生产数据库的安全。

静态数据脱敏具有以下特点。

（1）适应性：可为任意格式的敏感数据脱敏。

（2）一致性：数据脱敏后保留原始数据字段格式和属性。

（3）复用性：可重复使用数据脱敏规则和标准,通过定制数据隐私政策满足不同业务需求。

动态数据脱敏是在访问敏感数据的同时实时进行脱敏处理,可以为不同角色、不同权限、不同数据类型执行不同的脱敏方案,从而确保返回的数据可用且安全。

动态数据脱敏的主要特点如下。

（1）实时性：能够实时地对用户访问的敏感数据进行动态脱敏、加密和提醒。

（2）多平台：通过定义好的数据脱敏策略实现平台间、不同应用程序或应用环境间的访问限制。

（3）可用性：能够保证脱敏数据的完整,满足业务系统的数据需要。

2. 数据脱敏的方法和技术

实施数据脱敏需要平衡脱敏后数据的安全性和可用性。常见的数据脱敏方法集中在泛化、抑制、扰乱和有损 4 个方面。

泛化和抑制都是通过对数据实施取整、归类、截断、掩码屏蔽等方式降低数据的精度实现的脱敏,脱敏后数据在一定程度上保留了原始数据所携带的非敏感信息。

扰乱是指通过对数据中的敏感信息使用重排、加密、散列等方式,破坏其结构,脱敏后数据的敏感信息被完全隐藏,因此极难推断出原始数据所携带的敏感信息。

有损是指限制对数据集的敏感行数和列数向目标环境的交换来保护敏感数据不外泄。

常用的脱敏方法和技术如图 6.4 所示。

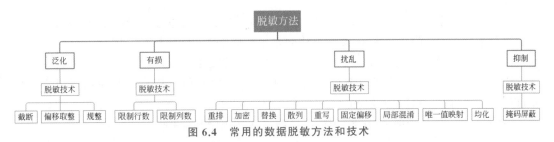

图 6.4 常用的数据脱敏方法和技术

（1）截断：直接舍弃业务不需要的信息,仅保留部分关键信息,数据截断后的结果往往无法较好地保持原有业务属性,因此在对数据截断时,应根据数据特点酌情选择截断位数。如把身份证号码 123184198501184115 截断为 198501184115。

（2）偏移取整：按照一定粒度对数据进行向上或向下偏移取整,可在保证数据一定分布特征的情况下隐藏数据原始属性,偏移取整的方法主要通过舍弃一定的精度来保证原始数据的安全性,可一定程度上保持数据业务特性上的分布密度,适用于粗略统计分析的场景。如将时间 2022032218:08:19 按照 10s 粒度向下取整得到 2022032218:08:10。

（3）规整：将数据按照大小规整到预定义的多个档位,规整的方法尽管保持了一定的业务含义,但是很大程度上会丧失数据原有的精度,可根据实际的业务需要选择泛化技术的实现方法。例如,将客户资产按照规模分为高、中、低三个级别,将客户资产数据用这三个级别代替。

（4）限制行数：仅返回可用数据集合中一定行数的数据,多应用于不具备开放式查询能力的后台系统、严格限制批量查询等场景。

（5）限制列数：仅返回可用数据集合中一定列数的数据，可应用于人员基本信息查询时，限制或禁止返回的数据集中包含某些敏感列。

（6）重排：按照一定顺序打乱数据位序等方式进行重排。重排可在相当大范围内保证部分业务数据信息，如有效数据范围、数据统计特征等，使脱敏后数据看起来跟原始数据更一致，与此同时也牺牲了一定的安全性，一般重排方法用于大数据集合且需要保留待脱敏数据特定特征的场景。对于小数据集，重排形成的目标数据有可能通过其他信息被还原，在使用时需要特别慎重。

（7）加密：对脱敏数据进行对称加密算法、非对称加密算法等常规加密算法处理，使外部用户只能看到无意义的加密后的数据，同时在特定场景下，可提供解密能力，使具有密钥的相关方可获得原始数据。

（8）替换：按照特定规则对原始数据进行替换，常见的替换方式包括常数替换、查表替换、参数化替换。

（9）散列：即对原始数据取散列值，使用散列值来代替原始数据。

（10）重写：参考原数据的特征，重新生成数据，重写与整体替换较为类似，但替换后的数据与原始数据通常存在特定规则的映射关系，而重写生成的数据与原始数据则一般不具有映射关系。

（11）固定偏移：将数据值增加 n 个固定的偏移量，隐藏数值部分特征。

（12）局部混淆：保持前面 n 位不变，混淆其余部分。

（13）唯一值映射：将数据映射成一个唯一值，允许根据映射值找回原始值，支持正确的聚合或者连接操作。

（14）均化：针对数值性的敏感数据，在保证脱敏后数据集总值或平均值与原数据集相同的情况下，改变数值的原始值，这种方法通常用于成本表、工资表等场合。

（15）掩码屏蔽：指保留部分信息，对敏感数据的部分内容用通用字符（如"X、＊"等）进行统一替换，从而使得敏感数据保持部分内容公开，但对信息持有者来说易于辨别。例如，将银行卡号码 1234701202106563320 经过掩码得到 1234***********3320。

【例 6.18】　在 PostgreSQL 中用掩码屏蔽方法实现隐私保护。

```
create table test_ desensitization(
id integer,
name varchar(32),
phone_num varchar(11));
/* 创建名为 test_ desensitization 的表 */
insert into test_ desensitization
select num, 'name_'||num,18500000000+(random() * 90000000)::int
from generate_series(1, 100)g(num);;
/* 在表里添加 100 行数据 */
create table test_dese_result as
select id,substring(name, 1, 2)||'******'||substring(name, length(name), 1) as
name,
substring(phone_num,1,3)||'****'||substring(phone_num,length(phone_num)-3,4)
as phone_num
from test_dese
```

运行结果如下。

```
select * from test_desensitization_result ;
id  |   name    |  phone_num
----+-----------+-------------
1 | na******1 | 185****9782
2 | na******2 | 185****2419
3 | na******3 | 185****5163
4 | na******4 | 185****9263
5 | na******5 | 185****1941
6 | na******6 | 185****0390
7 | na******7 | 185****2158
8 | na******8 | 185****8646
9 | na******9 | 185****9253
10 | na******0 | 185****4371
```

PostgreSQL 还可以使用匿名扩展 postgresql_anonymizer 进行灵活强大的数据脱敏。

3. 数据脱敏的基本原则

在技术层面上,数据脱敏应遵循有效性、真实性、高效性、稳定性、可配置性等原则。

有效性：有效地移除敏感信息。

真实性：为保证脱敏后数据的正常使用,应尽可能真实地保留脱敏后数据的有意义信息,以保证对业务特征的支持。

高效性：在保证安全的前提下,尽可能减少脱敏代价。

稳定性：在输入条件一致的前提下,对相同的脱敏数据,经过多次脱敏仍然获得相同的稳定结果。

可配置性：可以配置处理结果和处理字段,以根据应用场景获得相应的脱敏结果。

在管理层面上,数据脱敏应遵循敏感信息识别、安全可控、安全审计、代码安全等原则。

敏感信息识别：应根据数据的信息分类,明确敏感信息的范畴;对于有些信息,本身不直接是敏感信息,但与其他信息结合后会被推断出敏感信息,这样的信息也应被纳入数据脱敏的范畴。

安全可控：对于脱敏后仍保留了部分信息特征而存在泄露风险的信息,要采用合适的安全管理手段防止数据泄露。

安全审计：在数据脱敏环节中应加入安全审计机制,用于数据追踪和问题溯源。

代码安全：对执行数据脱敏的程序应做好代码审查,以及上线时的安全扫描,保证数据脱敏过程的安全可靠。

◆ 小　　结

随着数据库应用的深入和计算机网络的发展,数据的共享日益加强,数据的安全保密越来越重要。数据库管理系统是管理数据的核心,因而其自身必须具有一整套完整而有效的安全性机制。

实现数据库系统安全性的技术和方法有多种,数据库管理系统提供的安全措施主要包括用户身份鉴别、自主存取控制和强制存取控制技术、审计技术、数据加密存储和加密传输等。另外,还可以通过数据脱敏技术保护隐私数据。

◆ 习　　题

1. 什么是数据库的安全性? 简述 DBMS 提供的安全性控制功能包括哪些内容。

2. 什么是数据库中的自主存取控制方法和强制存取控制方法?

3. 对下列两个关系模式:

学生(学号,姓名,年龄,性别,家庭住址,班级号)

班级(班级号,班级名,班主任,班长)

使用 GRANT 语句完成下列授权功能。

(1) 授予用户 U1 对两个表的所有权限,并可给其他用户授权。

(2) 授予用户 U2 对学生表具有查看权限,对家庭住址具有更新权限。

(3) 将对班级表的查看权限授予所有用户。

(4) 将对学生表的查询、更新权限授予角色 R1。

(5) 将角色 R1 授予用户 U1,并且 U1 可继续授权给其他角色。

4. 针对习题 3 中的每一种情况,撤销各用户所授予的权限。

5. 解释强制存取控制机制中主体、客体、敏感度标记的含义。

6. 什么是数据库的审计功能? 为什么要提供审计功能?

第 7 章

事 务 管 理

从数据库用户的观点来看,数据库的一些操作被认为是独立单元,如银行的一次资金转账被认为是一次单一的操作,但从数据库系统来看,一次转账是由查询、更新转出账户、更新转入账户等多个操作组成的,这些操作必须要么全做,要么全不做。构成单一的逻辑工作单元的操作的集合称为事务。

事务是数据库管理系统中非常重要的概念,DBMS 的事务管理(Transaction Management)包括并发控制和故障恢复。事务管理功能使得应用程序开发人员将注意力集中在单个事务上,而不必考虑并发和容错等问题。

◇ 7.1 事 务

事务的概念

7.1.1 事务的 ACID 性质

事务是访问或更新数据项的一个程序执行单元,由交互式 SQL 或编程语言通过 JDBC 或 ODBC 嵌入式数据库访问的用户程序的执行所引起。事务用形如 begin transaction 和 end transaction 语句界定,由 begin transaction 和 end transaction 之间执行的全体 SQL 操作组成。

数据库系统常驻于磁盘等非易失性存储器,在任何时间都只有数据库的部分内容在主存中。事务由磁盘向主存输入信息,然后再将信息输出回磁盘,输入和输出以块为单位。块是磁盘数据传送的单位,数据库分成若干个块。位于磁盘上的块称为物理块,临时位于主存的块称为缓冲区块,内存中用于临时存放块的区域称为磁盘缓冲区。

磁盘和主存间的块移动由下面两个操作引发。

input(A)传送物理块 A 至主存。

output(B)传送缓冲区块 B 至磁盘,并替换磁盘上相应的物理块,如图 7.1 所示。

SQL 功能强大,形式复杂多样,而事务操作主要关注数据在磁盘和主存之间的移动,因此将事务中的数据操作简化为读(Read)和写(Write),忽略 SQL 的插入和删除等操作,操作的数据库元素采用单一的数据项表示,如 X、Y 等。

数据库元素在事务执行中涉及以下三个地址空间。

(1)保存数据库元素的磁盘块。

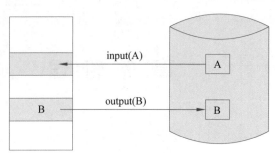

图 7.1　数据库存储结构

（2）缓冲区管理器所管理的虚存或主存地址空间。

（3）事务的局部地址空间。

对数据库的读操作要求数据库元素从磁盘块移到主存的一个或多个缓冲区,缓冲区的内容被一个或多个事务读到其局部地址空间。写数据的过程与读操作过程相反。缓冲区的读/写由 DBMS 的缓冲区管理器管理,为了减少磁盘 I/O 次数,DBMS 允许在易失性的主存中进行更新操作;也可能为了系统故障发生后的恢复强制要求缓冲区管理器将缓冲区中的块写回磁盘。数据在不同地址空间之间的移动操作用下述语言描述。

INPUT(X)：将包含数据库元素 X 的磁盘块复制到内存缓冲区。

READ(X,t)：将数据库元素 X 从内存缓冲区复制到事务的局部变量 t。

WRITE(X,t)：将事务的局部变量 t 复制到内存缓冲区中的数据库元素 X。

OUTPUT(X)：将包含数据库元素 X 的缓冲区复制到磁盘。

事务的描述主要由 READ 和 WRITE 操作构成。

【例 7.1】　设 T_i 从账户 A 转账 50 元给账户 B 的事务,A、B 表示数据库元素,t 表示事务的局部变量。事务 T_i 的描述形式为

T_i：read(A,t)；

　　t：$=t-50$；

　　write(A,t)；

　　read(B,t)；

　　t：$=t+50$；

　　write(B,t)；

假设事务 T_i 执行前账户 A 和账户 B 中分别有 1000 元和 2000 元。

从数据库用户角度来看,一次银行转账是一次单一的操作,即不允许在 write(A,t)之后不执行 write(B,t),否则数据库中账户 A 的值变成了 950 元,而账户 B 仍然是 2000 元,系统丢失了 50 元。转账前和转账后的总金额不相同,系统的状态不再反映数据库本应描述的现实世界的真实状态,这种状态称为不一致状态。DBMS 必须保证这种不一致的状态是不可见的,即组成事务的操作的集合必须作为一个单一的、不可分割的单元出现,要么执行其全部内容,要么就全不执行。如果一个事务开始执行后,由于某些原因失败,则事务对数据库造成的任何可能的修改都要撤销。无论是事务本身的失败还是操作系统崩溃,或是计算机本身停止运行,都要保证事务要么全做,要么全不做,这个特性称为事务的原子性(Atomicity)。

事务 T_i 执行前、后不能改变 A、B 账户之和,否则金额可能被事务凭空捏造或销毁。事务作为原子从数据库的一致性状态开始运行,则事务结束时数据库也必须再次是一致的,即事务必须保持数据库的一致性,这种特性称为事务的一致性(Consistency)。

如果 T_i 事务在执行 A 到 B 的转账过程中,A 中总金额已减去转账金额且已写回,即账户 A 的值为 950,而 B 中还未加上 50,账户 B 中的值仍然是 2000,而此时有另一个并发事务读账户 A 和 B 的值,并计算 A 和 B 账户的总值,则总和为 2950,得到不一致的值,更进一步,如果第二个事务基于它读取的不一致值对 A 和 B 账户进行更新,两个事务完成后数据库将处于一个不一致状态。避免这种情况的一种方式就是串行地执行事务(一个事务执行完再执行下一个事务),但实际应用中事务采用并发执行,事务的并发执行能显著地提高系统性能。数据库系统采取特殊处理来确保事务正常执行而不被其他不属于该事务的数据库操作分隔开的这种特性称为隔离性(Isolation)。事务的隔离性用来保证并发执行的系统状态与某个串行执行的状态是等价的。

一旦事务成功完成,发起该事务的用户被告知资金转账已经发生,系统就必须保证任何系统故障都不会引起与这次转账相关的数据丢失。数据库系统保证事务的正确执行,而且只要事务执行完,即使系统崩溃,事务的操作也必须是持久的,这种特性称为持久性(Durability)。

数据库并发控制子系统确保事务的隔离性,数据库恢复子系统保证事务的原子性和持久性。

综上所述,数据库系统维护事务的以下性质。

原子性(Atomicity): 事务的所有操作在数据库中要么全部正确反映出来,要么完全不反映。

一致性(Consistency): 隔离执行事务时保持数据库的一致性。

隔离性(Isolation): 尽管多个事务可能并发执行,但系统保证,对于任何一对事务 T_i 和 T_j,在 T_i 看来,T_j 或者在 T_i 开始之前已经完成,或者在 T_i 完成之后开始执行,每个事务都感觉不到系统中有其他事务在并发地执行。

持久性(Durability): 一个事务成功完成后,它对数据库的改变必须是永久的,即使出现系统故障。

这些性质通常称为 ACID 特性。

7.1.2 事务的原子性和持久性

不是所有事务都能成功执行,如果事务没有成功地执行完,称为事务的中止(Aborted)。事务原子性要求中止的事务对数据库状态不造成任何影响。因此,中止事务对数据库所做的所有改变必须撤销。中止事务的变更被撤销称为事务的回滚(Rollback)。数据库管理系统的恢复子系统负责管理事务中止。恢复子系统的典型做法是维护一个日志(Log),每个事务对数据库的修改首先必须记录到日志中。日志中记录修改的事务标识符、修改的数据项标识符及数据项的旧值和新值等,事务操作记入日志后才会修改数据库。日志记录可用来维护事务的原子性和持久性。

成功执行的事务称为已提交(Committed),已提交事务使数据库进入一个新的状态,无论出现什么故障,这个状态都必须保持。

事务状态及状态间的变化可描述为一个简单的抽象事务模型,如图 7.2 所示。

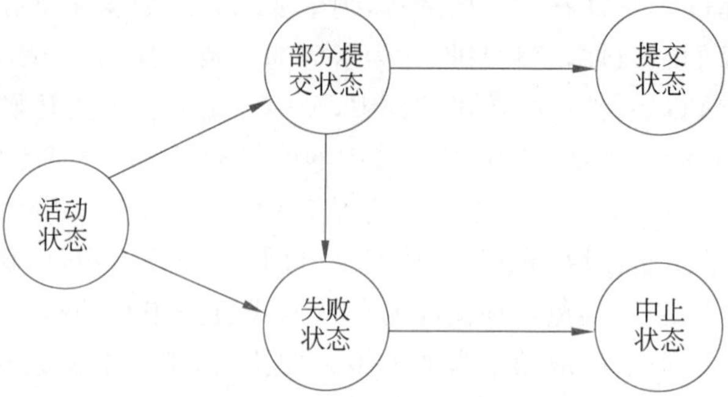

图 7.2 事务状态图

活动的(Active):初始状态,事务开始执行时的状态。

部分提交的(Partially Committed):最后一条语句执行后。

失败的(Failed):不能继续正常执行时进入的状态。

中止的:事务回滚并且数据库恢复到事务开始执行前的状态。

提交:事务成功执行。

事务从活动状态开始,当事务执行完最后一条语句后进入部分提交状态,此时数据可能还驻留在内存,事务仍然可能失败进入中止状态。事务进入部分提交状态后,数据库系统向磁盘写入足够的信息,确保出现故障后事务所做的更新也能在系统重启后重新创建,当最后一条信息写完,事务就进入提交状态。

事务不能继续正常执行就进入失败状态,这种事务必须回滚,进入中止状态,系统可以重启(Restart)事务或者杀死(Kill)事务。

7.1.3 事务的一致性和隔离性

数据库是一个共享资源,事务的并发执行可以提高系统的整体性能。

(1) 提高吞吐量。系统吞吐量指单位时间内执行的事务数量。一个事务由多个步骤组成,有些涉及 I/O 活动,有些涉及 CPU 活动,利用 CPU 和 I/O 系统的并发性,多个事务可并行执行,提高系统的吞吐量,处理器和磁盘利用率也得到了提高。

事务的隔离性级别

(2) 减少平均响应时间。系统中的事务有的较长,有的较短,如果事务串行地执行,短事务可能等待时间很长。如果各个事务针对数据库的不同部分进行操作,这些事务可以共享 CPU 周期和磁盘存取,减少执行事务不可预测的延迟时间,减少平均响应时间,即一个事务从提交到完成所需的平均时间。

吞吐量和平均响应时间是衡量数据库系统性能的重要指标。

但事务的并发执行可能违背事务的隔离性,破坏数据库的一致性。例 7.2 说明了并发操作带来的数据不一致性问题。

【例 7.2】 考虑飞机订票系统中的一个活动序列:

① 甲售票点(事务 T_1)查询某航班的机票余额 A 为 16。

② 乙售票点(事务 T_2)查询同一航班的机票余额 A 也为 16。

③ 甲售票点卖出一张机票,修改余额 A 为 15,将 A 写回数据库。

④ 乙售票点也卖出一张机票,修改余额 A 为 15,将 A 写回数据库。

结果卖出去两张机票,而数据库中的机票余额只减少了 1 张,与现实情况不符,由于并发操作造成了数据的不一致性。

并发操作带来的数据不一致性可归纳为丢失修改、不可重复读和读"脏"数据。

1. 丢失修改

两个事务 T_1 和 T_2 读入同一数据并修改,T_2 提交的结果破坏了 T_1 提交的结果,导致 T_1 的修改被丢失,示例如图 7.3(a)所示。

2. 不可重复读

不可重复读是指事务 T_1 读取数据后,事务 T_2 执行更新操作,使 T_1 无法再现前一次读取结果,示例如图 7.3(b)所示。具体地讲,不可重复读包括以下三种情况。

(1) 事务 T_1 读取某一数据后,事务 T_2 对其进行了修改,当事务 T_1 再次读该数据时,得到与前一次不同的值。如图 7.3(b)中,T_1 读取 $B=100$ 进行运算,T_2 读取同一数据 B 对其进行修改后将 $B=200$ 写回缓冲区。T_1 重读 B 时与第一次读的值不一样。

(2) 事务 T_1 按一定条件从缓冲区中读取了某些数据记录后,事务 T_2 删除了其中部分记录,当 T_1 再次按一定条件读取数据时,发现某些记录消失了。

(3) 事务 T_1 按一定条件从缓冲区中读取某些数据记录后,事务 T_2 插入了一些记录,当 T_1 再次按同样条件读取数据时,发现多了一些记录。

后两种不可重复读有时也称为幻影现象。

3. 读"脏"数据

读"脏"数据是指事务 T_1 修改某一数据并将其写回缓冲区,事务 T_2 读取同一数据后,T_1 由于某种原因被撤销,这时被 T_1 修改过的数据恢复原值,T_2 读到的数据就与缓冲区中的数据不一致,则 T_2 读到的数据就为"脏"数据,即不正确的数据。如图 7.3(c)所示,T_1 将 C 值修改为 200,T_2 读到 C 为 200,而 T_1 由于某种原因撤销,其修改作废,C 值恢复原值 100,这时 T_2 读到的 C 为 200,与缓冲区内容不一致,就是"脏"数据。

T_1	T_2
read(A)=16	
	read(A)=16
$A:=A-1$	
write(A)=15	
read(C)=200	
	$A:=A-1$
	write(A)=15

T_1	T_2
read(A)=50	
read(B)=100	
$A+B$=150	
	$B:=B*2$
	write(B)=200
read(A)=50	
read(B)=200	
$A+B$=250	

T_1	T_2
read(C)=100	
$C:=C*2$	
write(C)=200	
	read(B)=100
ROLLBACK	
$C:=100$	

(a) 丢失修改　　　　　　(b) 不可重复读　　　　　　(c) 读"脏"数据

图 7.3　数据的不一致性

产生上述三类数据不一致性的主要原因是并发操作破坏了事务的隔离性。并发控制机制就是要用正确的方式调度并发操作,使一个用户事务的执行不受其他事务的干扰,从而避免造成数据的不一致性。

◆ 7.2 可串行化

每个事务如果在隔离的情况下执行(即没有其他任何事务与之同时执行),数据库将从一致的状态转换到另一个一致的状态,称为事务执行的正确性原则。在实际环境中,事务通常和其他事务并发执行,如火车订票数据库系统、银行数据库系统都是多用户系统,允许多个用户同时使用同一数据库。

如何保证并发执行的事务满足正确性原则呢? 抽象的要求称为事务的可串行化,另外一个更强的、重要的条件称为冲突可串行化。

定义 7.1 调度　一个或多个事务的重要操作按时间排序的一个序列称为一个调度。事务的重要操作指发生在缓冲区的读(READ)、写(WRITE)动作。

定义 7.2 可恢复调度　对于每对事务 T_i 和 T_j,如果 T_j 读取了 T_i 所写的数据项,则 T_i 应先于 T_j 提交,否则调度是不可恢复的。

【例 7.3】　如图 7.4 所示,事务 T_1 在没有提交或中止前,T_2 已读取由 T_1 写入数据项 A 的值。若 T_1 在提交前发生故障,则事务 T_2 也必须中止来保证事务的原子性,但由于 T_2 已提交不能中止,这样就出现发生故障后不能正确恢复。如果要使调度是可恢复的,则 T_2 应该推迟到 T_1 提交后再提交。

定义 7.3 无级联调度　对于每对事务 T_i 和 T_j,如果 T_j 读取了 T_i 所写的数据项,则 T_i 必须在 T_j 读操作前提交。

【例 7.4】　如图 7.5 所示,事务 T_1 写入 A 的值后 T_2 读取 A 的值并写入了新的 A 值,接着事务 T_3 读入 T_2 写入的 A 值。若此时 T_1 失败,则 T_2 必须回滚,T_2 回滚则 T_3 也必须回滚。因单个事务故障导致一系列事务回滚的现象称为级联回滚。无级联调度就是为了避免级联回滚。

T_1	T_2
read(A)	
write(A)	
	read(A)
	commit
read(B)	

图 7.4　不可恢复调度

T_1	T_2	T_3
read(A)		
read(B)		
write(A)		
	read(A)	
	write(A)	
		read(A)
abort		

图 7.5　级联回滚

7.2.1　串行调度

如果一个调度是一个事务的所有动作再接着另一个事务的所有动作,以此类推,没有动作的混合,这样的调度就称为串行的,即任意两个事务 T_i 和 T_j,若 T_i 的某个动作在 T_j 的某个动作前,则 T_i 的所有动作在 T_j 的所有动作前,那么调度 S 是串行的。串行调度一定满足事务的正确性原则。

【例 7.5】　事务 T_1 和 T_2 的重要操作如图 7.6 所示,A 和 B 为主存缓冲区的数据库元素,初值为 25,变量 t 和 s 分别为 T_1 和 T_2 的局部变量,事务 T_1 分别给 A 和 B 加 100,事务 T_2 分别给 A 和 B 乘 2。假设数据库上唯一的一致性约束是 $A=B$,则这两个事务隔离运行都能保持一致性。事务 T_1 和 T_2 有两个串行调度,一个是 T_1 在 T_2 前,另一个是 T_2 在 T_1 前,如图 7.7 和图 7.8 所示,竖直方向表示时间。这两个调度在执行前 $A=B$,执行后 $A=B$,按照正确性原则这两个调度都是正确的。

T_1	T_2
READ(A,t)	READ(A,s)
$t:=t+100$	$s:=s*2$
WRITE(A,t)	WRITE(A,s)
READ(B,t)	READ(B,s)
$t:=t+100$	$s:=s*2$
WRITE(B,t)	WRITE(B,s)

图 7.6　两个事务

T_1	T_2	A	B
		25	25
READ(A,t)			
$t:=t+100$			
WRITE(A,t)		125	
READ(B,t)			
$t:=t+100$			
WRITE(B,s)			125
	READ(A,s)		
	$s:=s*2$		
	WRITE(A,s)	250	
	READ(B,s)		
	$s:=s*2$		
	WRITE(B,t)		250

图 7.7　T_1 在 T_2 前的串行调度

T_1	T_2	A	B
		25	25
	READ(A,s)		
	$s:=s*2$		
	WRITE(A,s)	50	
	READ(B,s)		
	$s:=s*2$		
	WRITE(B,t)		50
READ(A,t)			
$t:=t+100$			
WRITE(A,t)		150	
READ(B,t)			
$t:=t+100$			
WRITE(B,s)			150

图 7.8　T_2 在 T_1 前的串行调度

图 7.7 中的串行调度表示为 (T_1,T_2),图 7.8 中的串行调度表示为 (T_2,T_1)。

对于给定任意 n 个事务的集合,如果允许它们并发执行,则按任意顺序串行地执行它们都是正确的,即有 $n!$ 种串行调度。

7.2.2　可串行化调度

如果一个调度对数据库状态的影响与某个串行调度是等价的,则称此调度是可串行化的。可串行化调度不一定是串行的。

【例 7.6】　图 7.9 给出例 7.5 中两个事务的一个调度,此调度的结果与串行调度 (T_1,T_2) 相同,该调度是可串行化的,但不是串行的。图 7.10 给出例 7.5 中两个事务的另一个调度,该调度显然不是串行的,也不与任何一个串行调度的结果相同,因此该调度是一个不可串行化的调度。

由于事务的局部计算(如 $t:=t+100$)可以是任意的,在讨论调度时可以忽略掉,为了方便讨论事务和调度,下面将事务 T 对数据库元素 X 的读 READ(X,T)和写 WRITE(X,T)分别简记为 $r_T(X)$ 和 $w_T(X)$。由于事务经常被记作 $T_1,T_2,\cdots$,因此采用记法 $r_i(X)$ 和 $w_i(X)$ 分别作为 $r_T(X)$ 和 $w_T(X)$ 的同义词。

例 7.5 中的两个事务可以分别记作:

事务 T_1: $r_1(A);w_1(A)r_1(B);w_1(B)$

T_1	T_2	A	B
		25	25
READ(A,t)			
$t:=t+100$			
WRITE(A,t)		125	
	READ(A,s)		
	$s:=s*2$		
	WRITE(A,s)	250	
READ(B,t)			
$t:=t+100$			
WRITE(B,s)			125
	READ(B,s)		
	$s:=s*2$		
	WRITE(B,t)		250

图 7.9　一个非串行的可串行化调度

T_1	T_2	A	B
		25	25
READ(A,t)			
$t:=t+100$			
WRITE(A,t)		125	
	READ(A,s)		
	$s:=s*2$		
	WRITE(A,s)	250	
	READ(B,s)		
	$s:=s*2$		
	WRITE(B,t)		50
READ(B,t)			
$t:=t+100$			
WRITE(B,s)			150

图 7.10　一个不可串行化的调度

事务 T_2：$r_2(A)$;$w_2(A)r_2(B)$;$w_2(B)$

忽略事务中的算术运算等细节后，如图 7.9 所示调度记作：

调度 1：$r_1(A)$;$w_1(A)$;$r_2(A)$;$w_2(A)r_1(B)$;$w_1(B)$;$r_2(B)$;$w_2(B)$

这一记法规定：

(1) 动作 $r_i(X)$ 或 $w_i(X)$ 分别表示事务 T_i 读或写数据项 X。

(2) 事务 T_i 是具有下标 i 的动作序列。

(3) 事务集合 T 的调度 S 是一个动作序列，其中，T 的每个事务 T_i，T_i 的动作在 S 中出现的顺序和 T_i 自身定义中的顺序一样。

7.2.3　冲突可串行化调度

冲突可
串行化

当许多事务的步骤交错执行时如何确定一个调度是否可串行化呢？先了解调度中动作顺序关系。调度的定义已经说明事务在调度中的顺序是不可以改变的，所以只考虑调度中不同事务的相邻操作之间的顺序关系。如果一个调度中有两个连续的操作 $r_i(X)$ 和 $w_j(Y)$，这两个操作访问不同的数据项，如果交换这两个操作显然不会影响调度中任何其他操作的结果。如果这两个操作访问相同的数据项如 $r_i(X)$ 和 $w_j(X)$，则操作顺序就会变得很重要了。不同事务的两个相邻操作存在以下情形。

$r_i(Q)$ 和 $r_j(Q')$：两个操作无论是读相同的数据项还是不同的数据项，交换顺序对其他操作都没有影响。

$r_i(Q)$ 和 $w_j(Q')$：两个操作访问不同数据项，无论是读或写，交换顺序对其他操作都没有影响。

$r_i(X)$ 和 $w_j(X)$：两个操作访问相同数据项，操作顺序很重要。

$w_i(X)$ 和 $w_j(X)$：两个操作访问相同数据项，操作顺序很重要。

因此，当不同事务的两个相邻操作访问相同的数据项，并且其中至少有一个是写操作时，这两个操作的顺序变得重要，称为有冲突的操作。

不同事务对于相同对象可能进行如下三种交错操作方式。

WR：一个事务读另一个事务写过的数据。

RW：一个事务写另一个事务已经读走的数据。

WW：一个事务写过的数据由另一个事务改写。

这三种类型的操作交错都可能引起并发异常，而导致数据库进入不相容状态，因此被认为是危险的。人们将具有这些交错关系的操作称为相互冲突的。下面给出冲突的形式化定义。

定义 7.4 冲突　设 ψ 表示 r 和 w 中任意一个操作，一个调度中两个操作 $\psi_i(A)$ 和 $\psi_j(B)$ 称为冲突的，当且仅当下面三个条件都成立。

(1) $A = B$，对于不同数据对象进行的操作不会冲突。

(2) $i \neq j$，冲突主要针对不同事务所进行的操作而言。

(3) $\psi_i(A)$ 和 $\psi_j(B)$ 中至少有一个是 w 操作。

定义 7.5 冲突等价性　两个调度所包含的冲突情况一致称为冲突等价。对分别属于不同事务的两个非冲突的操作之间进行顺序交换，得到新的调度，则称该调度与原调度是冲突等价的。

定义 7.6 冲突可串行化　如果一个调度冲突等价于一个串行调度，则该调度是冲突可串行化的。若一个调度是冲突可串行化的，则一定是可串行化的调度。因此可以用这种方法来判断一个调度是不是冲突可串行化的。

【例 7.7】　观察以前例子中给出的调度 1：
$$r_1(A); w_1(A); r_2(A); w_2(A); r_1(B); w_1(B); r_2(B); w_2(B)$$

为说明该调度是冲突可串行化的，下面给出将这一调度转换为一个冲突等价的串行调度的一系列交换。在每一步中要交换的相邻动作对上加上下画线，并将结果记作调度 2。

调度 1：

$r_1(A); w_1(A); r_2(A); \underline{w_2(A); r_1(B)}; w_1(B); r_2(B); w_2(B)$

$r_1(A); w_1(A); \underline{r_2(A); r_1(B)}; w_2(A); w_1(B); r_2(B); w_2(B)$

$r_1(A); w_1(A); r_1(B); r_2(A); \underline{w_2(A); w_1(B)}; r_2(B); w_2(B)$

$r_1(A); w_1(A); r_1(B); r_2(A); \underline{(A); w_1(B)}; w_2(A); r_2(B); w_2(B)$

调度 2：$r_1(A); w_1(A); r_1(B); w_1(B); r_2(A); w_2(A); r_2(B); w_2(B)$

在结果调度 2 中，T_1 的所有动作被移动到 T_2 的所有动作之前。因此给定调度 1 冲突等价于串行调度 $<T_1, T_2>$。

冲突可串行化的一定是可串行化的，但可串行化的并不一定都是冲突可串行化的，所以冲突可串行化是可串行化的充分而不必要条件。

【例 7.8】　设事务 T_1, T_2, T_3 组成下面两个调度。

S_1：$w_1(Y); w_1(X); w_2(Y); w_2(X); w_3(X)$

S_2：$w_1(Y); w_2(Y); w_2(X); w_1(X); w_3(X)$

调度 S_2 中的操作 $w_2(X)$ 和 $w_1(X)$ 是冲突的，所以 S_2 不能通过交换非冲突的操作顺序与 S_1 等价，但 S_2 与 S_1 的最后结果是相同的，S_2 是可串行化的，但不是冲突可串行化。

如果调度 S 中出现了冲突动作，则冲突动作在任何调度中都必须与在 S 中的顺序一致，即冲突动作对调度中的事务顺序加上了限制，如果这些限制不是相互矛盾的，就可以找到一个冲突等价的串行调度，如果存在相互矛盾，则不存在等价的串行调度。已知调度 S 中有两

个事务 T_1 和 T_2，T_1 有动作 A_1，T_2 有动作 A_2，满足：

(1) 在调度 S 中 A_1 在 A_2 前。

(2) A_1 和 A_2 都涉及同一数据库元素。

(3) A_1 和 A_2 中至少有一个写动作。

则说 T_1 优先于 T_2，记作 $T_1 <_S T_2$。事务的先后关系可用优先图(Precedence Graph)表示。

优先图是一有向图 $G=(V,E)$，V(Vertex)为顶点集合，E(Edge)为边集合。其中，V 包含所有参与调度的事务，边表示事务之间的优先关系，若 $T_1 <_S T_2$，则存在 T_1 指向 T_2 的一条有向边。

如果优先图中有回路，则调度 S 不可能等价于任何串行调度；如果优先图中无回路，则结点的任意一个拓扑排序都是 S 的冲突等价的串行调度。这是因为图中无回路，必有一入度为零的结点，将这些结点及其边从图中移去存放于一个队列中，对所剩图做同样处理，每次移去的结点放在队列中已存结点的后面，如此继续下去，直到所有结点移入队列中。按队中结点次序串行排列各事务操作，即可得到一个等价的串行调度。

【例 7.9】　事务集 $=\{T_1,T_2,T_3,T_4\}$

调度 $S=w_3(y)r_1(x)r_2(y)w_3(x)w_2(x)w_3(z)r_4(z)w_4(x)$

(1) 该调度是否可串行化？

(2) 如果是可串行化的，与其等价的串行调度是什么？

解：关于数据项 x，$r_1(x)$ 在 $w_3(x)$ 之前，所以 $T_1 <_S T_3$，$r_1(x)$ 在 $w_2(x)$ 之前，所以 $T_1 <_S T_2$，同理存在 $T_1 <_S T_4$，$T_3 <_S T_2$，$T_3 <_S T_4$，$T_2 <_S T_4$。

类似地，关于数据项 y，也存在 $T_3 <_S T_2$，数据项 z 存在 $T_3 <_S T_4$，相同的优先关系共用一条弧，调度 S 的优先图如图 7.11 所示。

等价的串行调度为 $\{T_1 \ T_3 \ T_2 \ T_4\}$。

【例 7.10】　考虑调度 S_1：$r_2(A)$；$r_1(B)$；$w_2(A)$；$r_2(B)$；$r_3(A)$；$w_1(B)$；$w_3(A)$；$w_2(B)$。

调度 S_1 是将例 7.7 中调度 S 的动作 $r_2(B)$ 向前移动了三个位置。观察关于 A 的动作得到先后次序 $T_2 < T_3$。但是，当检查 B 时，不仅得到 $T_1 < T_2$（因为 $r_1(B)$ 和 $w_1(B)$ 出现在 $w_2(B)$ 之前），还得到 $T_2 < T_1$（因为 $r_2(B)$ 出现在 $w_1(B)$ 之前）。因此，得到调度 S_1 的优先图如图 7.12 所示。

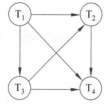

图 7.11　调度 S 的优先图

图 7.12　一个有环的优先图

图 7.12 中存在环，由此断定 S_1 不是冲突可串行化的。直观地说，任何冲突等价串行调度都必须既使 $T_1 < T_2$，又使 $T_2 < T_1$，显然这样的调度是不存在的。

7.2.4　事务隔离性级别

如果事务在独立执行时保证数据库一致性，那么可串行化就能确保并发执行时也具有一致性。可串行化保证了事务的隔离性,但可串行化的协议只允许极小的并发度,因此事务的隔离性是以牺牲性能为代价的。数据库所支持的应用多种多样,并不是所有应用都要求很强的隔离性,如学校了解学生的体质情况需要调查学生的体重、身高等,这些统计工作涉及数据量很大,读到一些"脏"数据对统计精度没什么影响,这时可以降低对一致性的要求以减少系统开销。SQL 标准规定了隔离等级供用户选用,隔离共分为 4级,如表 7.1 所示。

表 7.1　隔离等级

隔离等级	可能出现的后果		加锁要求
	读脏数据	不可重复读	
READ UNCOMMITTED	√	√	读不加锁;写加 X 锁,保持到 EOT
READ COMMITTED	-	√	读加 S 锁,读后释放;写加 X 锁,保持到 EOT
REPEATEABLE READ	-	-	按严格的 2PL 协议
SERIALIZABLE	-	-	按严格的 2PL 协议;叶结点索引锁保持到 EOT 或全表加锁

可串行化的并发控制技术包括封锁(Locking)、时间戳(Timestamp)、乐观控制法(Optimistic Scheduler)和多版本并发控制(Multi-Version Concurrency Control,MVCC)等。

7.3　并发控制

多个事务的并发执行可能违背隔离性,导致即使每个事务都正确执行,但数据库的一致性可能被破坏。并发控制用来控制事务之间的交互,防止它们破坏数据库的一致性。

7.3.1　基于锁的协议

确保隔离性的方法之一是封锁。锁是对于数据库对象进行访问的某种合法性标记。封锁就是事务 T 在对某个数据对象例如表、记录等操作之前,先向系统发出请求,对其加锁。加锁后事务 T 就对该数据对象有了一定的控制,在事务 T 释放它的锁之前,其他事务不能更新此数据对象。如在例 7.10 中,事务 T_1 要修改 A,若在读出 A 前先锁住 A,其他事务就不能再读取和修改 A 了,直到 T_1 修改并写回 A 后解除了对 A 的封锁为止。这样,就不会丢失 T_1 的修改。

有许多不同锁类型,基本的封锁类型有两种:排他锁(eXclusive Locks,X 锁)和共享锁(Share Locks,S 锁)。

排他锁又称为写锁。若事务 T 对数据对象 A 加上 X 锁,则只允许 T 读取和修改 A,其他任何事务都不能再对 A 加任何类型的锁,直到 T 释放 A 上的锁为止。这就保证了其他事务在 T 释放 A 上的锁之前不能再读取和修改 A。

共享锁又称为读锁。若事务 T 对数据对象 A 加上 S 锁,则事务 T 可以读 A 但不能修改 A,其他事务只能再对 A 加 S 锁,而不能加 X 锁,直到 T 释放 A 上的 S 锁为止。这就保证了其他事务可以读A,但在T释放A上的S锁之前不能对A做任何修改。

排他锁与共享锁的控制方式可以用如图7.13所示的相容矩阵(Compatibility Matrix)来表示。

共享锁与共享锁是相容的,而与排他锁是不相容的。在任何时候,一个具体的数据项上可同时有多个共享锁,此后的排他锁请求必须一直等待直到该数据项上的所有共享锁被释放。

	S	X
S	True	False
X	False	False

图7.13　锁相容矩阵

一个事务通过执行 sl(Q)指令来申请数据项Q上的共享锁,类似地,一个事务通过执行 xl(Q)指令来申请排他锁。一个事务通过 unlock(Q)指令来释放数据项Q上的锁。

所有事务的动作和锁必须按预期的方式进行,这个方式称为事务的封锁一致性。

如果不是持有排他锁就不能写,且如果不持有任何锁就不能读。更明确地说,在任何事务T_i中:

(1) 读动作 $r_i(X)$之前必须有 $sl_i(X)$或 $xl_i(X)$,且中间没有 $u_i(X)$。

(2) 写动作 $w_i(X)$之前必须有 $sl_i(X)$,且中间没有 $u_i(X)$。

所有的锁都必须在后面跟有一个对于相同元素的解锁。

【例7.11】　以银行事务为例,事务T_1从账户B转50元到账户A,事务T_2显示A与B的总金额,事务调度如下。为简化书写,调度忽略了事务的局部变量只采用数据库元素。

```
T₁: xl(B);              T₂: sl(A);
    read(B);                read(A);
    B:=B-50;                u(A);
    write(B);               sl(B);
    u(B);                   read(B);
    xl(A);                  u(B);
    read(A);                display(A+B);
    A:=A+50;
    write(A);
    u(A);
```

若账户A与B分别有100元和200元,如果事务T_1和T_2串行执行,则事务T_2将输出的值为300元。如果两个事务并发执行,若按如图7.14所示调度执行,则事务T_2将输出的值为250元,不保证数据的一致性。

如果事务T_1和T_2按照如图7.15所示的调度并发执行,T_1在B上拥有排他锁,而T_2正在申请B上的共享锁,T_2等待T_1释放B上的锁;与此类似,T_2在A上拥有共享锁,而T_1正在申请A上的排他锁,T_1等待T_2释放A上的锁,事务T_1和T_2进入了相互等待无法完成事务的状态,这种情形称为死锁。

仅采用加锁并不能保证并发事务的数据一致性,而且可能产生死锁。因此对数据对象加锁时还需要约定一些规则,这些规则规定事务何时申请锁、持锁时间、何时释放等。这些规则称为封锁协议。对封锁方式制定不同的规则,就形成了各种不同的封锁协议。

T_1	T_2
xl(B);	
read(B);	
B:=B-50;	
write(B);	
u(B)	
	sl(A);
	read(A);
	sl(B);
	read(B);
	u(B);
	display($A+B$);
xl(A);	
read(A);	
A:=A+50;	
write(A);	
u(A);	

图 7.14　非死锁的调度

T_3	T_4
xl(B);	
read(B);	
B:=B-50;	
write(B);	
	sl(A);
	read(A);
	sl(B);
xl (A);	

图 7.15　产生死锁的调度

7.3.2　两段锁协议

保证可串行性的一个协议是两阶段封锁协议(Two Phase Locking，2PL)，也称为两段锁协议。该协议要求每个事务必须分为两个阶段对数据项加锁和解锁。

扩展阶段：事务可以获得锁但不能释放锁。

缩减阶段：事务可以释放锁但不能获得新锁。

事务开始时处理扩展阶段，根据需要获得锁，一旦该事务释放了锁就进入了缩减阶段，不能再发出任何加锁请求。

【例 7.12】　图 7.14 调度中 T_1 和 T_2 不满足两段锁协议，将 T_1 和 T_2 的封锁过程改为如下的 T_5 和 T_6，则事务 T_3 和 T_4 满足两段锁协议。

T_5：xl(B)；read(B)；　　　　　　T_6：sl(A)；read(A)；
　　　B：=B−50；　　　　　　　　　　　　sl(B)；read(B)；
　　　write(B)；　　　　　　　　　　　　　display($A+B$)；
　　　xl(A)；read(A)；　　　　　　　　u(A)；
　　　A：=A+50；　　　　　　　　　　　　u(B)；
　　　write(A)；
　　　u(B)；
　　　u(A)；

两段锁协议保证冲突可串行化已被理论证明，这里不讨论，但两段锁协议并不保证不会发生死锁，如图 7.15 调度中事务 T_3 和 T_4 满足两段锁协议，但调度产生了死锁。

事务遵守两段锁协议是可串行化调度的充分条件，而不是必要条件。也就是说，若并发事务都遵守两段锁协议，则对这些事务的任何并发调度都是可串行化的。但是，若并发事务的一个调度是可串行化的，不一定所有事务都符合两段锁协议。

两段锁协议还有一些变体。

严格两段锁协议：为避免级联回滚，在两段锁协议的基础上，还要求事务持有的所有排他锁必须在事务提交后方可释放。

强两段锁协议：在两段锁协议的基础上，要求事务提交之前不能释放任何锁。

7.3.3 死锁处理

死锁问题主要有两类解决方法，一类方法是采取一定措施来预防死锁的发生，另一类方法是允许采用一定手段诊断系统中的死锁，若发生死锁则解除死锁。

1. 死锁的预防

防止死锁的发生其实就是要破坏产生死锁的条件。预防死锁通常有以下两种方法。

（1）一次封锁法。

一次封锁法要求每个事务必须一次将所有要使用的数据全部加锁，否则就不能继续执行。图 7.15 中，如果事务 T_1 将数据对象 A 和 B 一次加锁，T_1 就可以执行下去，而 T_2 等待。T_1 执行完后释放 A 和 B 上的锁，T_2 继续执行。这样就不会发生死锁。

一次封锁法虽然可以有效地防止死锁的发生，但存在以下问题。

① 一次将以后要用到的全部数据加锁，势必扩大了封锁的范围，从而降低了系统的并发度。

② 数据库中的数据是不断变化的，原来不要求封锁的数据在执行过程中可能会变成封锁对象，所以很难事先精确地确定每个事务所要封锁的数据对象，为此只能扩大封锁范围，将事务在执行过程中可能要封锁的数据对象全部加锁，这就进一步降低了并发度。

（2）顺序封锁法。

顺序封锁法是预先对数据对象规定一个封锁顺序，所有事务都按这个顺序实施封锁。例如，在 B+树结构的索引中，可规定封锁的顺序必须是从根结点开始，然后是下一级的子结点，逐级封锁。

顺序封锁法可以有效地防止死锁，但也同样存在以下问题。

① 数据库系统中封锁的数据对象极多，并且随着数据的插入、删除等操作而不断地变化，要维护这样的资源的封锁顺序非常困难，成本很高。

② 事务的封锁请求可以随着事务的执行而动态变化。

③ 事务的执行是动态的，很难事先确定每一个事务要封锁哪些对象，因此也就很难按规定的顺序去施加封锁。

2. 死锁的诊断与解除

死锁的诊断也有两类方法：超时法和等待图法。

（1）超时法。

如果一个事务的等待时间超过了规定的时限，就认为发生了死锁。超时法的实现极其容易，如果是短事务出现长时间等待很可能是由死锁引起的。但是，一般情况下很难确定一个事务超时前应该等待多长时间，如果已发生死锁，等待时间太长会导致不必要的延迟；如果等待时间太短，即便没有死锁，也可能引起事务回滚，造成资源浪费。因此，超时法应用有限。

（2）等待图法。

既然无法避免死锁，那么系统可采用检测与恢复机制来处理死锁。周期性地激活检查系统状态的算法,判断有无死锁发生,如果发生死锁,则系统必须从死锁中恢复。实现死锁的检测和恢复,系统必须具备以下条件。

① 维护当前将数据项分配给事务的有关信息,以及任何尚未解决的数据项请求信息。

② 提供一个使用这些信息判断系统是否进入死锁状态的算法。

③ 当检测算法判断存在死锁时,从死锁中恢复。

事务等待图用来精确描述系统的死锁。事务等待图是一个有向图,由 $G=(V,E)$ 组成,顶点集 V 由系统当前正在执行的所有事务组成,边集 E 由有序对 $T_i \rightarrow T_j$ 组成。

当事务 T_i 申请的数据项当前被 T_j 持有时,边 $T_i \rightarrow T_j$ 被插入等待图中,只有当事务 T_j 不再持有事务 T_i 所需数据项时,这条边从等待图中删除。

当且仅当事务等待图包含环时,系统中存在死锁。在该环中的每个事务称为处于死锁状态。要检测死锁,系统需要维护等待图,并周期性激活一个在等待图中搜索环的算法。

【例 7.13】　若当前事务的等待图如图 7.16 所示,说明事务 T_{17} 在等待事务 T_{18} 和 T_{19},事务 T_{19} 在等待 T_{18},事务 T_{18} 等待 T_{20},该等待图无环,系统没有处于死锁状态。假设事务 T_{20} 申请事务 T_{19} 持有的数据项,边 $T_{20} \rightarrow T_{19}$ 被加入等待图中,如图 7.17 所示,此时等待图包含环 $T_{19} \rightarrow T_{18} \rightarrow T_{20} \rightarrow T_{19}$,意味着事务 T_{19}、T_{18} 与 T_{20} 处于死锁状态。

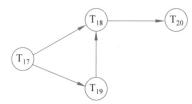
　　　　图 7.16　无环的事务等待图

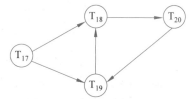
　　　　图 7.17　有环的事务等待图

当一个检测算法判定存在死锁时,系统必须从死锁中恢复。解除死锁最通常的做法是回滚一个或多个事务。解除过程首先是从死锁状态的事务集中选择"代价最小"的事务来打破死锁。"代价最小"是事务计算时间、已使用的数据项、完成事务还需要的数据项及回滚牵涉的其他事务数等因素的综合评价。选定了要回滚的事务后,最简单的处理就是中止该事务,然后重新开始。

在系统中,如果选择牺牲者主要是代价因素,有可能同一事务总被选为牺牲者,这样该事务总不能完成其指定任务,这种情况称为饿死。避免饿死的策略之一就是在考虑代价因素时加上回滚次数。

7.3.4　多粒度封锁

如果事务 T_i 需要访问整个数据库,事务 T_i 可以给数据库中每个数据项加锁,执行这些加锁会很费时,如果能够只对整个数据库发出单个的加锁请求,那么加锁的代价就会大大降低。如果事务 T_j 只需要存取少量数据项,给整个数据库加锁,并发性就会降低。封锁对象的大小称为封锁粒度。选择封锁粒度主要考虑封锁开销和并发度两个因素,封锁的粒度越大,数据库所能够封锁的数据单元就越少,并发度就越小,系统开销也越小;反之,封锁的粒度越小,并发度较高,但系统开销也就越大。

如果一个系统同时支持多种封锁粒度供不同的事务选择是比较理想的,这种封锁方法称为多粒度封锁。多粒度允许不同大小的数据项并定义数据粒度的层次结构,其中,小粒度数据项嵌套在大粒度数据项中,这种层次结构就是粒度树,树中每个结点是一个相互独立的数据项。

如图 7.18 所示为一棵多粒度树,由 4 层结点组成,最高层表示整个数据库,其下是区域类型的结点,数据库由若干个区域组成,每个区域又以文件类型结点作为子结点,每个区域由若干文件组成,每个文件以记录类型的结点为子结点,文件由若干记录组成。一条记录只属于一个文件,一个文件只属于一个区域。

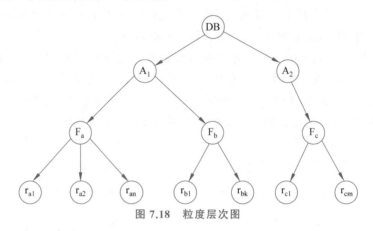

图 7.18　粒度层次图

树中每个结点都可以单独加锁。当事务给一个结点加共享锁或排他锁时,也隐式地给其所有的后代结点加了相同的锁。如若事务 T_i 给图中的 F_b 显式地加排他锁,则事务 T_i 给属于 F_b 文件的所有记录隐式地加排他锁。如果事务 T_j 希望封锁文件 F_b 的记录 r_{b1},系统如何判断 T_j 是否可以封锁记录 r_{b1} 呢? T_j 必须从树根到 r_{b1} 进行遍历,如果发现此路径上某个结点的锁与其要加的锁类型不相容,则 T_j 必须延迟。假设事务 T_k 希望封锁整个数据库,它只需要给根结点加锁,系统如何判断 T_k 是否可以给根结点加锁呢? 因为事务 T_i 在树的某部分持有锁,所以系统需要遍历整棵树,显然,这样的检查方法效率很低。更有效的方法是引入一种新的锁类型,称为意向锁(Intention Lock)。如果一个结点加了意向锁,则意味着在树的底层进行显式加锁,在一个结点显式加锁之前,该结点的全部祖先结点均加上意向锁。因此,事务不必搜索整棵树就能判定能否成功地给一个结点加锁。如希望给某个结点(如 Q)加锁的事务只需遍历从根到 Q 的路径,在遍历树的过程中,该事务给各结点加上意向锁。

与共享锁相关联的意向锁称为意向共享锁(Intention-Shared,IS),将在树的底层进行显式地加共享锁;与排他锁相关联的意向锁称为意向排他锁(Intention-eXclusive,IX),将在树的低层显式地加排他锁或共享锁。若一个结点加上共享意向排他锁(Shared and Intention-eXclusive,SIX),则该结点显式地加了共享锁,其后代的某个结点显式地加了排他锁。锁的相容矩阵如表 7.2 所示。

表 7.2　锁的相容性矩阵

	IS	IX	S	SIX	X
IS	True	True	True	True	False
IX	True	True	False	False	False

	IS	IX	S	SIX	X
S	True	False	True	False	False
SIX	True	False	False	False	False
X	False	False	False	False	False

多粒度封锁要求加锁按自顶向下的顺序,而锁的释放则按自底向上的顺序。下面以图 7.18 的粒度树为例。

假设事务 T_1 读文件 F_a 的记录 r_{a2},那么事务 T_1 需给数据库 DB、区域 A_1 及文件 F_a 加 IS 锁,最后给记录 r_{a2} 加 S 锁。

假设事务 T_2 要修改文件 F_a 的记录 r_{a9},那么事务 T_2 需给数据库 DB、区域 A_1 及文件 F_a 加 IX 锁,最后给记录 r_{a9} 加 X 锁。事务 T_1 和事务 T_2 可以并发执行。

假设事务 T_3 读文件 F_a 的所有记录,那么事务 T_3 需给数据库 DB、区域 A_1 加 IS 锁,最后给 F_a 加 S 锁。

假设事务 T_4 要读取整个数据库,它需要给数据库 DB 加 S 锁,由于 T_2 在 DB 上加了 IX,T_4 必须等待。

7.3.5 基于时间戳的协议

封锁协议中每一对冲突事务的次序由类型不相容的第一锁决定,基于时间戳的协议则采用排序机制来选定事务的次序。

系统中每个事务 T_i 用一个唯一的固定时间戳 $TS(T_i)$ 与之关联,该时间戳在事务 T_i 开始执行时由数据库系统赋予。一个事务 T_i 具有时间戳 $TS(T_i)$,若有一个新事务 T_j 进入系统,则被赋予时间戳 $TS(T_j)$ 且 $TS(T_i) < TS(T_j)$。时间戳可使用系统时间也可使用逻辑计数器。

事务的时间戳决定了串行化顺序。若 $TS(T_i) < TS(T_j)$,则系统必须保证所产生的调度等价于事务 T_i 出现在事务 T_j 之前的某个串行调度。为了保证这种行为,该协议为每个数据 Q 维护以下两个时间戳值。

W-timestamp(Q):成功执行了 write(Q) 的所有事务中的最大时间戳。

R-timestamp(Q):成功执行了 read(Q) 的所有事务中的最大时间戳。

时间戳排序协议保证任何冲突中的 read 或 write 操作按时间戳顺序执行。该协议如下。

(1) 假设事务 T_i 发出了 read(Q):

① 若 $TS(T_i) <$ W-timestamp(Q),则 T_i 需要读 Q 的已经被写覆盖的一个值,因此 read 操作被拒绝,T_i 回滚。

② 若 $TS(T_i) \geqslant$ W-timestamp(Q),则 read 操作执行,并且 R-timestamp(Q) 置为 R-timestamp(Q) 与 $TS(T_i)$ 的最大值。

(2) 假设事务 T_i 发出 write(Q):

① 若 $TS(T_i) <$ R-timestamp(Q),则 T_i 要产生的 Q 值是过去曾需要的,而系统假设

该值永远不会产生,于是 write 操作被拒绝,T_i 回滚。

② 若 $TS(T_i)<W\text{-timestamp}(Q)$,则 T_i 试图写一个过时的 Q 值,因此这个 write 操作被拒绝,T_i 回滚。

③ 否则,执行 write 操作,且 $W\text{-timestamp}(Q)$ 置为 $TS(T_i)$。

时间戳排序协议可确保任何冲突的 read 和 write 操作都能按照时间戳顺序执行,保证了可串行性。时间戳协议确保没有死锁,因为没有事务会等待。但是,基于时间戳协议的调度可能导致级联回滚,甚至可能不可恢复,商用数据库系统较少采用。

7.3.6 多版本机制

基于时间戳的协议中,当事务 T_i 读数据 Q 时,若 Q 的写时间 $W\text{-timestamp}(Q)$ 晚于事务 T_i 的时间戳 $TS(T_i)$,即 $TS(T_i)<W\text{-timestamp}(Q)$,则 T_i 被回滚,因为 T_i 要读的数据已被其他事务重写过了。回滚事务的开销较大,为了减少这种开销,可在数据写入后,保留旧的副本,供"迟到"的事务读取,以避免回滚。多版本并发控制技术就是基于这个思想。每个数据 Q 被更新时,为 Q 生成一个新版本,而 Q 的旧值作为老版本保留在数据库。Q 经过多次更新后,会产生多个版本,可表示为 $<Q_1,Q_2,\cdots,Q_k>$,每个版本附有时间戳。

$R\text{-timestamp}(Q_i)$:表示所有成功读过该版本 Q_i 的事务的最大时间戳。

$W\text{-timestamp}(Q_i)$:表示生成该版本 Q_i 的事务时间戳。

当事务 T_i 产生一个新版本 Q_i 时,$R\text{-timestamp}(Q_i)$ 和 $W\text{-timestamp}(Q)$ 初始化为 $TS(T_i)$。

当事务 T 对数据 Q 进行读写时,先选择一个版本 Q_i,其满足条件 $W\text{-timestamp}(Q_i)\leqslant TS(T)$ 且 $W\text{-timestamp}(Q)$ 是满足该条件的最大时间戳,再按多版本时间戳协议处理。

(1) 如果事务 T 读 Q,则版本 Q_i 为读取值,且 $R\text{-timestamp}(Q_i)=\max\{R\text{-timestamp}(Q_i),TS(T)\}$。因为 $W\text{-timestamp}(Q)\leqslant TS(T)$ 满足可串行化条件。

(2) 如果事务 T 写 Q 且 $W\text{-timestamp}(Q)\leqslant TS(T)$,则只需判别 $R\text{-timestamp}(Q_i)$,如果 $R\text{-timestamp}(Q_i)\leqslant TS(T)$,则满足可串行化条件,可以产生一个新版本;否则表示已有比 T 更年轻的事务 T' 读过 Q_i,如果 T 此时生成一个新版本,则 T' 本来应该读 T 生成的新版本而不应读 Q_i,而 T' 已读了 Q_i,无法满足时间戳协议,只能让 T 回滚。

在多版本时间戳协议中,"读"总是成功的,不会有回滚的问题,"迟到"的事务总可以读到在此事务前产生的最新的版本。但在"写"时,事务可能被回滚。这种并发控制策略对于以读为主的数据库系统是有利的,但须生成并且保留版本及其时间戳,并发控制的开销有所增加。如果当前活动事务中最老的事务的时间戳为 t_{min},$W\text{-timestamp}(Q_i)$ 是满足 $W\text{-timestamp}(Q_i)\leqslant t_{min}$ 中的最大的,则 Q_i 以前的版本没有必要保留,通过删除老的版本来减少存储开销。

7.4 数据库恢复

数据库故障可能是由于在内存运算时出错产生,也可能是由磁盘故障、电源故障、软件错误、操作员失误以及恶意的破坏等产生。任何故障都可能丢失信息,数据库系统必须采取预防措施以保证即使发生故障,也能维护事务的原子性和持久性。恢复子系统是数据库系统必不可少的组成部分,它负责将数据库恢复到故障发生前的一致性状态;恢复子系统必须提供高可用性,即它必须将数据库崩溃后不能使用的时间缩减为最短。

7.4.1　故障类型

数据库
故障类型

数据库系统中可能发生各种各样的故障,每种故障需要不同的方法来处理。下面将数据库故障分为以下三类。

1. 事务故障

事务由于非法输入、运算溢出或找不到数据等逻辑错误导致无法继续正常执行,或由死锁等系统错误导致事务无法继续正常执行。由逻辑错误或系统错误造成事务执行失败都称为事务故障。

2. 系统故障

系统故障是指造成系统停止运转的任何事件,使得系统要重新启动。例如,特定类型的硬件错误(CPU 故障)、操作系统故障、DBMS 代码错误、系统断电等。这类故障影响正在运行的所有事务,但不破坏磁盘上的数据库。此时主存内容,尤其是数据库缓冲区(在内存)中的内容都被丢失,所有运行事务都非正常终止。

发生系统故障时,一些尚未完成的事务可能有部分结果被送入物理块,造成数据库处于不正确的状态。为保证数据一致性,需要清除这些事务对磁盘数据库的所有修改。恢复子系统必须在系统重新启动时让所有非正常终止的事务回滚,强行撤销所有未完成事务。另一方面,发生系统故障时,有些已完成的事务可能有部分甚至全部的结果留在缓冲区,尚未写回到物理块中,系统故障使得这些事务对数据库的修改部分或全部丢失,这也会使数据库处于不一致状态,因此应将这些事务已提交的结果重新写入数据库。所以系统重新启动后,恢复子系统除需要撤销所有未完成的事务外,还需要重做所有已提交的事务,以将数据库真正恢复到一致状态。

3. 介质故障

介质故障是由于磁盘损坏、磁头碰撞等造成磁盘块上的内容丢失。介质故障也称为硬故障,需要利用其他磁盘上的数据副本或归档备份进行恢复。

7.4.2　恢复技术

数据库系统从故障中恢复需要以下两部分内容。

(1) 在事务正常处理时采取措施,保证有足够的信息可用于故障恢复。

(2) 故障发生后采取措施将数据库内容恢复到某个数据库的一致性状态。

故障恢复第一部分内容是要建立冗余数据,常用的技术是数据转储和登记日志文件。

1. 数据转储

数据转储是指定期地将整个数据库复制到多个存储设备如磁带、磁盘上保存起来的过程。转储的数据称为后备副本或后援副本,当数据库遭到破坏后可利用后备副本将数据库有效地进行恢复。当数据库遭到破坏后可以将后备副本重新装入,但重装后备副本只能将数据库恢复到转储时的状态,要想恢复到故障发生时的状态,必须重新运行自转储以后的所有更新事务。

【例 7.14】　在图 7.19 中,系统在 T_a 时刻停止运行事务,进行数据库转储,在 T_b 时刻转储完毕,得到 T_b 时刻数据库一致性副本。系统运行到 T_f 时刻发生故障。为恢复数据库,首先由数据库管理员重装数据库后备副本,将数据库恢复至 T_b 时刻的状态,然后重新运行 $T_b \sim T_f$ 时刻的所有更新事务,这样就把数据库恢复到故障发生前的一致状态。

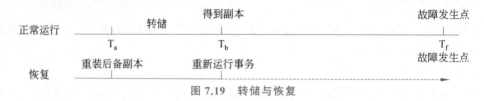

图 7.19 转储与恢复

转储是十分耗费时间和资源的,不能频繁进行。数据库管理员应该根据数据库使用情况确定一个适当的转储周期。转储可分为静态转储和动态转储。

静态转储是在系统中无运行事务时进行的转储操作。即转储操作开始的时刻数据库处于一致性状态,而转储期间不允许(或不存在)对数据库的任何存取、修改活动。显然,静态转储得到的一定是一个数据一致性的副本。静态转储简单,但转储必须等待正运行的用户事务结束才能进行。同样,新的事务必须等待转储结束才能执行。显然,这会降低数据库的可用性。

动态转储是指转储期间允许对数据库进行存取或修改。即转储和用户事务可以并发执行。动态转储可以克服静态转储的缺点,它不用等待正在运行的用户事务结束,也不会影响新事务的运行。但是,转储结束时后备副本上的数据并不能保证正确有效。如图 7.19 中转储期间的某个时刻 T_c,系统把数据 $A=100$ 转储到磁带上,而在下一时刻 T_d,某一事务将 A 改为 200。转储结束后,后备副本上的 A 是已过时的数据。为此,必须把转储期间各事务对数据库的修改活动登记下来,建立日志文件。这样,后备副本加上日志文件就能把数据库恢复到某一时刻的正确状态。

转储还可以分为海量转储和增量转储两种方式。

海量转储是指每次转储全部数据库。

增量转储则指每次只转储上一次转储后更新过的数据。

从恢复角度看,使用海量转储得到的后备副本进行恢复一般说来会更方便些。但如果数据库很大,事务处理又十分频繁,则增量转储方式更实用、更有效。

数据转储有两种方式,分别可以在两种状态下进行,因此数据转储方法可以分为 4 类:动态海量转储、动态增量转储、静态海量转储和静态增量转储,如表 7.3 所示。

表 7.3 数据转储分类

		转 储 状 态	
		动态转储	静态转储
转储方式	海量转储	动态海量转储	静态海量转储
	增量转储	动态增量转储	静态增量转储

2. 日志文件

支持数据库恢复的主要技术是日志,日志以一种安全的方式记录数据库变更的历史。日志是日志记录的一个序列,它记录数据库中的所有更新活动。事务在数据库进行修改前创建日志记录,使系统在事务必须中止的情况下能够对事务所做的修改撤销(UNDO);对已提交但未保存到磁盘上的事务所做的修改进行重做(REDO)。

日志记录有几种格式。更新日志记录描述一次数据库写操作,它具有如下几个字段。

事务标识:是执行写操作事务的唯一标识。

数据项标识:是所有写数据项的唯一标识,通常是数据项在磁盘上的位置,包括数据项所驻留的块的块标识和块内偏移量。

旧值:是数据项的写前值。

新值:是数据项的写后值。

一条更新日志记录表示为$<T_i,X_j,V_1,V_2>$,表示事务 T_i 对数据项 X_j 执行了一个写操作,写操作前的 X_j 的值是 V_1,写操作后 X_j 的值是 V_2。其他专门的日志记录用于记录事务处理过程中的重要事件,如事务的开始以及事务的提交或中止,如下列日志记录类型。

$<T_i,start>$ 这一记录表示事务 T_i 开始。

$<T_i,commit>$ 这一记录表示事务 T_i 已成功完成并不会再修改数据库元素,事务所做的修改都应反映到磁盘上。

$<T_i,abort>$ 事务 T_i 没有成功完成。如果事务 T 中止,它所做的更新都不被复制到磁盘上。

以数据块为单位的日志文件,日志记录的内容包括事务标识和被更新的数据块。由于将更新前的整个块和更新后的整个块都放入日志文件中,操作类型和操作对象等不写入日志记录中。

为保证数据库是可恢复的,登记日志文件时必须遵循以下两条原则。

(1)登记的次序严格按并发事务执行的时间次序。

(2)必须先写日志文件,后写数据库。

将数据的修改写到数据文件和将修改操作的日志记录写到日志文件中是两个不同的操作。有可能在这两个操作之间发生故障,即这两个写操作只完成了一个。如果先写了数据文件的修改,而在日志文件中没有登记这个修改,则以后就无法恢复这个修改了。如果先写日志文件,但没有修改数据文件,按日志文件恢复时只不过是多执行一次不必要的撤销操作,并不会影响数据库的正确性。所以为了安全,一定要先写日志文件,即首先把日志记录写到日志文件中,然后写数据文件的修改。这就是"先写日志文件"的原则。

3. 利用日志维护事务的原子性

事务进行数据项修改包括以下步骤。

(1)事务在主存中自己私有的部分执行某些计算。

(2)事务修改主存的磁盘缓冲区包含该数据项的数据块。

(3)数据库系统执行输出操作,将数据块写到磁盘中。

事务执行过程中有可能一个事务已经提交了,但它所做的数据库修改在主存磁盘缓冲区而不在磁盘上;也有可能处于活动状态的事务已经修改了数据库,而后来发生的故障导致该事务中止。通过日志找到每个事务更新过的数据项集合及各个数据项的旧值和新值,利用两个恢复过程完成故障的恢复。

redo(T_i)将事务 T_i 更新过的所有数据项的值都设置为新值,redo 对同一个数据项的多个更新的顺序必须与原来的执行顺序相同。

undo(T_i)将事务 T_i 更新过的所有数据项的值都恢复成旧值,并且通过写日志来记下所执行的更新,这些日志记录只包含更新的数据项的旧值,执行更新顺序必须与原来的执行顺序相同。当对事务 T_i 的 undo 操作完成后,写一条<T_i abort>日志记录,表明撤销完成。

当故障发生时,为保证事务的原子性,恢复子系统通过查阅日志确定哪些事务需要重做,哪些事务需要撤销。

如果日志包括<T_i start>记录,但既不包括<T_i commit>,也不包括<T_i abort>记录,则需要撤销 T_i 事务。

如果日志包括<T_i start>记录,也包括<T_i commit>或<T_i abort>记录,则需要对事务 T_i 进行重做。

【例 7.15】 令 T_0 是一个事务,它将 50 元从账户 A 转到账户 B。

T_0: read(A)

A: $=A-50$

write(A)

read(B)

B: $=B+50$

write(B)

令 T_1 是一个事务,它从账户 C 取出 100 元。

T_1: read(C)

C: $=C-100$

write(C)

事务正常提交的日志记录如图 7.20(a)所示。

<T_0 start>		<T_0 start>
<T_0 A,1000,950>	<T_0 start>	<T_0 A,1000,950>
<T_0 B,2000,2050>	<T_0 A,1000,950>	<T_0 B,2000,2050>
<T_0 commit>	<T_0 B,2000,2050>	<T_0 commit>
<T_1 start>		<T_1 start>
<T_1 C,700,600>		<T_1 C,700,600>
<T_1 commit>		
(a)	(b)	(c)

	<T_0 start>	
<T_0 start>	<T_0 A,1000,950>	<T_0 start>1000
<T_0 A,1000,950>	<T_0 B,2000,2050>	<T_0 A, ,950>
<T_0 B,2000,2050>	<T_0 commit>	<T_0 B,2000,2050>
<T_0 B,2000>	<T_1 start>	<T_0 commit>
<T_0 A,1000>	<T_1 C,700,600>	<T_1 start>700
<T_0 abort>	<T_1 C,700>	<T_1 C, ,600>
	<T_1 abort>	<T_1 commit>
(d)	(e)	(f)

图 7.20　事务日志

（1）若故障发生在 write(B)，磁盘记录的日志如图 7.20(b)所示，则事务 T_0 撤销，$A=1000$，$B=2000$，$C=700$，执行撤销后记录的日志如图 7.20(d)所示。

（2）若故障发生在 write(C)，磁盘记录日志如图 7.20(c)所示，则事务 T_0 重做，事务 T_1 撤销，$A=950$，$B=2050$，$C=700$，执行撤销后记录的日志如图 7.20(e)所示。

（3）若故障发生在日志记录 $<T_1 \text{commit}>$ 之后，则事务 T_0、T_1 都重做，$A=950$，$B=2050$，$C=600$，日志如图 7.20(f)所示。

7.4.3　检查点恢复技术

检查点技术

利用日志技术进行数据库恢复时，恢复子系统必须检查日志，决定哪些事务需要重做，哪些事务需要撤销。一般来说，需要搜索整个日志来确定该信息。这样做有以下两个困难。

（1）搜索过程太耗时。

（2）大多数需要重做的事务已将其更新写入数据库中，尽管重做不会造成不良后果，但会使恢复过程变得更长。

为降低这种开销引入检查点。

检查点的执行过程如下。

（1）将当前位于主存的所有日志记录输出到磁盘。

（2）将所有修改的缓冲块输出到磁盘。

（3）将一条日志记录 $<\text{checkpoint } L>$ 输出到稳定存储器，其中，L 是执行检查点时正活跃的事务的列表。

在日志中加入 $<\text{checkpoint } L>$ 记录将提高系统恢复的效率。在检查点之前完成的事务 T_i，其 $<T_i \text{ commit}>$ 或 $<T_i \text{ abort}>$ 的日志记录出现在 $<\text{checkpoint } L>$ 之前，T_i 对数据库做的所有修改都已经写入数据库，因此恢复时不必再对 T_i 执行 redo 操作。

因此，故障发生后，系统反向检查日志找到最后一条 $<\text{checkpoint } L>$ 记录，只需要对 L 中的事务及在 $<\text{checkpoint } L>$ 记录写到日志之后才开始执行的事务进行恢复，将需要恢复的事务集记为 T。

（1）对事务集 T 中的所有事务 T_k，若日志中既没有 $<T_k \text{ commit}>$，也没有 $<T_k \text{ abort}>$，则执行 undo(T_k)。

（2）对事务集 T 中的所有事务 T_k，若日志中有 $<T_k \text{ commit}>$ 或 $<T_k \text{ abort}>$ 记录，则执行 redo(T_k)。

7.4.4　恢复算法

当系统运行过程中发生故障，利用数据库后备副本和日志文件将数据库恢复到故障前的某个一致性状态。不同故障其恢复策略和方法也不一样。

1. 事务故障恢复算法

事务故障是指事务在运行至正常终止点前被终止，这时恢复子系统应利用日志文件撤销（UNDO）此事务已对数据库进行的修改。事务故障的恢复是由系统自动完成的，对用户是透明的。系统的恢复步骤如下。

（1）从后往前反向扫描日志文件，对 T_i 的每一个形如 $<T_i, X_j, V_1, V_2>$ 的日志记录：将值 V_1 写到数据项 X_j 中；向日志文件中写入 $<T_i, X_j, V_1>$，其中，V_1 是本次回滚中数据

项 X_j 恢复的值。

(2)当发现<T_i start>日志记录,停止反向扫描,并向日志中写入<T_i abort>日志记录。事务所做的更新动作及恢复成其旧值的动作都记录在日志中。

2. 系统故障恢复算法

系统故障造成数据库不一致状态的原因有两个,一是未完成事务对数据库的更新可能已写入数据库,二是已提交事务对数据库的更新可能还留在缓冲区没来得及写入数据库。因此恢复操作就是要撤销故障发生时未完成的事务,重做已完成的事务。

系统故障的恢复是由系统在重新启动时自动完成的,不需要用户干预。系统的恢复步骤如下。

(1)重做阶段:系统从最后一个检查点开始正向扫描日志文件,按以下步骤进行。

① 初始化 undo-list 事务列表为<checkpoint L>日志记录中的 L 列表。

② 遇到形如<T_i,X_j,V_1,V_2>的日志记录或<T_i,X_j,V_2>则重做这个操作,即将 V_2 的值写到数据项 X_j。

③ 若发现<T_i start>日志记录,则将 T_i 加入 undo-list 事务列表。

④ 若发现<T_i commit>或<T_i abort>的日志记录,则将 T_i 从 undo-list 事务列表中去掉。

重做阶段完成后,undo-list 中剩下的事务既没有提交也没有回滚,即需要撤销的事务集。

(2)撤销阶段:系统回滚 undo-list 中的所有事务。从日志尾端开始反向扫描日志,按以下步骤进行。

① 若发现 undo-list 中的事务日志记录,则执行 undo 操作。

② 若发现 undo-list 中事务的<T_i start>日志记录,则将<T_i abort>写入日志,并将 T_i 从 undo-list 列表中删除。

当 undo-list 变为空表,则撤销阶段结束。

【例 7.16】 若日志记录如图 7.21(a)所示。

| (a) | (b) |

图 7.21 利用日志进行系统故障恢复

重做阶段反向查找日志记录找到最后一条 checkpoint 记录,建立 undo-list 为 $\{T_0,$ $T_1\}$,从最后一条 checkpoint 开始重做,当执行 $<T_1\text{commit}>$ 时,undo-list 变为 $\{T_0\}$,当执行到 $<T_2\text{start}>$ 时,undo-list 变为 $\{T_0,T_2\}$,当执行 $<T_0\text{abort}>$ 时,undo-list 变为 $\{T_2\}$。

撤销阶段反向对 T_2 的日志记录进行 undo 操作,反向执行到 $<T_2\text{start}>$ 时将 $<T_2\text{abort}>$ 插入日志中。

恢复后数据项的 $A=500,B=2000,C=700$,日志记录如图 7.21(b)所示。

3. 介质故障的恢复算法

发生介质故障后,磁盘上的物理数据和日志文件被破坏,这是最严重的一种故障,恢复方法是重装数据库,然后重做已完成的事务。

(1)装入最新的数据库后备副本(离故障发生时刻最近的转储副本),使数据库恢复到最近一次转储时的一致性状态。对于动态转储的数据库副本,还需同时装入转储开始时刻的日志文件副本,利用恢复系统故障的方法(即 REDO+UNDO),才能将数据库恢复到一致性状态。

(2)装入相应的日志文件副本(转储结束时刻的日志文件副本),利用恢复系统故障的方法(即 REDO+UNDO),将数据库恢复到故障发生前最近的一致性状态。

这样就可以将数据库恢复至故障前某一时刻的一致状态了。

介质故障的恢复需要数据库管理员介入,但数据库管理员只需要重装最近转储的数据库副本和有关的日志文件副本,然后执行系统提供的恢复命令即可,具体的恢复操作仍由数据库管理系统完成。

◆ 7.5 PostgreSQL 的备份与恢复

7.5.1 PostgreSQL 的备份

备份数据库是指对数据库或事务日志进行复制,当系统、磁盘或数据库文件损坏时,可以使用备份文件进行恢复,防止数据丢失。PostgreSQL 数据库备份支持多种类型,分别应用于不同的场合。

(1)完整备份。完整备份是按常规定期备份数据库,即制作数据库中所有内容的副本,这些内容包括用户表、系统表、索引、视图和存储过程等所有数据库对象。如果数据库很大,则在完整备份时就需要花费很多的时间和占用很大的存储空间。

(2)差异备份。差异备份是对前一次完整备份之后变化的数据进行备份。要注意的是,差异备份必须在完整备份之后才能成功,因为差异备份是以完整备份为基础,备份当前数据库与完整备份数据库有差异的数据。由于只备份差异数据,因此差异备份比完整备份数据量小,恢复数据的速度也快。

(3)事务日志备份。事务日志文件和数据文件是 PostgreSQL 数据库的两个基本文件,在事务日志文件中,存储对数据库进行的所有更改,并完整记录插入、更新、删除、提交、回退和数据库模式的变化。事务日志备份是一种非常重要,也是应用广泛的备份模式。首先必须先做一个数据库的完整备份,标记为 WZ1;第 1 次事务日志备份标记为 RZ1,它记录的是当前数据库与完整数据库备份的事务日志差异;第 2 次事务日志备份标记为 RZ2,它记录的是当前数据库与 RZ1 备份的事务日志差异。以此类推，下一次事务日志备份是对上一次事务日志备份的差异备份。注意，事务日志备份与差异备份的基准点不一样，另外，事务日志备份的好处是支持数据恢复到具体的时间点。

对于实际使用的数据库来说，数据库备份是一项非常重要的工作，不能应付了事，应认真对待。数据库备份的要素有备份频率、自动备份、本地备份与异地备份等，下面详细介绍。

（1）备份频率。应该选择多长时间进行一次数据库的备份，很难有一个标准的答案，但原则是数据备份库必须尽可能地减少数据损失。对于普通的网站来说，一天备份一次就完全满足要求，但对于网商、银行等商业数据库来说，则希望每一分钟都要备份，不允许有任何数据的丢失。因此，在备份频率或者说备份时间长度上，应该根据数据库的重要性来决定。越是重要的数据，就越要提高备份的频率，从而保证数据的完整性和正确性。

（2）自动备份。若利用人工方式进行数据库备份，是一项繁重而枯燥的工作，而且会占用大量的时间。商用数据库都提供自动备份的工作，极大地减少了数据库备份的工作量。只需要设置好相应的参数，系统就可以完成对数据库的自动备份。

（3）本地备份与异地备份。如果数据库备份数据存储在本地磁盘上，则称为本地备份；如果本地备份经过压缩后，上传或复制到其他数据库服务器或移动磁盘或光盘上，或者直接备份到远程服务器共享的磁盘上，则称为异地备份。异地备份的目的就是为数据库备份文件增加一份安全保险，这是因为存储数据库备份的磁盘都有突然坏掉的风险，特别是已经运行多年的服务器风险更大，毕竟服务器的寿命也是有限的，其次本地存储空间也有限，不可能将原始数据和备份数据都一直放在本地。备份的数据库在本地存储多长时间合适呢？这没有具体的定论，主要还是取决于服务器磁盘容量的大小，通常是 7 天至一个月。可以根据实际情况在数据库管理系统中设置保留的日期，超时则直接删除。如果服务器存储空间足够大，服务器数量足较多，则可以保留较长时间的备份数据。异地备份保留多长时间，则取决于数据库的安全级别，一般来说，安全级别越高，保留时间越长越没有意义，增大备份频率才是最优的解决方案。

PostgreSQL 数据库系统既可以使用实用程序工具进行数据库备份，也可以使用管理工具 GUI 操作进行数据库备份。

1. 使用实用程序工具进行数据库备份

PostgreSQL 数据库软件本身提供了两个实用程序工具 pg_dump 和 pg_dumpall 实现数据库备份。pg_dump 实用程序工具用于备份单个数据库，或者数据库中的 Schema、数据库表。pg_dumpall 实用程序工具用于备份整个数据库集群及系统全局数据。它们备份转储的文件可以是 SQL 文件格式，也可以是用户自定义压缩文件格式、TAR 包格式或目录格式。

（1）使用 pg_dump 实用程序工具进行数据备份。

pg_dump 实用程序工具可用于选定数据库对象的数据备份，如既可以选定某数据库进行数据备份，也可以选定某数据库中的指定 Schema 或选择的某数据库表进行数据备份。pg_dump 实用程序工具在操作系统下运行，并需要指定相应的选项参数，其程序运行的命令格式为

pg_dump[连接选项][一般选项][输出控制选项]数据库名称

pg_dump 命令在操作系统中执行时，可使用如下三类选项参数进行相应的备份操作。

① 连接选项。

-d，--dbname＝DBNAME：指定需备份的数据库名 DBNAME。

-h，--host＝主机名：数据库服务器的主机名或套接字目录。

-p，--port＝端口号：数据库服务器的端口号。

-U，--username＝名称：以指定的数据库用户连接。

-w，--no-password：永远不提示输入口令。

-W，--password：强制口令提示(自动)。

--role＝ROLENAME：在转储前运行 SETROLE。

② 一般选项。

-f，--file＝FILENAME：输出文件或目录名。

-F，--format＝c|d|t|p：输出文件格式(定制|目录|tar|纯文本)。

-j，--jobs＝NUM：执行多个并行任务进行备份转储工作。

-v，--verbose：详细信息模式。

-V，--version：输出版本信息,然后退出。

-Z，--compress＝0-9：被压缩格式的压缩级别。

--lock-wait-timeout＝TIMEOUT 在等待锁表超时后操作失败。

-?，--help：显示此帮助,然后退出。

③ 输出控制选项。

-a，--data-only：只转储数据,不包括 Schema。

-b，--blobs：在转储中包括大对象。

-c，--clean：在重新创建之前清除(删除)数据库对象。

-C，--create：在转储中包括命令,以便创建数据库。

-E，--encoding＝ENCODING：转储以 ENCODING 格式编码的数据。

-n，--schema＝SCHEMA：只转储指定名称的 SCHEMA。

-N，--exclude-schema＝SCHEMA：不转储指定名称的 SCHEMA。

-o，--oids：在转储中包括 OID。

-O，--no-owner：在纯文本格式下跳过对象所属者的恢复。

-s，--schema-only：只转储 Schema,不包括数据。

-S，--superuser＝NAME：在纯文本格式中使用指定的超级用户名。

-t，--table＝TABLE：只转储指定名称的表。

-T，--exclude-table＝TABLE：不转储指定名称的表。

-x，--no-privileges：不要转储权限(GRANT/REVOKE)。

--binary-upgrade：仅提供升级工具使用。

--column-inserts：以带有列名的 INSERT 命令形式转储数据。

--disable-dollar-quoting：禁用美元(符号)引号,使用 SQL 标准引号。

--disable-triggers：在仅恢复数据的过程中禁用触发器。

--enable-row-security：启用行安全性(只转储用户能够访问的内容)。

--exclude-table-data＝TABLE：不转储指定名称的表中数据。

--if-exists：当删除对象时使用 IFEXISTS。

--inserts：以 INSERT 命令而不是 COPY 命令的形式转储数据。

--no-security-labels：不转储安全标签的分配。

--no-synchronized-snapshots：在并行工作集中不使用同步快照。

--no-tablespaces：不转储表空间分配信息。

--no-unlogged-table-data：不转储没有日志的表数据。

--quote-all-identifiers：所有标识符加引号，即使不是关键字。

--section=SECTION：备份命名的节(数据前、数据中及数据后)。

--serializable-deferrable：等待直到转储正常运行为止。

--snapshot=SNAPSHOT：为转储使用给定的快照。

--strict-names：要求每个表和/或 Schema 包括模式以匹配至少一个实体。

--use-set-session-authorization 使用 SESSION AUTHORIZATION 命令代替 ALTER OWNER 命令来设置所有权。

(2) 使用 pg_dumpall 实用程序工具进行数据备份。

pg_dumpall 实用程序工具用于全库数据备份，即将当前 PostgreSQL 服务实例中的所有数据库进行数据备份，同时也将数据库中的表空间和角色备份到数据文件中。pg_dumpall 实用程序工具在操作系统下运行，并需要指定相应的选项参数，其程序运行的命令格式为

```
pg_dumpall[连接选项][一般选项][输出控制选项]
```

pg_dumpall 命令在操作系统中执行时，可使用如下三类选项参数进行相应的备份操作。

① 连接选项。

-d,--dbname=CONNSTR：连接数据库使用的连接串。

-h,--host=主机名：数据库服务器的主机名或套接字目录。

-p,--port=端口号：数据库服务器的端口号。

-U,--username=名称：以指定的数据库用户连接。

-w,--no-password：永远不提示输入口令。

-W,--password：强制口令提示(自动)。

--role=ROLENAME：在转储前运行 SETROLE。

② 一般选项。

-f,--file=FILENAME：输出文件或目录名。

-v,--verbose：详细信息模式。

-V,--version：输出版本信息，然后退出。

--lock-wait-timeout=TIMEOUT：在等待锁表超时后操作失败。

-?,--help：显示此帮助，然后退出。

③ 输出控制选项。

-a,--data-only：只转储数据，不包括 Schema。

-c,--clean：在重新创建数据库前清除(删除)数据库。

-g,--globals-only：转储全局对象，不包括数据库。

-o,--oids：在转储中包括 OID-O。

--no-owner：不恢复对象所属者。

-r,--roles-only：只转储角色,不包括数据库或表空间。

-s,--schema-only：只转储模式,不包括数据。

-S,--superuser＝NAME：在转储中使用指定的超级用户名。

-t,--tablespaces-only：只转储表空间,而不转储数据库或角色。

-x,--no-privileges：不要转储权限(GRANT/REVOKE)。

--binary-upgrade：只能由升级工具使用。

--column-inserts：以带有列名的 INSERT 命令形式转储数据。

--disable-dollar-quoting：取消美元(符号)引号,使用 SQL 标准引号。

--disable-triggers：在只恢复数据的过程中禁用触发器。

--if-exists：当删除对象时使用 IFEXISTS。

--inserts：以 INSERT 命令而不是 COPY 命令的形式转储数据。

--no-security-labels：不转储安全标签的分配。

-no-tablespaces：不转储表空间分配信息。

--no-unlogged-table-data：不转储没有日志的表数据。

--quote-all-identifiers：所有标识符加引号,即使不是关键字。

--use-set-session-authorization：使用 SESSION AUTHORIZATION 命令代替 ALTER OWNER 命令来设置所有权。

2. 使用管理工具 GUI 操作进行备份

在 PostgreSQL 数据库中,除了运行实用程序工具备份数据库外,还可以使用数据库管理工具(如 pgAdmin4)以 GUI 操作方式备份数据库。

7.5.2　PostgreSQL 的恢复

在 PostgreSQL 数据库系统中,既可以使用实用程序工具操作方式进行数据备份恢复,也可以使用管理工具 GUI 操作方式进行数据备份恢复。

1. 使用实用程序工具操作方式恢复数据备份

PostgreSQL 数据库系统提供了两种实用程序操作方式恢复数据备份：使用 psql 程序工具来恢复 pg_dump 或 pg_dumpall 工具创建的 SQL 文本格式数据备份文件；使用 pg_restore 程序工具来恢复 pg_dump 工具创建的自定义压缩格式、TAR 包格式或目录格式的数据备份文件。

(1) 使用 psql 实用程序工具恢复 SQL 文本格式的数据备份。

若数据库备份是以 SQL 文本格式存储的文件,其备份数据内容均为 SQL 语句。当进行数据备份恢复时,使用 psql 程序工具执行备份数据文件中的 SQL 语句,即可实现数据库恢复处理。psql 程序工具恢复数据备份文件的基本语句格式为

```
psql[连接选项]-d恢复的数据库-f备份文件
```

在操作系统中执行 psql 时,可使用如下选项参数进行相应的备份数据恢复。

-h,--host＝主机名：数据库服务器主机。

-p,--port=端口:数据库服务器的端口(默认为"5432")。

-U,--username=用户名:指定数据库用户名(默认为"postgres")。

-w,--no-password:永远不提示输入口令。

-W, --password:强制口令提示(自动)。

(2) 使用 pg_restore 实用程序工具恢复其他格式的数据备份。

若数据库备份以自定义压缩格式、TAR 包格式或目录格式存储数据备份文件,则需要使用 pg_restore 实用程序工具进行数据备份恢复处理。

pg_restore 实用程序工具恢复数据备份文件的基本语句格式为

pg_restore[连接选项][一般选项][恢复控制选项]

备份文件 pg_restore 时,可使用如下选项参数进行相应的备份数据恢复。

① 连接选项。

-h,--host=主机名:数据库服务器主机。

-p,--port=端口:数据库服务器的端口(默认为"5432")。

-U,--username=用户名:指定数据库用户名(默认为"postgres")。

-w,--no-password:永远不提示输入口令。

-W,--password:强制口令提示(自动)。

② 一般选项。

-d,--dbname=名称:连接数据库名称。

-f,--file=文件名:输出文件名。

-F,--format=c|d|t:备份文件格式(应该自动进行)。

-l,--list:打印归档文件的 TOC 概述。

-v,--verbose:详细模式。

-V,--version:输出版本信息,然后退出。

-?,--help:显示此帮助,然后退出。

③ 恢复控制选项。

-a,--data-only:只恢复数据,不包括模式。

-c,--clean:在重新创建之前清除(删除)数据库对象。

-C,--create:创建目标数据库。

-e,--exit-on-error:发生错误时退出,默认为继续。

-I,--index=NAME:恢复指定名称的索引。

-j,--jobs=NUM:执行多个并行任务,进行恢复工作。

-L,--use-list=FILENAME:文件中指定的内容表排序输出。

-n,--schema=NAME:在这个模式中只恢复对象。

-O,--no-owner:不恢复对象所属者。

-P,--function=NAME(args):恢复指定名称的函数。

-s,--schema-only:只恢复模式,不包括数据。

-S,--superuser=NAME:使用指定的超级用户来禁用触发器。

-t,--table=NAME:恢复指定名称的表或视图等关系。

-T,--trigger＝NAME：恢复指定名称的触发器。

-x,--no-privileges：跳过处理权限的恢复(GRANT/REVOKE)。

-1,--single-transaction：作为单个事务恢复。

--disable-triggers：在只恢复数据的过程中禁用触发器。

--enable-row-security：启用行安全性。

--if-exists：当删除对象时使用 IFEXISTS。

--no-data-for-failed-tables：对那些无法创建的表不进行数据恢复。

--no-security-labels：不恢复安全标签信息。

--no-tablespaces：不恢复表空间的分配信息。

--section＝SECTION：恢复命名节(数据前、数据中及数据后)。

--strict-names：要求每个表和/或 Schema 包括模式，以匹配至少一个实体。

--use-set-session-authorization：使用 SESSION AUTHORIZATION 命令代替 ALTER OWNER 命令来设置所有权。

2. 使用管理工具 GUI 操作方式恢复数据备份

在 PostgreSQL 数据库系统中,除了运行实用程序工具恢复数据库外,还可以使用数据库管理工具(如 pgAdmin4)以 GUI 操作方式恢复数据库。

【例 7.17】 利用 pgAdmin4 实现 PostgreSQL 数据库的恢复。

具体步骤如下。

(1) 当 DBA 使用 pgAdmin4 工具登录 DBMS 服务器后,在运行界面的数据库目录列表中选择需要恢复的数据库(如 ProjectDB),单击鼠标右键,在弹出的菜单中选择"还原"命令,系统弹出数据库恢复设置界面,如图 7.22 所示。

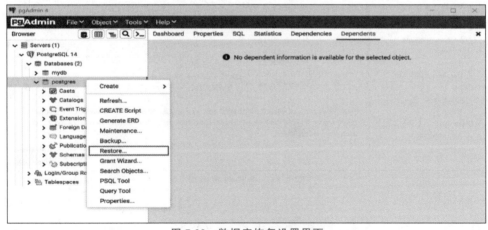

图 7.22 数据库恢复设置界面

(2) 在数据库恢复设置界面中输入数据库备份文件名(如 g：\ProjectDB.bak),选取备份文件格式(如 Custom),设置任务进程数目、角色名等选项参数。然后单击"还原"按钮,DBMS 进行数据库恢复处理,其运行结果界面如图 7.23 所示。

当数据库恢复处理成功完成后,原被破坏的数据库 ProjectDB 被恢复到备份时刻的正确状态。

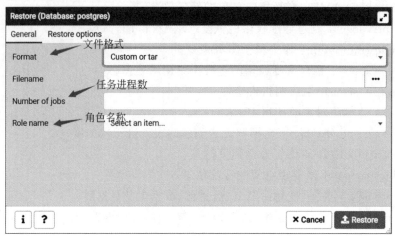

图 7.23　数据库还原参数设置

注意 pgAdmin4 需要先指定 pg 数据库的 bin 文件，才能够开启备份还原功能，单击左上角的 File，选择 Preferences，备份参数设置如图 7.24 所示。

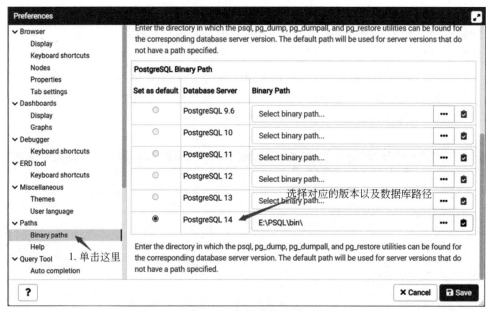

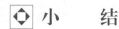

图 7.24　备份参数设置

◇ 小　结

事务是数据库管理系统最小的执行单元，事务具有 ACID 特性。

可串行化调度是事务并发执行的正确性准则，冲突可串行化、视图可串行化是可串行化的不同表现形式。

并发控制机制维护事务的一致性和隔离性。并发控制有许多机制，如基于封锁协议、基于时间戳协议等。

基于封锁协议中的两阶段封锁协议保证并发事务的可串行性,但不能避免死锁。

数据库故障分为事务故障、系统故障、硬件故障等多种类型。

故障会破坏事务的原子性和持久性,基于日志的恢复子系统维护事务的原子性和持久性。

为减少搜索日志和重做事务的开销提出了检查点技术。

◇ 习 题

1. 设数据项 A 的初值为 3,B 的初值为 2,事务 T_1 修改 A 的值,修改规则为 $A=B+1$,事务 T_2 修改 B 的值,修改规则为 $B=A+1$。

(1) 写出事务 T_1 和 T_2 可串行化调度执行的结果。

(2) 若事务按图 7.25 中的调度,判断该调度是否属于可串行化的调度,为什么? 其中,R()表示读操作,W()表示写操作。

(3) 事务 T_1 和 T_2 满足两段锁协议吗?

2. 什么是两段锁协议? 怎样实现两段锁协议?

3. 通过示例说明串行调度与可串行化调度。

4. 考虑下面两个事务:

T_1: read(A)

read(B)

if $A=0$ then $B:=B+1$

write(B)

T_2: read(B)

read(A)

if $B=0$ then $A:=A+1$

write(A)

给事务 T_1 和 T_2 增加加锁和解锁指令,使它们遵从两段锁协议。这两个事务会引起死锁吗?

T_1	T_2
Slock B	
Y=R(B)	
Unlock B	
Xlock	
A=Y+1	Slock A
W(A)	等待
Unlock A	等待
	等待
	X=R(A)
	Xlock B
	B=X+1
	W(B)
	Unlock A
	Unlock B

图 7.25 习题 1

5. S_1: $r_1(A)$; $r_2(A)$; $r_3(B)$; $w_1(A)$; $r_2(C)$; $r_2(B)$; $w_2(B)$; $w_1(C)$,按冲突可串行化条件画出调度的优先图,并判断其是否冲突可串行化的,若是请给出等价的串行调度。

6. 请解释为什么 undo-list 中事务日志记录必须由后往前进行处理,而 redo-list 中事务的日志记录则必须由前往后进行处理。

7. 根据检查点技术写出图 7.26 中 5 个事务应采取的故障恢复策略。

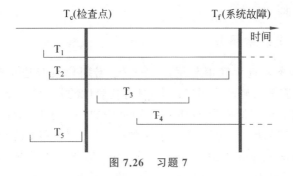

图 7.26 习题 7

数据库应用

第8章

SQL 必须作为应用程序的一部分用于访问数据库,怎样将 SQL 嵌入编程环境中呢?主要方式有嵌入式 SQL(Embedded SQL)、过程化 SQL(Procedural Language/SQL,PL/SQL)、存储过程和函数、开放式数据库互连(Open Data Base Connectivity,ODBC)、Java 数据库连接(Java Data Base Connectivity,JDBC)等编程方式。本章先介绍服务器环境,然后再介绍存储过程、JDBC 及数据库应用的安全问题。

◆ 8.1 三层体系结构

数据库有各种不同的规模,包括小的单机数据库,如 Microsoft Access 用于存储实验数据。大型数据库的安装一般采用三层体系结构,如图 8.1 所示。

图 8.1　三层体系结构

Web 服务器(Web Server):连接客户端与数据库系统的进程,通常通过 Internet 或者本地连接完成操作。

应用服务器(Application Server):执行交易逻辑的进程,即系统要做的所有操作。

数据库服务器(Database Server):运行 DBMS 的进程并且执行应用程序服务器请求的查询和更新。

8.1.1　Web 服务器层

Web 服务器进程管理与用户的交互,当用户发起连接时,可能是通过打开 URL,Web 服务器则响应用户请求,具有代表性的是运行 Apache/Tomcat 来完成该过程。之后用户便成为 Web 服务器进程的一个客户端(Client)。Web 浏览器将执行客户端的操作,例如,管理表单的填写,而表单将被提交给 Web 服务器。

以 Amazon.com 网站为例。一个用户在浏览器中输入 URL 地址"www.amazon.com"打开与 Amazon 数据库系统的连接。数据库系统的 Web 服务器则将"主页"呈现给用户,其中包括想要操作的表单、菜单和按钮。例如,用户单击图书菜单,输入感兴趣的图书名字,客户端 Web 浏览器将这条消息提交给 Amazon 的 Web 服务器,而 Web 服务器必须与下一层的应用服务器层进行交互来完成客户端的请求。

8.1.2 应用服务器层

应用服务器层的工作是将数据从数据库发回给 Web 服务器的请求。每一个 Web 服务器的进程可以调用一个或多个应用服务器层的进程来处理请求,这些进程可以在一台或多台机器上运行,甚至可以运行在 Web 服务器相同的机器上。

应用服务器层上主要执行业务逻辑,即对具体问题进行逻辑判断与执行操作。以 Amazon.com 上的图书信息为例,客户请求将作为 Amazon 显示图书信息主页的一个组成元素,包括书名、作者、价格及其他相关数据。另外还包括一些相关的链接信息,如评论、卖家信息和类似图书的信息等。

对于一个简单的系统,应用服务器层可以在 HTML 页面中直接向数据库发出查询请求,并收集查询请求的结果,而稍微复杂一点的系统,则由许多子层组成应用服务器层,每个子层都有自己的进程。一种常见的结构是一些子层支持"对象",这些"对象"包括部分数据,如"图书"对象的书名和价格,这些数据需要通过数据库查询获得,"对象"还包含一些被应用服务器层进程调用的方法,如果这些方法被调用,将被依次提交给数据库的附加查询。

另外的子层则支持数据集成。系统有多个完全独立的数据库,提交一次查询不可能包含多个数据库的数据,需要将来自不同数据库的查询结果进行集成。不同数据库存在差异,子层需要解决这些差异,例 8.1 就是该问题。

【例 8.1】 Amazon 数据库包含图书信息,其中用美元表示书本的价格,但是对于欧洲的用户,他们的账户信息位于欧洲的另外一个数据库,同时账单票据信息用欧元表示。

数据集成的子层从数据库获得图书价格呈现给客户账单时需要解决两种货币的差异。

8.1.3 数据库服务器层

数据库服务器层同样具有多个进程,可分配到多台机器,也可在一台机器共同工作。数据库服务器层负责执行来自应用服务器层请求的查询,另外还提供一些数据缓冲。如返回结果为多行元组的查询可以一次只提供一个元组给应用服务器层的请求进程。

由于与数据库的连接是有限的,通常会保持一定数量的连接处于开放状态,同时允许应用进程共享这些连接。为了避免应用进程之间的一些异常交互,每个应用进程必须获得它的连接状态。

◆ 8.2 存储过程和函数

存储过程
介绍

基本的 SQL 是高度非过程化的语言,过程化 SQL 是对基本 SQL 的扩展,使其增加了过程化语句的功能。过程化 SQL 块的基本结构如图 8.2 所示。

存储过程和函数是由过程化 SQL 语句书写,经编译后存储在数据库服务器端,当被调用时不需要再次编译;当客户端连接到数据库时,用户通过指定存储过程或函数的名称并给出参数,数据库就可以找到相应的存储过程或函数并予以调用。

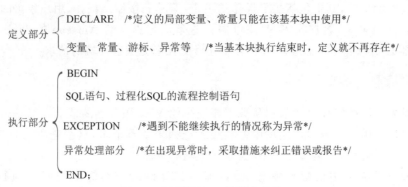

图 8.2 过程化 SQL 的基本结构

1. 存储过程或函数的优点

(1) 减少网络通信量。当调用的存储过程或函数包含的 SQL 语句行数不多时,与直接调用 SQL 语句的网络通信量可能不会有明显的差别;但是如果需要数百行 SQL 语句参与计算处理,且部分 SQL 语句需要返回大量中间结果,直接通过应用程序将相应 SQL 请求发送到数据库服务器,将会增大网络通信开销。相反,使用存储过程或函数能降低该开销,从而提升整体性能。

(2) 执行速度更快。首先,存储过程或函数存在数据库服务器中,当创建或者第一次被调用时被编译和优化,此后再次调用时无须重新编译,直接执行,从而提高了性能;其次,当存储过程或函数执行后,内存就会保留存储过程或函数的副本,这样下次再执行同样的存储过程时,系统可以从内存中直接调用。

(3) 降低了开发的复杂性。应用程序和数据库的编码工作可以分别独立进行,而相互影响较小;同一套业务逻辑可被不同应用程序共用,减少了应用程序的开发复杂度,同时也保证了不同应用程序使用的一致性。

(4) 增强了数据库的安全性。当直接从表中读取数据时,对应用程序只能实现表级别的权限管理;如果通过向用户授予对存储过程或函数的访问权限,它们可以提供对特定数据的访问,可在存储过程或函数中将应用程序无权访问的数据屏蔽。

2. 存储过程或函数的缺点

(1) SQL 本身是一种结构化查询语言,而存储过程或函数本质上是过程化的程序;面对复杂的业务逻辑,过程化处理逻辑相对比较复杂,而 SQL 的优势是面向数据查询而非业务逻辑的处理,如果把复杂的业务逻辑全放在存储过程或函数中实现,就难以体现 SQL 的优势。

(2) 如果存储过程或函数的参数或返回数据发生变化,一般需要修改存储过程或函数的代码,同时还需要更新主程序调用存储过程或函数的代码。

(3) 开发调试复杂。由于缺乏支持存储过程或函数的集成开发环境,存储过程或函数的开发调试比一般程序困难。

(4) 可移植性差。由于存储过程或函数将应用逻辑程序绑定到特定数据库,每种数据库的存储过程或函数可能存在不同程度的差异,因此使用存储过程或函数封装业务逻辑将限制应用程序的可移植性。在特定应用环境中,如果应用程序的可移植性对应用非常重要,则应该选择将业务逻辑封装在与特定 RDBMS 无关的中间层。

8.2.1 定义部分

过程化 SQL 块里使用的变量大都必须在声明段里先进行声明,PL/pgSQL 变量可以使用任意的 SQL 数据类型,如 integer、varchar、char 等。

1. 变量定义

变量声明的语法如下。

```
变量名 数据类型 [NOT NULL] [{DEFAULT|:=}expression];
```

(1) 由 CONSTANT 选项修饰的变量为常量,在初始化后不允许被重新赋值。

(2) 如果变量声明为 NOT NULL,那么该变量不允许被赋予空值 NULL,否则运行时会抛出异常提示信息。因此,所有声明为 NOT NULL 的变量,必须在声明时赋予非空的默认值。

(3) 如果给出了 DEFAULT 子句,那么它声明了在进入该块时赋予该变量的初始值。如果没有给出 DEFAULT 子句,那么该变量初始化为 SQL NULL。如果声明了 NOT NULL,那么赋予 NULL 的数值将在运行时导致错误,所以声明为 NOT NULL 的变量还必须声明一个非空的默认值。

【例 8.2】 定义以下各类变量。

```
Declare
user_id integer;                    /*定义一个整型的变量*/
url varchar;                        /*定义一个变长字符类型的变量*/
quantity integer DEFAULT 32;        /*定义一个整型的变量,默认值为 32*/
url varchar:='http://mysite.com';   /*定义字符变量,初始化值为 http://mysite.com*/
```

2. 常量定义

常量定义的语法格式为

```
常量名 [CONSTANT 数据类型 [{DEFAULT|:=}expression];
```

【例 8.3】 user_id CONSTANT integer：=10； /*定义一个整型的常量*/

3. 复合类型

PostgreSQL 和 Oracle 等数据库支持使用其他变量或数据库表字段的类型来定义新的变量,声明变量的形式为

```
newVariableName variable%TYPE;
```

%TYPE 表示一个变量或表字段的数据类型,PL/pgSQL 允许通过该方式声明一个变量,变量 newVariableName 的类型等同于 variable 或表字段的数据类型。

【例 8.4】 stuID student.sid%TYPE;

例 8.4 中变量 stuID 的数据类型等同于 student 表中 sid 字段的类型。

通过使用%TYPE 声明变量,当引用的变量类型发生改变时,无须修改该变量的类型声明;也可以在存储过程或函数的参数和返回值中使用该方式的类型声明;还可以将一个变量

声明为数据库表的行类型,声明变量的形式为

```
rowVariable table_name%ROWTYPE;
```

或者

```
rowVariable table_name;
```

table_name%ROWTYPE 表示指定表的行类型,在创建一个表时,PostgreSQL 会创建出一个与之相应的复合类型,该类型名等同于表名。用此方式声明的变量,可以保存 SELECT 返回结果中的一行。如果要访问变量中的某个域字段,可以使用点表示法,如 rowVariable.field;但是行类型的变量只能访问用户自定义字段,无法访问系统提供的隐含字段,如 OID 等。

```
recordVariable RECORD;
```

RECORD 记录变量类似行类型变量,但是它们没有预定义的结构,而是在 SELECT 命令中获取实际的行结构。

4. 赋值语句

赋值语句格式为

```
myValue:=expression;
```

等号两端的变量和表达式的类型相容,也可以通过 PostgreSQL 的转换规则进行转换,否则系统将会产生运行时错误。

【例 8.5】 给变量赋值

```
salePrice:=20;
tax:=salePrice * 0.13;
```

也可以通过 SELECT INTO 语句对记录变量或行类型变量进行赋值,其语法形式为

```
SELECT INTO target select_expressions FROM …;
```

该赋值方式一次只能赋值一个变量。表达式中的 target 可以表示为一个记录变量、行变量、一组用逗号分隔的简单变量和记录/行字段的列表。select_expressions 及剩余部分与普通 SQL 一样。

如果将一行或者一个变量列表用作目标,那么查询值必须精确匹配目标的结构,否则就会产生运行时错误。如果目标是一个记录变量,那么它自动将自己构造成命令结果列的行类型。如果命令返回零行,目标被赋予空值。如果命令返回多行,那么只有第一行被赋予目标,其他行将被忽略。在执行 SELECT INTO 语句之后,可以通过检查内置变量 FOUND 来判断本次赋值是否成功。

【例 8.6】 定义复合变量并用 FOUND 来判断赋值是否成功。

```
CREATE OR REPLACE FUNCTION test()
RETURNS BOOLEAN AS $$
DECLARE
    myrec student%ROWTYPE; --通过 student 表的元组结构体来定义 myrec 的类型
    myname student.sname%TYPE; --将 student 表的 sname 列的类型来定义 myname
    BEGIN
    myname :='王芯';
    SELECT INTO myrec *
    FROM student
WHERE student.sname=myname;
--通过 select 语句将学生王芯的元组从数据表中放到 myrec 上
IF NOT FOUND THEN
RAISE EXCEPTION 'Student % not found',myname;
--FOUND 检测插入是否成功,若失败则意味元组不在数据表内
    END IF;
END;
$$ LANGUAGE plpgsql;
```

5. 执行动态命令 EXECUTE

执行动态变化的字符串其语法形式为

```
EXECUTE command-string [INTO target];
```

command-string 是文本型的表达式,它包含要执行的命令;target 是记录变量、行变量或者多个用逗号分隔的变量。和所有其他 PL/pgSQL 命令不同的是,一个由 EXECUTE 语句运行的命令在每次运行时动态生成。由此可见,命令字符串可以在存储过程里动态地生成,以便于对各种不同的表和字段进行操作,从而提高函数的灵活性,但是会降低执行效率。

6. 游标

游标是系统为用户开设的一个数据缓冲区,存放 SQL 语句的执行结果,每个游标区都有一个名字,用户可以通过游标逐一获取记录赋给变量。使用游标的步骤包括：声明游标、打开游标、推进游标读取当前记录和关闭游标。

(1) 声明游标。

在 PL/pgSQL 里对游标的访问是通过游标变量,它是特殊的数据类型 refcursor。创建游标变量可以将它声明为类型 refcursor 的变量,也可以使用游标声明语法：

```
name [[NO] SCROLL] CURSOR [(arguments)] FOR query;
```

SCROLL 允许游标向后滚动;如果定义为 NO SCROLL 则不允许向后取;如果二者都没有,那么是否进行向后取的动作会根据查询来判断。

arguments 由"name datatype"的参数列表组成,打开游标时用实际参数代替该形参。

【例 8.7】　为学生表和学生表上的查询声明游标变量。

```
DECLARE
curs1 refcursor;
```

```
curs2 CURSOR FOR SELECT * FROM Student;
curs3 CURSOR(key integer) IS SELECT * FROM Student WHERE sage=key;
```

这三个变量都是 refcursor 类型,curs1 可用于任何命令,curs2 绑定了一个声明完整的命令,curs3 绑定了一个带参数的命令,key 将在游标打开的时候被代换成一个整数。变量 curs1 可以称为未绑定的,因为它没有和任何查询相绑定。需要注意的是,声明游标变量只是对变量的类型进行了说明,DBMS 还没有执行游标的查询语句,因此,这时游标中还没有可访问的数据。

(2) 打开游标。

打开未绑定的游标语法格式为

```
OPEN unbound_cursorvar [[NO]SCROLL] FOR query;
```

或

```
OPEN unbound_cursorvar [[NO]SCROLL]FOR EXECUTE query-string [USING expression[,
…]];
```

打开游标变量并且执行给出的查询。游标不能是已打开的,并且必须声明为一个未绑定的游标(也就是一个简单的 refcursor 变量)。其 query 查询语句是返回记录的 SELECT 语句,或其他返回记录行的语句。在 PostgreSQL 等大多数数据库中,执行该查询语句与执行普通的 SQL 语句相同,即先替换变量名,同时将该查询的执行计划缓存起来,供后面查询使用。

EXECUTE 将动态执行其后以文本形式表示的查询字符串,跟 EXECUTE 一起,通过使用 USING,参数值可以被插入动态命令中。

【例 8.8】 打开游标。

```
OPEN curs1 FOR SELECT * FROM foo WHERE key=mykey;
OPEN curs1 FOR EXECUTE 'SELECT * FROM ' || quote_ident(tabname) || 'WHERE col1=$1
' USING keyvalue;
```

在这个例子中,表名被插入文本查询中,因此使用 quote_ident()时要防止 SQL 注入。通过 USING 参数与 col1 比较,因此不需要使用引号。

打开已绑定的游标语法格式为

```
OPEN bound_cursorvar [(argument_values)];
```

这种形式的 OPEN 用于打开一个游标变量,该游标变量的命令是在声明时和它绑定在一起的;游标不能是已经打开的;当且仅当该游标声明为接受参数的时候,才能以传递参数的形式打开该游标,这些参数将被实际代入游标声明的查询语句中。

【例 8.9】 打开例 8.7 已绑定的游标。

```
OPEN curs2;
OPEN curs3(42);
```

（3）使用游标。

```
FETCH [direction {FROM|IN}] cursor INTO target;
```

FETCH 从游标中检索下一行到目标中，目标可以是一个行变量、记录变量、逗号分隔的普通变量列表。与 SELECT INTO 类似，如果下一行中没有，目标会设为 NULL，可以使用特殊变量 FOUND 来检查该行是否符合。

direction 可以为 NEXT、PRIOR、FIRST、LAST、FORWARD、BACKWARD，默认情况下是 NEXT。

cursor 指向一个打开的游标变量的名字。

【例 8.10】　利用游标访问数据库表 student 中的信息。

```
CREATE OR REPLACE FUNCTION fun1(mykey integer) RETURNS int AS $$
DECLARE --定义例8.7中的游标
curs1 refcursor;
curs2 cursor FOR SELECT * FROM STUDENT;
curs3 cursor (key integer) IS SELECT * FROM STUDENT WHERE sage =key;
y student%ROWTYPE;
BEGIN
open curs1 FOR SELECT * FROM student WHERE student.sage > 18;
    fetch curs1 into y; RAISE NOTICE 'curs1 : %', y;
    fetch curs1 into y; RAISE NOTICE 'curs1 : %', y;
open curs2;
    fetch curs2 into y; RAISE NOTICE 'curs2 : %', y;
    fetch curs2 into y; RAISE NOTICE 'curs2 : %', y;
open curs3(mykey);
    fetch curs3 into y; RAISE NOTICE 'curs2 : %', y;
    fetch curs3 into y; RAISE NOTICE 'curs2 : %', y;
END;
$$LANGUAGE plpgsql;
```

（4）关闭游标。

```
CLOSE cursor;
```

CLOSE 关闭游标，在事务结束之前释放资源或者释放掉该游标变量。例如，关闭游标 curs1 为 CLOSE curs1。

7. 异常

如果过程化 SQL 在执行时出现异常，则应该让程序在产生异常的语句处停下来，根据异常的类型去执行异常处理语句。PL/pgSQL 利用 RAISE 语句报告信息以及抛出错误。

```
RAISE [level] 'format' [,expression[,…]][USING option=expression[,…]];
RAISE [level] condition_name [USING option=expression[,…]];
RAISE [level] SQLSTATE 'sqlstate' [USING option=expression[,…]];
RAISE [level] USING option=expression [,…];
RAISE;
```

其中,level 选项指定错误的严重程度,可取值 DEBUG、LOG、INFO、NOTICE、WARNING 和 EXCEPTION,默认的是 EXCEPTION。DEBUG 表示向服务器日志写信息;LOG 表示向服务器日志写信息,但优先级更高;WARNING 表示把信息写到服务器日志以及转发到客户端应用;EXCEPTION 表示抛出一个错误,通常会退出当前事务。DEBUG、LOG、INFO、NOTICE、WARNING 和 EXCEPTION 的优先级依次升高。EXCEPTION 抛出一个错误,通常终止当前错误;其他 level 只能生成不同优先级的消息。

格式字符串'format'指定要报告的错误消息文本。格式字符串可带参数表达式,可选参数的字符串将替换％。

【例 8.11】 要求强制退出事务并返回提示。

```
RAISE EXCEPTION 'NonexistentID-->%', user_id USING HINT = 'Please check your
userid';
```

％位置的值由 user_id 的值替换。

USING 后的 option ＝expression 可以添加额外的信息到错误报告中,每个表达式都可以是任意字符串值的表达式。option 关键字可为 MESSAGE、DETAIL、HINT、ERRCODE 或 COLUMN、CONSTRAINT、DATATYPE、TABLE、SCHEMA 等数据库对象。其中,MESSAGE 设置错误信息文本,此选项不能包含格式串'format'的 RAISE 格式;DETAIL 提供一个错误的详细信息;HINT 提供一个提示信息;ERRCODE 指定要报告的错误代码 SQLSTATE,其值为 PostgreSQL 文档中列出的条件名或由 5 个字符表示的 SQLSTATE 代码。

【例 8.12】 用户 ID 不存在导致事务中止,异常给出错误消息和提示。

```
RAISE EXCEPTION 'Nonexistent ID --> %', user_id USING HINT = 'Please check your
user ID';
```

如果 RAISE EXCEPTION 命令中既不指定条件名也不指定 SQLSTATE,默认使用 RAISE_EXCEPTION (P0001)。如果不指定消息文本,默认使用条件名或者 SQLSTATE 作为消息文本。

【例 8.13】 用户 ID 已存在,异常给出提示和错误代码 SQLSTATE。

```
RAISE 'Duplicate userID:%', user_id USING ERRCODE='unique_violation';
RAISE 'Duplicate userID:%', user_id USING ERRCODE='23505';
```

用错误名称或代码表示 SQLSTATE 效果是相同的。该异常也可以用 RAISE USING 或者 RAISE level USING 来表示。

```
RAISE unique_violation USING MESSAGE = 'Duplicate user ID: ' || user_id;
```

提示写在 USING 列表中。

不带任何参数的 RAISE 只能用于 BEGIN 块的 EXCEPTION 子句中,它仅抛出当前的错误。

8.2.2 流程控制

1. 条件语句

条件语句在 PL/pgSQL 中,可以使用以下三种形式的条件语句(它们与其他高级语言的条件语句意义相同)。

1) IF…THEN

```
IF boolean-expression
THEN statements
ENDIF;
```

2) IF…THEN…ELSE

```
IF boolean-expression
THEN statements
ELSE statements
ENDIF;
```

3) IF…THEN…ELSEIF…THEN…ELSE

```
IF boolean-expression
THEN statements
ELSEIF boolean-expression
THEN statements
ELSE statements
ENDIF;
```

2. 循环语句

1) LOOP 子句

```
LOOP statements
ENDLOOP [label];
```

LOOP 定义一个无条件的循环,直到 EXIT 或 RETURN 语句终止。label 是可选标签,由 EXIT 和 CONTINUE 语句使用,用于在嵌套循环中标识循环层次。

2) EXIT 子句

```
EXIT [label] [WHEN expression];
```

如果没有给出 label,则退出最内层循环,然后执行跟在 ENDLOOP 后面的语句。如果给出 label,它必须是当前或更高层的嵌套循环块或语句块的标签。如果遇到 EXIT label,则直接转移执行 label 对应循环/块的 END 语句之后的语句。如果声明有 WHEN,则 EXIT 命令只有在 expression 为真时才被执行,否则将直接执行 EXIT 后面的语句。例如:

```
LOOP--do something
EXIT WHEN count>0;
ENDLOOP;
```

3) CONTINUE 子句

```
CONTINUE [label] [WHEN expression];
```

如果没有给出 label,CONTINUE 就会跳转到最内层循环的开始处,重新进行判断,以决定是否继续执行循环内的语句;如果指定 label,则跳到该 label 所在的循环开始处。如果声明了 WHEN,则 CONTINUE 命令只有在 expression 为真时才被执行,否则将直接执行 CONTINUE 后面的语句。例如:

```
LOOP--do something
EXIT WHEN count>100;
CONTINUE WHEN count<50;
ENDLOOP;
```

4) WHILE[<<label>>]子句

```
WHILE expression LOOP statements END LOOP[label];
```

每次进入循环体时对条件进行判断,只要条件表达式为真,其块内的语句就会被循环执行。例如:

```
WHILE amount_rowed>0 AND balance>0
LOOP
--do something
ENDLOOP;
```

5) FOR[<<label>>]子句

```
FOR name IN[REVERSE] expression..expression
LOOP statements
ENDLOOP [label];
```

变量 name 自动被定义为 integer 类型,其作用域仅为 FOR 循环的块内。表示范围上下界的两个表达式只在进入循环时计算一次。每次迭代 name 值自增 1,但如果声明了 REVERSE,name 变量在每次迭代中将自减 1。例如:

```
FOR i IN 1..10
LOOP
--do something
RAISE NOTICE 'i IS%', i;
ENDLOOP;
FOR i INREVERSE 10..1
LOOP
--do something
ENDLOOP;
```

PG 存储
过程

8.2.3　存储过程和函数的创建

1. 存储过程

PostgreSQL 使用 CREATE PROCEDURE 命令创建新的存储过程,可以在许多语言中创建 PostgreSQL 存储过程,如 SQL、PL/pgSQL、C、Python 等语言。在 PostgreSQL 内置的过程控制语言 PL/pgSQL 中,创建存储过程的语句格式为

```
CREATE [OR REPLACE] PROCEDURE name ([[argmode][argname]argtype
[{DEFAULT|=}default_expr][,…]])
AS $$
DECLARE--声明段
BEGIN--过程化语句
END;
$$ LANGUAGE lang_name;
```

主要关键字和参数如下。

(1) OR REPLACE:如果没有该名称,则创建存储过程。当数据库中存在该存储过程时,如果创建存储过程的语句没有关键字 OR REPLACE,数据库将给出类似"该存储过程已经存在,不能创建该存储过程"的警示信息;如果创建存储过程的语句有关键字 OR REPLACE,则将旧的存储过程替换为新创建的存储过程。

(2) name:要创建的存储过程名。

(3) argmode:存储过程参数的模式可以为 IN、OUT 或 INOUT,默认值是 IN。IN 声明参数为输入参数,向存储过程内部传值;OUT 声明参数为输出参数,存储过程对参数值的修改在存储过程之外是可见的,类似其他语言将函数的形式参数声明为引用;INOUT 声明该参数既是输入参数,同时又是输出参数。

(4) argname:形式参数的名称。

(5) argtype:该函数返回值的数据类型。可以是基本类型,也可以是复合类型、域类型或者与数据库字段相同的类型。字段类型用 table_name.column_name%TYPE 表示,使用字段类型声明变量的数据类型,数据库表的类型变化不会影响存储过程的执行。

(6) default_expr:指定参数默认值的表达式,该表达式的类型必须是可转换为参数的类型。只有 IN 和 INOUT 模式的参数才能有默认值,具有默认值的输入参数必须出现在参数列表的最后。

(7) AS $ $:用于声明存储过程的实际代码的开始,当编译器扫描遇到下一个 $ $ 时候,则表明代码的结束。

(8) DECLARE:PL/pgSQL 指示声明存储过程的局部变量。

(9) BEGIN…END:用来定义存储过程的执行体语句。

(10) LANGUAGE:在关键字后面由 lang_name 指明存储过程所使用的编程语言,同时标志存储过程的结束。例如,LANGUAGE plpgsql 告诉编译器该存储过程是使用 PL/pgSQL 实现的。

【例 8.14】　编写存储过程,以统计任意指定的表的记录数。

```
CREATE OR REPLACE PROCEDURE test1 (tablename text)
```

```
LANGUAGE plpgsql
AS $$
DECLARE
rec INTEGER;
BEGIN
execute 'select count( * )' || 'from' || tablename into rec ;
RAISE NOTICE 'count : %', rec;
END;
$$ LANGUAGE plpgsql
```

【例 8.15】　有下列数据库:

客户表 customer(客户编号 custkey,客户名称 custname,地址 address,电话 phone,备注 comment)

订单表 orders(订单编号 orderkey,客户编号 custkey,订单状态 status,订单总价 totalprice,订单日期 order-date,订单优先级 orderpriority,记账员 clerk,运送优先级 shippriority,备注 comment)

订单项 lineitem(订单项编号 linenumber,订单编号 orderkey,所订零件号 partkey,供应商号 suppkey,零件数量 quantity,零件总价 extendedprice,折扣 discount,税率 tax,退货标记 returnflag)

写一个存储过程计算所有订单的总价。

```
CREATE OR REPLACE PROCEDURE Cal_totalprice()
AS $$
DECLARE
tprice REAl;
res RECORD;                          / * 定义记录类型的变量 * /
mycursor CURSOR FOR
     SELECT orderkey,totalprice
     FROM orders;                    / * 定义游标结果为记录类型变量 * /
BEGIN
OPEN mycursor;                       / * 打开游标 * /
LOOP
FETCH mycursor INTO res;             / * 推进游标,将游标中取出的结果放入 res 变量 * /
IF NOT FOUND THEN EXIT;
END IF;
/ * 从记录变量 res 中获得当前订单的订单编号,计算当前订单的所有明细项目的含税折扣价总
和 * /
SELECT SUM(extendeprice * (1-discount) * (1+tax)) INTO tprice
FROM lineitem
WHERE linenumber = res.orderkey;
update orders set totalprice=tprice
where current of mycursor;           / * 更新当前游标所指记录的 totalprice 属性 * /
END LOOP;
CLOSE mycursor;
END;
$$ LANGUAGE plpgsql
```

2. 函数

PostgreSQL 使用 CREATE FUNCTION 命令创建新的函数，可以在许多语言中创建 PostgreSQL 函数，如 SQL、PL/pgSQL、C、Python 等语言。在 PostgreSQL 内置的过程控制语言 PL/pgSQL 中，创建函数的语句格式为

```
CREATE [OR REPLACE] FUNCTION name ([[argmode] [argname] argtype [{DEFAULT|=}
default_expr] [,…]]) [RETURNS retype |RETURNS TABLE (column_name column_type
[,…])]
AS $$
DECLARE--声明段
BEGIN--函数体语句
END;
$$ LANGUAGE lang_name;
```

主要关键字和参数如下。

(1) OR REPLACE：如果没有该名称，则创建存储过程。当数据库中存在该存储过程时，如果创建存储过程的语句没有关键字 OR REPLACE，数据库将给出类似"该存储过程已经存在，不能创建该存储过程"的警示信息；如果创建存储过程的语句有关键字 OR REPLACE，则将旧的存储过程替换为新创建的存储过程。

(2) name：要创建的存储过程名。

(3) argmode：函数参数的模式可以为 IN、OUT 或 INOUT，默认值是 IN。IN 声明参数为输入参数，向函数内部传值；OUT 声明参数为输出参数，函数对参数值的修改在函数之外是可见的，类似其他语言将函数的形式参数声明为引用；INOUT 声明该参数既是输入参数，同时又是输出参数。

(4) argname：形式参数的名称。

(5) argtype：该函数参数的数据类型。可以是基本类型，也可以是复合类型、域类型或者与数据库字段相同的类型。字段类型用 table_name.column_name％TYPE 表示，使用字段类型声明变量的数据类型，数据库表的类型变化不会影响存储过程的执行。

(6) default_expr：指定参数默认值的表达式，该表达式的类型必须是可转换为参数的类型。只有 IN 和 INOUT 模式的参数才能有默认值，具有默认值的输入参数必须出现在参数列表的最后。

(7) retype：指示 RETURNS 返回值的数据类型。可以声明为基本类型、复合类型、域类型或者表的字段类型。如果存储没有返回值，可以指定 void 作为返回类型。如果存在 OUT 或 INOUT 参数，那么可以省略 RETURNS 子句。

(8) RETURNS TABLE：指示函数返回值的类型是由多列构成的二维表，表的列名由 column_name 指定，每个列的数据类型由 column_type 指明；如果存储过程返回值由 RETURNS TABLE 指定，则存储过程就不能有 OUT 和 INOUT 模式的参数。

(9) AS $ $：用于声明存储过程的实际代码的开始，当编译器扫描遇到下一个 $ $ 时，则表明代码的结束。

(10) DECLARE：PL/pgSQL 指示声明存储过程的局部变量。

(11) BEGIN…END：用来定义存储过程的执行体语句。

(12) LANGUAGE：在关键字后面由 lang_name 指明存储过程所使用的编程语言,同时标志存储过程的结束。例如,LANGUAGE plpgsql 告诉编译器该存储过程是使用 PL/pgSQL 实现的。

【例 8.16】 针对例 8.15 的数据库自定义一个函数计算并返回某个顾客的所有订单的总价。

```
CREATE OR REPLACE FUNCTION cal_customer_totlaprice(i_custname CHAR(25))
RETURNS REAL
AS $$
DECLARE
temp_custkey INTEGER;                              /*定义局部变量*/
res REAL;
BEGIN
SELECT custkey INTO temp_custkey                   /*查找给定客户的客户编号*/
FROM customer
WHERE custname=trim(i_custname);
RAISE NOTICE 'custkey is %', temp_custkey;         /*提示客户编号信息*/
/*更新指定客户编号的所有订单的含税折扣总价*/
UPDATE orders SET totalprice=
        (SELECT SUM(lineitem.extendeprice*(1-discount)*(1+tax))
        FROM lineitem,orders
        WHERE orders.orderkey=lineitem.orderkey and orders.custkey=temp_custkey);
/*计算指定客户编号的所有订单的含税折扣总价之和*/
SELECT SUM(totalprice) INTO res
FROM orders
WHERE custkey=temp_custkey;
RETURN res;
END;
$$ LANGUAGE plpgsql;
```

8.2.4 存储过程和函数的调用

1. 执行存储过程

```
CALL 过程名()
```

【例 8.17】 调用例 8.15 的过程。

```
Call cal_totalprice();
```

2. 修改存储过程

```
重命名 ALTER PROCEDURE 过程名1 RENAME TO 过程名2
重新编译 ALTER PROCEDURE COMPILE
```

【例 8.18】 修改例 8.15 的过程。

```
alter PROCEDURE cal_totalprice rename to cal_total_price;
```

3. 删除存储过程

```
DROP PROCEDURE 过程名
```

【例 8.19】　删除例 8.15 的过程。

```
DROP  PROCEDURE cal_total_price;
```

4. 执行函数

```
SELECT 函数名
```

【例 8.20】　调用例 8.16 的函数。

```
Select cal_customer_totalprice('wang');
```

5. 修改函数
重命名：

```
ALTER FUNCTION 函数名 1 RENAME TO 函数名 2
```

【例 8.21】　修改例 8.16 的函数。

```
Alter function cal_customer_totalprice rename to customer_total_price;
```

6. 删除函数

```
DROP FUNCTION 函数名
```

【例 8.22】　删除例 8.16 的函数。

```
DROP customer_total_price;
```

 8.3　JDBC

JDBC(Java Database Connection,Java 数据库连接)是一种用于执行 SQL 语句的 Java API(应用程序设计接口),它由一些 Java 语言写的类和界面组成。JDBC 提供了一种标准的应用程序设计接口,使得开发人员使用 Java 语言开发完整的数据库应用程序变得极为简单。通过 JDBC,开发人员几乎可以将 SQL 语句传递给任何一种数据库,而无须为各种数据库编写单独的访问程序。JDBC 可以自动将 SQL 语句传递给相应的数据库管理系统。

8.3.1　概述

JDBC 基本结构包括 Java 应用程序、JDBC 驱动程序管理器、JDBC 驱动程序。JDBC 应用系统结构如图 8.3 所示。

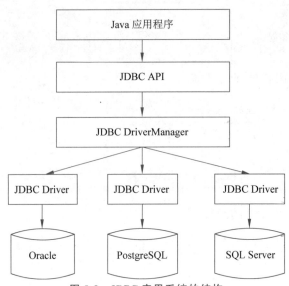

图 8.3   JDBC 应用系统的结构

1. JDBC API

JDBC API 是供程序员调用的接口与类,如 DriverManager 类、Connection 接口、Statement 接口、ResultSet 接口等,封装在 java.sql 和 javax.sql 的两个包里,因此,用 Java 开发连接数据库的应用程序时必须加载这两个包。

JDBC API 是一组抽象的 Java 接口,应用程序可以对某个数据库打开连接,执行 SQL 语句并且处理结果。最重要的类和接口如表 8.1 所示。

表 8.1   JDBC 的类和接口

类 名	功 能 说 明
java.sql.DriverManager	用于加载驱动程序,建立与数据库的连接
java.sql.Driver	驱动程序接口
java.sql.Connection	用于建立与数据库的连接
java.sql.Statement	用于执行 SQL 语句并返回结果集
java.sql.ResultSet	控制 SQL 查询返回的结果集
java.sql.SQLException	SQL 异常处理类,其父类是 java.lang.Exception

其中,java.sql.Statement 又有以下两个子类型。

(1) java.sql.PreparedStatement:用于执行预编译的 SQL 语句。

(2) java.sql.CallableStatement:用于执行对一个数据库内嵌过程的调用。

2. JDBC DriverManager

由 Sun 公司提供,载入各种不同的 JDBC 驱动。JDBC 标准中,驱动程序按操作方式分为以下 4 种类型。

(1) JDBC-ODBC Bridge Driver。

Sun 公司发布 JDBC 规范时,市场上可用的 JDBC 驱动程序并不多,但是已经逐渐成熟的 ODBC 方案使通过 ODBC 驱动程序几乎可以连接所有类型的数据源。所以 Sun 公司发布了 JDBC-ODBC 的桥接驱动,利用现成的 ODBC 架构,将 JDBC 调用转换为 ODBC 调用,驱动程序负责将 JDBC 转换为 ODBC,通过 ODBC 驱动程序来获得对数据库的 JDBC 访问。JDK 提供 JDBC/ODBC 桥接器(sun.jdbc.odbc.JdbcOdbcDriver)。使用时必须先安装 ODBC 驱动程序和配置 ODBC 数据源。在 JDBC 刚推出时,桥接器可以方便地用于测试,并不用于生产性的应用。目前,有很多更好的驱动程序,不建议使用桥接器,建议仅在特定的数据库系统没有相应的 JDBC 驱动程序时使用。

(2) Native-APIpartly-Java Driver。

此驱动程序是部分使用 Java 编程语言编写和部分使用本机代码编写的驱动程序,用于与数据库的客户机 API 进行通信。本地 API 驱动程序将 JDBC 命令转换为本地数据库系统的本地库方法,调用第三方数据库函数。使用时,除了安装 Java 库外,还必须安装某个特定数据库平台的代码(二进制代码,非 Java)。但是,由于驱动程序与数据库及本地平台绑定,因此这种驱动程序无法达到 JDBC 跨平台的基本目的,在 JDBC 规范中也是不被推荐的选择。

(3) JDBC-NetAll-Java Driver。

此驱动程序是一个纯粹的 Java 客户程序库,使用跨数据库协议,将数据库访问请求传输给一个服务器组件,然后该中间件服务器将访问请求转换为特定数据库系统的协议发送给数据库系统,主要目的是获得更好的架构灵活性。例如,当需要在更换数据库时,可通过更换中间组件实现。由非数据库厂商开发的第三方驱动通常还提供额外的功能,例如,高级安全特性等,但通过中间服务器转换也会对速度有一定影响。JDBC 领域的这种类型驱动并不常见,而微软的 ADO.NET 是这种架构的典型。

(4) Native-protocolAll-Java Driver。

这是最常用的驱动程序类型,此驱动程序是纯 Java 实现的驱动程序,支持跨平台部署,性能也较好。直接与特定的数据库系统通信,驱动程序将 JDBC 命令转换为数据库系统特定的网络通信协议。其优点是没有中间的转换或者中间件。通常数据库访问的性能较高,在应用开发中使用的驱动程序 JAR 包,一般都属于此类驱动程序,通常由数据库厂商直接提供。

3. JDBC Driver

JDBC Driver 由数据库厂商提供,负责连接数据库。Java 应用程序需要导入相应 JDBC 的数据库驱动程序。JDBC Driver API 是指 java.sql.Driver 接口,封装了不同数据库的驱动程序(如 Oracle、SQL Server 等)。由于它是数据库底层处理,所以必须提供对 java.sql.Connection、java.sql.Statement、java.sql.PreparedStatement 和 java.sql.ResultSet 的实现。

8.3.2　JDBC 访问数据库的基本流程

创建一个 JDBC 连接数据库的程序,包含以下 6 个步骤。

1. 加载 JDBC 驱动

在开发环境中配置指定数据库的驱动程序。例如,本书使用的数据库是 PostgreSQL 11 以上版本,所以需要去下载 PostgreSQL 11 支持的 JDBC 驱动程序。在 Eclipse 环境中创建应用项目(这里的项目名为 PostgreSQL),然后在项目中配置 JDBC 驱动程序包,如图

8.4 所示在项目中创建 Java 类。

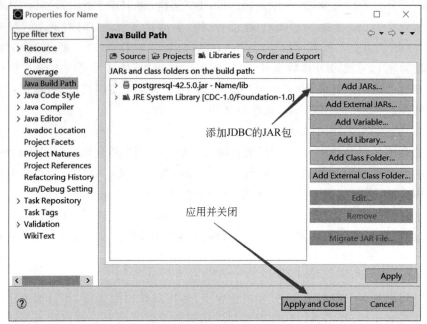

图 8.4 Eclipse 中加载 PostgreSQL 的 JDBC 驱动程序

在 Java 程序中需要加载 Java 包 java.sql.＊中的核心类和接口,然后加载驱动程序。通过 Class.forName(driverClass)方式来加载驱动程序。

加载 PostgreSQL 的数据驱动程序的代码为

```
Class.forName("org.postgresql.Driver");
```

加载 MySQL 驱动的代码为

```
Class.forName("com.mysql.jdbc.Driver");
```

加载 Oracle 驱动的代码为

```
Class.forName("oracle.jdbc.driver.OracleDriver");
```

2. 连接数据库

要在 Java 程序中访问数据库,首先要打开一个数据库连接。这一步需要选择使用哪个数据库,如 PostgreSQL 数据库。只有在打开数据库连接以后,Java 程序才能执行 SQL 语句。

可以通过调用 DriverManager 类(在 java.sql 包中)的 getConnection()方法来打开一个数据库连接。

```
Connection connection=DriverManager.getConnection("连接数据库的 URL","用户名","密码")"
```

第一个参数"连接数据库的 URL"定义连接数据库时的协议、子协议、数据源标识。协议在 JDBC 中总是以 jdbc 开始,子协议是桥连接的驱动程序或是数据库管理系统名称;数据源标识找到数据库来源的地址和连接端口。书写格式为"URL＝协议名＋IP 地址(域名)＋端口＋数据库名称"。

第二个参数用于指定数据库用户标识,即用户名,为字符串类型。

第三个参数是密码,也是字符串类型。

【例 8.23】 创建 PostgreSQL 的数据库连接。

代码示例如下。

```
public class Connect {
    public static void main(String[] args) {
        Connection conn;                                    /*定义连接类*/
        String url = "jdbc:postgresql://localhost:5432/postgres";
        String user = "postgres";
        String password = "123456";
        Class.forName("org.postfresql.Driver");             /*注册驱动*/
        conn = DriverManager.getConnection(url,user,password);   /*连接数据库*/
    }
}
```

3. 创建 Statement 对象

要执行 SQL 语句,必须获得 java.sql.Statement 实例,Statement 实例分为以下三种类型。

(1) 执行静态 SQL 语句,通常通过 Statement 实例实现。

通过 Connection 对象的 createStatement()方法可以创建一个 Statement 对象。

```
Statement statement=connection.createStatement();
```

创建 Statement 对象的代码:

```
Statement statement=conn.createStatement();
```

(2) 执行动态 SQL 语句,通常通过 PreparedStatement 实例实现。

```
PreparedStatement pstmt=conn.prepareStatement(sql);
```

(3) 执行数据库存储过程,通常通过 CallableStatement 实例实现。

```
CallableStatement cstmt=conn.prepareCall("{CALLsome_procedure(?,?)}");
```

4. 执行 SQL 语句

调用 Statement 对象的相关方法执行相对应的 SQL 语句。

ResultSet executeQuery(String sqlString)执行查询数据库的 SQL 语句,返回一个结果集(ResultSet)对象。

int executeUpdate(String sqlString)用于执行 INSERT、UPDATE 或 DELETE 语句以

及 SQL DDL 语句,如 CREATE TABLE 和 DROP TABLE 等。

boolean execute(String sqlString)用于执行返回多个结果集、多个更新计数或二者组合的语句。

【例 8.24】 向 student 表中插入一条数据。

向数据库发送 SQL 命令,代码示例如下。

```
Statement stmt=conn.createStatement();
String sql="INSERT INTO public.Student(sid,sname,sex,classid)"+"VALUES
('2017001003','张山','男','C2017001')";
stmt.executeUpdate(sql);
```

5. 处理数据库的返回结果

调用 Statement 对象的 executeQuery()方法进行数据的查询,而查询结果会得到 ResultSet 对象。ResultSet 表示执行查询数据库后返回的数据的集合,ResultSet 对象具有可以指向当前数据行的指针。调用该对象的 next()方法,可以使指针指向下一行,然后将数据以列号或者字段名取出。如果 next()方法返回 null,则表示下一行中没有数据存在。

【例 8.25】 使用结果集(ResultSet)对象的访问方法获取数据。

```
Statement stmt=conn.createStatement();
String sql="SELECT Sid,name,sex FROM Student";
ResultSet rs=stmt.executeQuery(sql);
while(rs.next()){
String name=rs.getString("name");
String pass=rs.getString(1);}
```

6. 关闭数据库连接

在使用完数据库或者不再需要访问数据库时,可以通过 Connection 的 close()方法及时关闭 JDBC 对象,释放 JDBC 资源。关闭顺序和声明顺序是相反的,关闭顺序为:记录集,声明,连接对象。

```
if(rs!=null){//关闭记录集
try{rs.close();}catch(SQLExceptione){e.printStackTrace();}
}
if(stmt!=null){//关闭声明
try{stmt.close();}catch(SQLExceptione){e.printStackTrace();}
}
if(conn!=null){//关闭连接对象
try{conn.close();}catch(SQLExceptione){e.printStackTrace();}
}
```

8.3.3 JDBC 的游标与参数绑定

JDBC 程序中的 ResultSet 用于代表 SQL 语句的执行结果。ResultSet 封装执行结果时,采用类似于表格的方式,ResultSet 对象维护了一个指向表格数据行的游标,初始时,游标在第一行之前,调用 ResultSet.next()方法,可以使游标指向具体的数据行,进行调用方法获取该行的数据。

1. 获取行

ResultSet 提供了对结果集进行滚动的方法。

next()：移动到下一行。

previous()：移动到前一行。

absolute(int row)：移动到指定行。

beforeFirst()：移动到 ResultSet 的最前面。

afterLast()：移动到 ResultSet 的最后面。

2. 获取值

ResultSet 既然用于封装执行结果，所以该对象提供的都是用于获取数据的 get 方法。

获取任意类型的数据，例如：

```
getObject(int index)
getObject(string columnName)
```

获取指定类型的数据，例如：

```
getString(int index)
getString(String columnName)
```

【例 8.26】　使用 JDBC 连接 PostgreSQL 数据库，完成 student 表的创建、插入、删除和查询等操作。

```
package testConnDB;
import java.sql.*;                              //加载 Java 包 java.sql.*
Public class JDBCDemo{                          //创建静态全局变量
static Connection conn;
static Statement st;
public static void main(String[] args)
{createtable();                                 //创建数据表
insert();                                       //插入记录
query();                                        //查询记录并显示
update();                                       //更新记录数据
query();                                        //查询记录并显示
delete();                                       //删除记录
droptable();                                    //删除数据表
}
/*创建学生表 student*/
Public static void createtable(){
conn=getConnection();                           //首先连接数据库
try{
String sql = "create table student"+"("
        + "sid character(13) not null,"
        + "sname character varying(30) not null,"
        + "sex character(20) not null,"
        + "class_id character(11),"
```

```
                    + "CONSTRAINT sid_pppkey PRIMARY KEY(sid),"
                    +"CONSTRAINT gCheck CHECK (sex in('man','woman'))"
                    + ")";
st=(Statement)conn.createStatement();          //创建 Statement 对象
st.executeUpdate(sql);                         //执行创建表的操作
System.out.println("成功创建 student 表");
conn.close();                                  //关闭数据库连接}
catch(SQLException e){System.out.println("创建表操作失败"+e.getMessage());}
}
/*删除学生表 student*/
Public static void droptable(){
conn=getConnection();                          //首先连接数据库
try{
String sql="DROP TABLE student";
st=(Statement)conn.createStatement();          //创建 Statement 对象
st.executeUpdate(sql);                         //执行删除表的操作
System.out.println("成功删除 student 表");
conn.close();                                  //关闭数据库连接
}catch(SQLException e){System.out.println("删除操作失败"+e.getMessage());}
}
/*插入数据记录,并输出插入的数据记录数*/
Public static void insert(){
conn=getConnection();                          //首先连接数据库
try{
String sql = "INSERT INTO student(sid,sname,sex,class_id)" +
             "VALUES('2017001003','张山','man','C2017001')";
       Statement st = conn.createStatement();
       st1.executeUpdate(sql);
       int count = st1.executeUpdate(sql);
       System.out.println("向 student 表中插入"+count+"条数据");
       conn.close();}
catch(SQLException e){System.out.println("插入数据失败"+e.getMessage());}
}
/*更新符合要求的记录,并返回更新的记录数目*/
Public static void update()
{ conn=getConnection();                         //首先连接数据库
try{
String sql = "update student set "+
             "sid='2017001012'" +
             "where sname = '张山'";
       st = conn.createStatement();
       st.executeUpdate(sql);                   //执行 SQL 语句
       int count = st.executeUpdate(sql);       //通过 count 来计数 SQL 的返回值
       System.out.println("student 表中更新"+count+"条数据");
       conn.close();conn.close();               //关闭数据库连接
}catch(SQLException e){System.out.println("更新数据失败");}
}
/*查询数据库,输出符合要求的记录的情况*/
Public static void query(){
```

```
conn=getConnection();                          //首先连接数据库
try{
String sql = "select * from Student ";          //查询数据的 SQL 语句
st=(Statement)conn.createStatement();
ResultSet rs=st.executeQuery(sql);
System.out.println("最后的查询结果:");
while(rs.next()){                      //判断是否还有下一个数据,根据字段名获取相应的值
String vsid=rs.getString("sid");
String vname=rs.getString("sname");
String vsex=rs.getString("sex");
String vclassid=rs.getString("classid");
//输出查到的记录的各个字段的值
System.out.println(vsid+""+vname+""+vsex+""+vclassid);
}
conn.close();                                  //关闭数据库连接
}catch(SQLException e){System.out.println("查询数据失败");}
}
/*删除符合要求的记录,输出情况*/
Public static void delete(){
conn=getConnection();                          //连接数据库
try{
String sql="delete from student where sname='张山'";
st=(Statement)conn.createStatement();
int count=st.executeUpdate(sql);               //执行 SQL 删除语句,返回删除数据的数量
System.out.println("student 表中删除"+count+"条数据\n");
conn.close();                                  //关闭数据库连接
}catch(SQLException e){System.out.println("删除数据失败");}
}
/*获取数据库连接的函数*/
public static Connection getConnection(){
Connection con=null;                           //创建用于连接数据库的 Connection 对象
String URL="jdbc:postgresql://localhost:5432/testdb";
String userName="myuser";
String passWord="sa";
try{
Class.forName("org.postgresql.Driver");        //加载 PostgreSQL 数据驱动
con=DriverManager.getConnection(URL,userName,passWord);
                                               //创建与数据库的连接}
catch(Exception){System.out.println("数据库连接失败"+e.getMessage());}
return con;                                    //返回所建立的数据库连接}
}
```

◆ 8.4　应用程序安全性

　　应用程序安全性是指对 SQL 授权处理范围之外的安全威胁和问题进行处理,必须在应用程序里强制实施安全性。应用程序必须对用户进行身份验证并确保用户只执行授权的任务。

应用程序的安全性受到多种威胁,如 SQL 注入、跨站点脚本和请求伪造等,即使数据库系统本身是安全的,不好的应用程序代码会使应用程序的安全性受到威胁,黑客可利用安全漏洞绕过应用程序的身份认证或授权检查。

8.4.1　SQL 注入

1. SQL 注入过程

如图 8.1 所示的三层体系结构中,Web 服务器会向数据访问层发起 SQL 查询请求,如果权限验证通过就会执行 SQL 语句。这种网站内部直接发送的 SQL 请求一般不会有危险,但当需要结合用户输入数据动态构造 SQL 语句时,如果用户输入的数据被构造成恶意 SQL 代码,Web 应用又未对动态构造的 SQL 语句使用的参数进行审查,则会带来意想不到的危险。SQL 注入可能会泄露保存在应用程序后台数据库中的信息,包括用户的用户名、密码、姓名、手机号码、身份证号、信用卡号等关键信息。最严重的情况是攻击者可能获得数据库管理的最高权限,然后复制数据库并对数据库进行破坏。

【例 8.27】　SQL 注入漏洞:假设在 Servlet 中用 Java 表达式创建一个 SQL 查询串,该串将用户输入与 SQL 查询直接连成串并提交给数据库。

```
string query="select * from student where name like '%" + name + "%' "
```

其中,name 是用户输入包含字符串的变量。利用 Web 表单的恶意攻击者则可以输入诸如"'; ＜some SQL statement＞ ;--"的字符串,替代一个有效的学生姓名,其中,＜some SQL statement＞表示任何攻击者希望的 SQL 语句。

```
select * from student where name like '%" +" '; <some SQL statement> ;--" + "%'
```

Servlet 则将执行以下字符串。

```
select * from student where name like ''; <some SQL statement>;--'
```

攻击者插入的引号结束该字符串,后面的分号终止该查询,然后攻击者接下来所插入的文本被解析为第二条 SQL 查询,而右引号已被注释掉。这样,该恶意用户成功插入被应用程序执行的任意 SQL 语句。该语句可以导致重大的损害,因为它能够绕过应用程序代码中实现的所有安全措施,在数据库上进行任意的操作。

为了避免这种攻击,最好使用预编译语句来执行 SQL 查询,当设置预编译语句的一个参数时,JDBC 自动添加转义字符,从而使得用户提供的引号无法再终止字符串。添加转义字符的操作也可以在与 SQL 查询连接之前用在输入字符串上来避免使用预备语句。例 8.27 可使用下列预编译语句。

```
String sqlString="select * from student where name=? ";
PreparedStatement stmt=Connection.prepareStatement(sqlString);
```

预编译的 SQL 语句变量用"?"表示,使得 SQL 查询的语义逻辑被预先定义,而实际的查询参数值则等到程序运行时再确定,因此攻击者无法改变 SQL 的结构。

SQL 注入危险的另一个来源是基于表单中指定的选择条件和排序属性动态创建查询。

【例 8.28】 一个应用可能允许用户指定用哪个属性对查询结果排序,假设该应用从表单变量 orderAttribute 中获取属性名并创建一个查询串:

```
string query="select * from takes order by"+orderAttribute;
```

即使 HTML 表单试图限定所允许的值,一个恶意用户仍可以发送一个任意字符串替代一个有意义的 orderAttribute 值。为了避免这种 SQL 注入,应用程序不能直接将前端的传值进行拼接,而是通过自行判断后在后端代码生成排序条件的最终值。如为例 8.28 先定义一个包含前端指定排序条件的列表,然后与前端传值进行对比来确保它是所允许的值。

2. 寻找和确认 SQL 注入漏洞

SQL 注入漏洞通常在应用程序编写阶段就产生了,一旦应用程序上线运行,SQL 注入漏洞就可能会暴露出来。攻击者利用推理的方式进行大量的测试,根据测试结果来判断后台数据库所执行的操作,从而寻找 SQL 注入漏洞。

推理原理是通过发送意外数据来触发 Web 应用发生异常,其规则主要遵循以下三点。

(1) 识别 Web 应用上的数据输入。

(2) 了解哪种类型的请求会触发异常。

(3) 检测服务器响应中的异常。

如果 ASP、PHP、JSP 等带参数的动态网页访问数据库,那么就可能存在 SQL 注入。如果程序员没有足够的安全意识,没有进行必要的字符过滤,存在 SQL 注入的可能性就非常大。

传入 SQL 语句的可控参数分为以下两种。

(1) 数字类型:参数不会被引号括起来,如? id=1。

(2) 其他类型:参数被引号括起来,如? name="phone"。

判断某个链接是否存在 SQL 注入,可以通过对其传入的可控参数进行简单的构造,通过服务端返回的内容来判断有无注入。

(1) 最为经典的单引号判断法。

在参数后面加上单引号,如 http://xxx/abc.php? id=1'。如果页面返回错误,则存在 SQL 注入。原因是无论字符型还是整型都会因为单引号个数不匹配而报错。

(2) 判断是否有数字型注入。

当输入的参数 x 为整型时,通常***.php 中 SQL 语句类型大致为 select * from <表名> where id = x,这种类型可以使用经典的 and1=1 和 and 1=2 来判断。

URL 地址中输入 http://xxx/***.php? id= x and 1=1,如果页面运行正常,则在 URL 地址中继续输入 http://xxx/***.php? id= x and 1=2,如果页面运行错误,则说明此 SQL 语句存在数字型注入。因为输入"and 1=1"时,后台执行 SQL 语句为 select * from <表名> where id = x and 1=1,没有语法错误且逻辑判断为真,所以返回正常。当输入 and 1=2 时,后台执行 SQL 语句为 select * from <表名> where id = x and 1=2,没有语法错误但是逻辑判断为假,所以返回错误。

(3) 判断是否有字符型注入。

当输入的参数 x 为字符型时,通常***.php 中 SQL 语句类型大致为 select * from <表名> where id = 'x',这种类型同样可以使用 and '1'='1 和 and '1'='2 来判断。

URL 地址中输入 http://xxx/abc.php? id= x' and '1'='1,如果页面运行正常,则在 URL 地址中继续输入 http://xxx/abc.php? id= x' and '1'='2,如果页面运行错误,则说明此 SQL 注入为字符型注入。

3. SQL 注入的代码防御

(1) 输入验证防御。

输入验证是指在 Web 页面代码中,用户提交表单数据前,利用一定的规则对输入的数据进行合法性验证。这里的验证不仅要验证数据的类型,还应该利用正则表达式或业务逻辑来验证数据的内容是否符合要求。

输入验证一般分为两种:白名单验证和黑名单验证。白名单验证是用户先建立白名单规则,包含在规则内的数据全部通过,因此,也称为包含验证或正验证。黑名单验证是用户先建立黑名单规则,在规则内的数据禁止通过,因此,也称为排除验证或负验证。

白名单验证是在用户进一步处理之前验证输入是否符合所期望的类型、长度、大小、数字范围或其他标准。例如,身份证号码为 18 位,最后一位可能是 X 或者 x;手机号码全部是数字,长度为 11 位;邮政编码为 6 位;成绩的范围为 0～100。白名单验证通常利用正则表达式完成,可以从数据类型、数据值、数据范围、数据内容、数据大小等方面考虑。例如,录入成绩。首先,数据类型是数字型,大小范围是 0～100。正则表达式是:^(0|\d{1,2}|100)? \$ 。

黑名单验证是拒绝不良的输入,如果输入中包含恶意内容,则直接拒绝。黑名单验证要比白名单验证弱些,因为潜在的不良字符很多,这样会导致黑名单列表很大,而且很难及时更新。黑名单验证通常也是利用正则表达式,附加一个禁止使用的字符,例如,禁止输入字母,正则表达式是:[^a-zA-Z]。

(2) 通过代码过滤防御。

SQL 注入产生的根本原因是用户修改了程序员设计的 SQL 语句结构而导致的。前面介绍的 SQL 注入的主要操作和注入关键词,基本上都是通过字符串进行注入,且数字的注入也是转换为字符串进行处理的。另外,空格也是一个危险的字符,几乎所有的 SQL 注入都有空格参与的影子,但同时空格也是 SQL 语句不可或缺的字符。所以,Web 服务器端接收的参数,可以利用过滤空格来实现 SQL 注入防御。对于纯中文,过滤掉空格就能够解决问题,若输入的是英文字符串,空格本身是用户输入内容的一部分,不能随意删除。这时就要分为两种情况进行处理。如果提交的参数不可能是英文字符串,特别是 URL 中参数值一般是不允许有空格的,这时可以将空格直接删除。如果空格本身是参数值的一部分,可以将空格先进行替换,然后再提交给数据库进行处理。如先将空格替换成"{#space}",保存到数据库,读取时再将"{#space}"替换回空格。这样的操作,对用户来说根本觉察不到,但却起到了防御的作用。例如,下面的代码段就起到了这个作用。

```
'写入数据库前替换
Function ReplaceSpaceBefore(qstr)
ReplaceSpaceBefore=replace(qstr," ","{#space}")
end Function
'显示到浏览器前替换
Function ReplaceSpaceAfter(qstr)
ReplaceSpaceAfter=replace(qstr,"{#space}","")
end Function
```

（3）通过 Web 应用防御。

Web 应用防御是指在编写应用程序时，如果要对数据库进行查询或插入、删除和修改操作，尽量避免直接构造 SQL 语句，而是利用服务器编程语言进行相关处理，这样可以有效地防止 SQL 注入。

以插入记录为例，不直接使用 INSERT 语句，而通过先打开记录集对象，然后往记录集对象中先添加一条空记录，再将具体的数据内容写入记录字段中，最后直接将记录集更新到数据库中。这样就可以有效避免 SQL 攻击，达到防御的目的。

下面以 ASP 应用程序为例来进行说明。这是一个用户注册的 Web 页面，其主要代码如下。

```
UserName=CheckStr(request("username"))          '接收用户输入的用户名并过滤字符
Password=CheckStr(request("Password"))          '接收用户输入的密码并过滤字符
if  NotisNumeric(UserName) Then Response.Write "参数必须全部是数字!"
Else If len(UserName)<>6 Then Response.Write "用户名长度必须是 6 位!"
Else If len(Password)<8 Then Response.Write "密码长度小于 8"
Else sql="SELECT * FROM Users WHERE 1<>1"       '构造查询语句,内容为空
set rs=Server.CreateObject("ADODB.Recordset")   '建立记录集对象 rs,内容为空
rs.opensql,conn,1,3                             '打开记录集对象
rs.addnew                                       '在记录集中增加一个空行
rs("username")=UserName                         '将用户名信息写入记录字段中
rs("Password")=Password                         '将密码信息写入记录字段中
rs.update                                       '数据记录保存到数据库中
rs.close
setrs=Nothing
conn.close
setconn=nothing
endif
```

在上述代码中，首先是接收用户输入的数据，对数据进行危险字符过滤及合法性检测，其次对需要插入记录的表 Users 构造一条 SQL 查询语句，内容为空，然后增加一条空记录，再将对应的字段写入值（rs("username")=UserName 和 rs("Password")=Password），利用 rs.update 进行保存。代码中没有直接执行由参数控制的查询和插入语句，因此不会产生注入攻击。

8.4.2　应用程序认证

认证是指验证连接到应用程序的人或软件的身份。认证最简单的形式由密码构成。当一个用户连接到应用程序时必须出示该密码，但密码容易泄露，对于安全性更高的应用采用加密认证。

许多应用使用双因素认证，利用两个独立的因素用于识别一个用户。大部分双因素认证方案中，密码用作第一个因素，通过 USB 接口连接的智能卡或其他加密设备用作第二个因素。

用作第二个因素的一次性密码设备，每分钟生成一个新的伪随机数。给每个用户一个设备，认证时，用户必须输入认证时设备上所显示的数字以及密码。每个设备生成不同的伪

随机数序列。应用服务器生成与用户设备相同的伪随机数序列,验证数字是否匹配。

第二个因素的另一种方法是当用户登录应用时,给用户的手机发送一条包含一次性密码的短信,用户必须将一次性密码和密码输入用以认证。

使用双因素认证的用户仍容易受到中间人(man-in-the-middle)攻击。这种攻击将用户转向一个虚假网站接收用户的密码,包括第二因素的密码,并立即用该密码到原始应用中认证。HTTPS协议可保护用户不会连接到虚假网站,防止中间人攻击。

8.4.3 应用级授权

虽然SQL标准支持基于角色的授权系统,但SQL授权模型对于用户授权的管理是非常有限的。如想要所有学生只可以看到自己的成绩而看不到其他人的成绩,这样的授权在SQL中无法表示,因为:

(1) 缺乏最终用户信息。随着Web规模的增长,数据库访问主要来自Web应用服务器,最终用户在数据库本身上通常没有个人用户标识,并且数据库中可能只存在单个用户标识对应于应用服务器的所有用户。因此,SQL的授权规范在该情况中无法使用。

(2) 缺乏细粒度的授权。如果授权学生只查看自己的成绩,授权必须是在元组级别上,目前SQL标准中不支持这种授权,SQL标准只支持关系或视图,或者关系或视图的属性上授权。

上述例子中的问题一般通过创建视图来解决。例如,创建以下视图:

```
create view student-takes as
select *
from takes
where takes.ID=syscontext.user_id()
```

向用户授权这个视图而不是底层关系。

授权的任务通常由应用程序执行,绕过SQL授权机制。在应用级别,授权用户访问特定视图,限制只能查看或更新某些数据项。在应用程序中,执行授权给应用程序开发人员带来很大的灵活性,但也存在一些问题。

(1) 检查授权的代码和应用程序的其他代码混合在一起。

(2) 通过应用程序的代码授权,难以确保没有漏洞。如果疏忽了权限检查,未授权的用户可能访问到机密数据。

8.4.4 审计追踪

审计追踪是关于应用程序数据的所有更改(插入/删除/更新)的日志,以及诸如哪个用户执行了更改和什么时候执行的更改等信息。如果应用程序安全性被破坏或是执行了错误的更新,审计追踪能够帮助找出发生了什么,以及可能由谁执行的操作,并帮助修复安全漏洞或错误更新造成的损害。

例如,发现一个学生的成绩不正确,则可以检查审计日志,以定位该成绩是什么时候以及如何被更新的,并找出执行该更新的用户。学校可以利用审计追踪来跟踪这个用户所做的所有更新,从而找到其他错误或欺骗性的更新,并将它们予以更正。

审计追踪还可以用于探查安全漏洞,如用户账户泄露并被入侵者访问。如用户每次登录时,审计追踪将最近一次登录所做的所有更新操作呈现给用户,如果用户发现一个更新并不是由他执行的,则有可能该账户已经泄露。

也可以通过定义触发器来创建数据库级审计追踪,很多数据库系统也提供创建审计追踪的机制。但数据库级审计追踪对于应用程序来说往往是不够的,因为它们通常无法追踪应用程序的最终用户是谁。另外,它是低级别记录更新,即关系中元组的更新,而不是较高级别如业务逻辑级别。因此,应用程序通常创建一个较高级别的审计追踪,如记录执行了什么操作、何人、何时及请求源自哪个 IP 地址等。

◇　小　　结

三层体系结构:支持大规模用户网络间交互的大型数据库安装通常使用三层处理——Web 服务器、应用服务器和数据库服务器。每层可有多个激活的进程,这些进程可以运行在一个处理器或分布于多个处理器。

游标:游标是一个 SQL 变量,它指示关系中的一个元组。通过游标覆盖关系的每个元组。

JDBC:Java 数据库连接是一个 Java 类的集合,用来连接 Java 程序与数据库。

应用程序的安全性是开发人员必须注意的问题,以防止受到 SQL 注入攻击等。另外,SQL 授权机制是粗粒度的,可利用应用程序在数据库系统之外实现细粒度的、元组级别的授权以处理大量应用程序用户。

◇　习　　题

1. 应用程序访问数据库的方法有哪些?

2. 针对下列数据库完成指定任务。

客户表 customer(客户编号 custkey,客户名称 name,地址 address,电话 phone,备注 comment)

订单表 orders(订单编号 custkey,订单状态 status,订单总价 totalprice,订单日期 orderdate,订单优先级 orderpriority,记账员 clerk,运送优先级 shippriority,备注 comment)

订单项 lineitem(订单项编号 linenumber,所订零件号 partkey,供应编号 suppkey,零件数量 quantity,零件总价 extendedprice,折扣 discount,税率 tax,退货标记 returnflag)

(1) 编写存储过程更新所有订单的总价。

(2) 编写存储过程更新某个顾客的所有订单的总价。

(3) 编写一个函数更新给定订单的总价。

(4) 编写一个函数更新某个顾客的给定订单的总价。

3. 利用 ODBC 和 JDBC 将学生-课程数据库从 MySQL 数据库复制到 PostgreSQL 数据库。

4. 哪些方法可以判断一个 URL 是否存在 SQL 注入?

5. 对于一个 Web 应用程序,如何采取措施防止 SQL 注入?

第三部分　数据库的设计

第
9
章

数据库设计

数据库的建立过程从设计阶段开始,提出并回答存储什么信息,信息之间如何关联,存在哪些约束等。这个阶段可能持续很长一段时间,需要评价不同的可选方案,协调不同意见。

现有商业数据库系统使用关系模型占比仍然较大,设计阶段完成后一般将设计转换为关系模型。关系模型的概念单一,只有"关系"这个概念,有效地支持各种数据库操作的实现,但也正是因为概念单一难以表达设计目标,这也是为什么开始时采用高级设计模型的原因。

设计阶段采用符号来表达设计,常用方法有"实体-联系"图(E-R 图)、UML(统一建模语言)和 ODL(对象描述语言)。UML 最早是用在面向对象软件项目设计中的一种符号标记方法,也用来描述数据库模式。ODL 将数据库描述为类与对象的集合。本章重点介绍 E-R 模型。

无论是采用 E-R 模型还是采用 UML 都有相应的方法转换成一个关系数据库模式,在一个商业 DBMS 中运行。图 9.1 描述了从思考到实现的这一过程。本章主要介绍高级设计中的基本概念。

思考 ——→ 高级设计 ——→ 关系数据库
模式 ——→ 关系DBMS

图 9.1　数据库建构和实现过程

◇ 9.1　概　　述

数据库设计是针对一个给定的应用环境,在 DBMS、操作系统、网络和硬件等软硬件支撑条件下,创建一个性能良好的数据库模式,建立数据库及其应用系统,使之能有效地存储和管理数据,满足各类用户的需求。

合理的数据库结构是数据库应用系统性能良好的基础和保证,但数据库的设计和开发却是一个庞大而复杂的工程。从事数据库设计的人员,不仅要具备数据库知识和数据库设计技术,还需要有程序开发的实际经验,掌握软件工程的原理和方法。

数据库设计一般采用两种策略:自顶向下和自底向上。自顶向下是从一般到特殊的开发策略。它从一个企业的高层管理着手,分析企业的目标、对象和策略,构造抽象的高层数据模型。然后逐步构造越来越详细的描述和模型。模型不断地扩展细化,直到能识别特定的数据库及其应用为止。

自底向上的开发与抽象的顺序相反。它从各种基本业务和数据处理着手,即从一个企业的各个基层业务子系统的业务处理开始,进行分析和设计。然后将各个子系统进行综合和集中,进行上一层系统的分析和设计,将不同的数据进行综合。最后得到整个信息系统的分析和设计。这两种方法各有优缺点。在实际的数据库设计开发过程中,常常将这两种方法综合起来使用。

数据库设计分为以下 4 个主要阶段。

用户需求分析:数据库设计人员采用一定的辅助工具对应用对象的功能、性能、限制等要求进行科学的分析。

概念结构设计:概念结构设计通过对用户需求进行综合、归纳与抽象,形成一个独立于计算机系统的概念模型。描述概念模型常用工具有 E-R 图、UML 等。

逻辑结构设计:将抽象的概念模型转换为商用 DBMS 所支持的逻辑模型,它是物理结构设计的基础。

物理结构设计:逻辑模型在计算机中的具体实现方案。

9.1.1 需求分析

需求分析主要解决"做什么"的问题,而"怎么做"则是由设计阶段来完成的。由于开发人员熟悉计算机但不熟悉应用领域的业务,用户熟悉应用领域的业务但不熟悉计算机,因此对于同一个问题,开发人员和用户之间可能存在认识上的差异。在需求分析阶段,通过开发人员与用户之间的广泛交流,不断澄清一些模糊的概念,最终形成一个完整的、清晰的、一致的需求说明。需求分析是整个系统开发过程的基础,是最困难和最耗费时间的一步。

需求分析阶段的任务是综合各个用户的应用需求,对现实世界要处理的对象(如组织、部门、企业等)进行详细设计,需要了解现有系统的概况,确定新系统的功能,收集支持系统目标的基础数据及处理方法等。

需求分析人员既要对数据库技术有一定的了解,又要对应用需求比较熟悉,一般由数据库技术人员和用户合作进行。由于数据库应用系统是面向企业或部门的具体业务,数据库技术人员一般并不了解,而同样用户也不会具有系统分析的能力,这就需要双方进行有效的沟通,使技术人员了解和熟悉用户各项业务,进行分析和加工,将用户眼中的业务转换成技术人员所需要的信息组织。

1. 结构化分析方法

结构化分析方法(Structured Analysis,SA)是一种面向数据流的需求分析方法,适用于分析大型数据处理系统,是一种简单、实用的方法。

结构化分析方法的基本思想是自顶向下逐层分解。分解和抽象是人们控制问题复杂性的两种基本手段。对于一个复杂的问题,人们很难一下子考虑问题的所有方面和全部细节,通常可以将一个大问题分解成若干个小问题,每个小问题再分解成若干个更小的问题,经过多次逐层分解,每个最底层的问题都是足够简单、容易解决的,这个过程就是分解过程。

结构化分析方法的结果有分层的数据流图、数据字典、加工逻辑及补充材料等。数据流图由数据流、加工、数据存储和外部实体等构成。数据字典为数据流图中的每个数据流、文件、加工及组成数据流或文件的数据项做出说明,如数据名、属性及其类型、主码、使用频率、更新要求、数据量估计、保密要求、共享范围及语义约束等。这些数据是描述数据的数据,称为元数据。用数据字典管理元数据,不但可以减少设计者的负担,也有利于数据的一致性要求和提供各种统计数据,因而可以提高数据库设计的质量和效率。加工逻辑用结构化语言或判定表、判断树等形式对数据处理进行描述。

2. 面向对象分析方法

面向对象分析方法(Object-Oriented Analysis,OOA)的基本任务是运用面向对象方法,对问题域进行分析和理解,正确认识其中的事物及它们之间的关系,找出描述问题域和系统功能所需的类和对象,定义它们的属性和责任,以及它们之间的关联,最终产生一个符合用户需求,并能直接反映问题域和系统功能的 OOA 模型及其详细说明。

功能/数据分析法分开考虑系统的功能要求和数据及其结构,而面向对象分析法是将数据和功能结合在一起作为一个综合对象来考虑。面向对象分析过程包括认定对象、组织对象、描述对象间的相互作用、定义对象的操作、认定对象的内部信息等活动。将自然存在的实体确立为对象,再分析对象间的关系,将相关对象抽象为类来简化对象的关联,利用类的继承性建立具有继承性层次的类结构。由对象抽象类,通过相关类的继承构造类层次,由此可知,系统的行为和信息间的分析过程就是一个迭代表征过程。对象与对象之间是相互作用的,一个对象可能是另一个对象的一部分,一个对象与其他对象之间存在通信关系等,完整地描述每个对象的环境可获得对象的界面描述。当考虑对象的界面时必然要考虑对象的操作,简单操作如创建、增加、删除等,更复杂的操作如连接等。

面向对象分析方法的难点是对问题域的理解,一般采用从应用定义域概念来标识对象。与功能/数据分析法相比,面向对象分析方法的结果比较容易理解和修改,提高软件的可靠性。

需求分析阶段的工作以及形成的相关文档如图 9.2 所示。

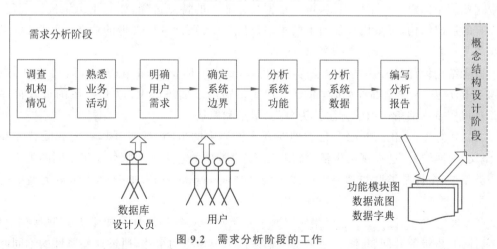

图 9.2　需求分析阶段的工作

9.1.2　概念模型的设计

在需求分析的基础上,通常用概念模型表示数据及其相互间的联系。概念数据模型是与 DBMS 无关、面向现实世界的数据模型,是数据库设计者和用户之间的沟通桥梁,因此概念模型应具备以下特点。

（1）能真实、充分地反映现实世界，包括事物和事物之间的联系，能满足用户对数据的处理要求，是现实世界的一个真实模型。

（2）易于理解，可以用它和不熟悉计算机的用户进行交流。

（3）易于更改，当应用环境和应用要求改变时容易对概念模型修改和扩充。

（4）易于向关系模型、对象-关系模型等各种数据模型转换。

概念结构设计的目标是产生反映系统信息需求的数据库概念结构，即概念模式。概念结构独立于支持数据库的 DBMS 和使用的硬件环境。设计人员从用户的角度看待数据及数据处理的要求和约束，产生一个反映用户观点的概念模式，然后再将概念模式转换为逻辑模式。各级模式之间的关系如图 9.3 所示。

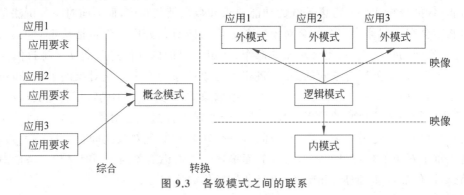

图 9.3　各级模式之间的联系

概念结构设计是设计人员以用户的观点，对用户信息的抽象和描述，从认识论的角度来讲，是从现实世界到信息世界的第一次抽象，并不考虑具体的数据库管理系统。

概念结构设计的策略通常有 4 种：自顶向下、自底向上、逐步扩张和混合策略。实际应用中这些策略并没有严格的限定，可以根据具体业务的特点选择，如对于组织机构管理，因其固有的层次结构，可采用自顶向下的策略；对于已实现计算机管理的业务，通常可以以这些业务为核心，采取逐步扩张的策略。

概念结构设计最常用的方法是实体-联系（Entity-Relationship）方法，简称 E-R 方法。使用 E-R 方法，无论是哪种策略，都要对现实事物加以抽象认识，以 E-R 图的形式描述出来。对现实事物抽象认识的方法分为分类、聚集和概括。

（1）分类（Classification）。分类即对现实世界中的事物，按照其具有的共同特征和行为，定义一种类型。这在现实生活中很常见，如学校中的学生和教师分属于不同的类型。在某一类型中，个体是类型的一个成员或实例，即"is member of"，如李娜是学生类型中的一个成员。

（2）聚集（Aggregation）。聚集定义某一个类型所具有的属性。如学生类型具有学号、姓名、性别、班级等共同属性，每一个学生都是这一类型中的个体，通过这些属性的不同取值来区分。各个属性是所属类型的一个成分，即"is part of"，如姓名是学生类型的一个成分。

（3）概括（Generalization）。概括即由一种已知类型定义新类型。如由学生类型定义研究生类型，在学生类型的属性上增加导师等其他属性就构成研究生类型。通常将已知类型称为超类，新定义的类型称为子类。子类是超类的一个子集，即"is subset of"，如研究生是学生的一个子集。

　　E-R 图设计是对需求分析阶段所得到的数据进行分类、聚集和概括,确定实体、属性和联系。概念结构设计工作步骤包括选择局部应用、逐一设计分 E-R 图和 E-R 图合并,如图 9.4 所示。

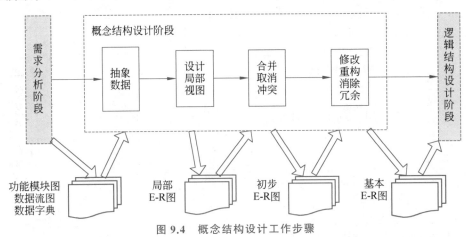

图 9.4　概念结构设计工作步骤

1. 选择局部应用

　　需求分析阶段会得到大量的数据,这些数据分散杂乱,许多数据会应用于不同的处理,数据与数据之间的关联关系也较为复杂,要最终确定实体、属性和联系,就必须根据数据流图这一线索,理清数据。

　　数据流图是对业务处理过程从高层到低层的一级级抽象,高层抽象流图一般反映系统的概貌,对数据的引用较为笼统,而低层又可能过于细致,不能体现数据的关联关系,因此要选择适当层次的数据流图,让这一层的每一部分对应一个局部应用,实现某一功能。从这一层入手开始设计 E-R 图。

2. 逐一设计分 E-R 图

　　划分好各个局部应用之后,就要对每一个局部应用逐一设计分 E-R 图,又称为局部 E-R 图。

　　对于每一个局部应用,其所用到的数据都应该收集在数据字典中,依照该局部应用的数据流图,从数据字典中提取出数据,使用抽象机制,确定局部应用中的实体、实体的属性、实体标识及实体间的联系及其类型。

　　事实上,在形成数据字典的过程中,数据结构、数据流和数据存储都是根据现实事物来确定的,因此基本上对应了实体及其属性,以此为基础,加以适当调整,增加联系及其类型,就可以设计分 E-R 图。

3. E-R 图合并

　　根据局部应用设计好各个分 E-R 图之后,就可以对各分 E-R 图进行合并了。合并的目的是在合并过程中解决分 E-R 图中相互间存在的冲突,消除分 E-R 图之间存在的信息冗余,使之成为能够被全系统所有用户共同理解和接受的、统一的、精练的全局概念模型。合并的方法是将具有相同实体的两个或多个 E-R 图合而为一,在合成后的 E-R 图中将相同实体用一个实体表示,合成后的实体的属性是所有分 E-R 图中该实体的属性的并集,并以此实体为中心,并入其他所有分 E-R 图。再将合成后的 E-R 图合并剩余的分 E-R 图,直至所有的 E-R 图全部合并,构成一张全局 E-R 图。

9.1.3 逻辑模型的设计

逻辑设计阶段是设计者将概念模型映射到 DBMS 所支持的数据模型,如将 E-R 模型转换为关系数据模型。逻辑结构设计阶段的主要工作包括数据模型的转换、约束的转换及用户视图的设计,如图 9.5 所示。

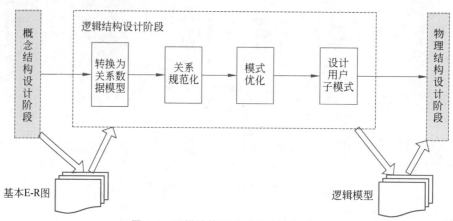

图 9.5 逻辑结构设计阶段工作步骤

9.1.4 物理结构的设计

数据库逻辑结构设计之后就要确定数据库在计算机中的具体存储。数据库在物理设备上的存储结构与存取方法称为数据库的物理结构,它依赖于给定的计算机系统。为一个给定的逻辑数据模型设计一个最适合应用要求的物理结构的过程就是数据库的物理设计。

数据库的物理设计离不开具体的 DBMS,不同的 DBMS 对物理文件存取方式的支持是不同的,设计人员必须充分了解所用的 DBMS 的内部特征,根据系统的处理要求和数据的特点来确定物理结构。

在文件中,数据是以记录为单位存储的,有顺序存储、哈希存储、堆存储、B+树存储等,要根据数据的处理要求和变更频度选定合理的物理结构。

为提高数据的访问速度,通常会采用索引技术。在物理设计阶段,要根据数据处理和修改要求确定数据库文件的索引字段和索引类型。

从企业计算机应用环境确定数据是集中管理还是分布式管理。分布式管理需要根据不同应用和处理要求确定数据的分布。数据的分布存储可能引起数据逻辑结构的变化,需要回到数据库逻辑设计阶段进行调整。

数据库的物理设计工作过程如图 9.6 所示。

数据库设计不可能"一气呵成",需要反复推敲和修改才能完成。数据库设计常常由不同的人员分阶段进行,前阶段的设计是后阶段设计的基础和起点,后阶段也可向前阶段反馈其要求,如此反复修改逐步完善。

需求分析在软件工程等教材中有详细的介绍,物理设计中的文件组织在计算机组成原理和操作系统教材中有详细介绍,索引在第 4 章有讲解,因此本章将重点讲解概念设计所用的 E-R 模型和逻辑设计两个阶段。

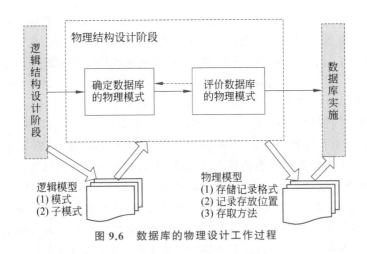

图 9.6 数据库的物理设计工作过程

9.2 E-R 模型

E-R 模型采用三个基本概念：实体集、联系集和属性集。

9.2.1 实体集

实体(Entity)是现实世界中可区别于所有其他对象的一个"事物"或"对象"。相似的实体形成集合称为实体集(Entity Set)。从面向对象程序设计的意义上讲，实体和"对象"有某种相似性。同样，实体集和对象类也有相似性，但 E-R 模型是静态的，它只包括数据结构但不包括数据的操作，所以实体集不具有类的方法。

【例 9.1】 学生成绩数据库中，每个学生都是实体，所有学生的集合组成实体集"学生"；每门课程也是实体，所有课程的集合组成实体集"课程"。实体可以是实际存在的如学生实体，也可以是抽象的如课程实体。

实体通过一组属性(Attribute)来表示，属性是实体集中每个实体共同的描述性质，为某个实体集指定一组属性表明数据库为该实体集中每个实体存储相似的信息，但每个实体在每个属性上都有各自的值。

【例 9.2】 课程实体集具有属性：课程编号、课程名称、学分、开课单位。每个实体在每个属性都有一个值，如数据库课程有课程编号为 08060116、课程名称为"数据库系统原理"，学分为 3 及开课单位为"计算机系"；英语课程有课程编号 00010006、课程名称为"大学英语"，学分为 2 及开课单位为"公共外语系"。

9.2.2 联系集

联系(Relationship)是指多个实体间的相互关联，如张老师和李学生之间存在指导联系。

联系集是相同类型联系的集合。

若实体集 A 与实体集 B 之间存在联系，则称实体集 A 或 B 参与了联系，实体集 A 或 B 在联系中所起的作用称为角色。例如，大学数据库中实体集"学生"和实体集"教师"因为存在指导关系而发生了实体间的联系,"学生"和"教师"都参与了联系,教师在联系中起指导作用,学生在联系中起被指导作用。当联系发生在不同的实体集之间时,角色一般不明确指明而是隐含的,如学生与教师之间的"指导"联系,而不明确说明学生和教师的角色。如果联系发生在同一个实体集中,则角色会明确表示出来。如课程实体中,描述一门课程 C2 是另一门课程 C1 的先修课,在"先修"这一联系中,采用课程对(C1,C2)确定第一门课程具有课程 C1 的角色,而第二门课程具有先修课 C2 的角色。在 E-R 图中通过标注来表示角色。

联系也可以具有描述性属性。例如,课程和学生之间存在"选修"联系集。一门课程被多个学生选修,每个学生都会具有该课程的成绩,成绩就作为联系的属性。

学生和老师之间的联系,学生与课程之间的联系都是发生在两个实体集之间,称为二元联系。有时联系也会涉及多个实体集,如大学数据库中,研究项目作为科研管理的一个实体集,每个项目有多名学生和多名老师参与,参与项目的学生必须有一名教师指导他在项目中的工作,一名学生参加一个项目可以有不同的指导老师,因此通过联系集"项目指导"就将项目、学生、老师三个实体集联系到一起,而不能用"项目指导"将学生与老师直接联系。将参与联系集的实体集的数目称为联系集的度,二元联系集的度为 2,三元联系集的度为 3。

9.2.3　属性集

每个属性都有一个可取值的集合,称为该属性的域。如课程编号是一个特定长度的文本字符串的集合。实体集的属性是将实体集映射到域的函数。一个实体集可能有多个属性,因此每个实体可以用一组(属性,数据值)对来表示。实体集的每个属性对应一个这样的对。例如,可以用集合{(ID,2018018),(姓名,李小曼),(系,物理系),(工资,12000)}来描述一个教师实体。用来描述实体的属性值是数据库存储的重要数据。

E-R 模型中属性可以按照属性类型进行划分。

简单和复合属性:简单属性是不可再分的,而复合属性是可以再划分的。如果用户希望在一些场景中引用完整的属性,而在另外的场合仅引用属性的一部分,则在设计阶段采用复合属性是好的选择。例如,学生实体中增加一个家庭住址的属性,地址可定义包含省、市、区、街道等属性,街道又有街道号、门牌号等属性,因此复合属性具有层次性。复合属性将相关属性聚集起来,使模型更清晰。复合属性可能是有层次的,如图 9.7 所示为复合属性地址的层次结构。

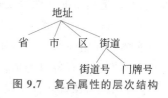

图 9.7　复合属性的层次结构

单值和多值属性:属性教师编号对某一个特定实体只有一个属性值,这样的属性称为单值属性;而在有些情况下,一个属性可能对应一组值,如教师实体中增加联系电话的属性,该属性值可能有零个、一个或多个电话号码,不同的教师可以有不同数量的电话,这样的属性称为多值属性。

派生属性:派生属性是从别的相关属性或实体派生出来的。例如,学生实体增加一个总学分的属性,该属性是通过学生选修的所有课程的学分的总和得到的。一般情况下,派生属性的值不存储,在需要时通过计算获得。

当实体在某个属性上没有值时使用空值。空值可以表示不适用,例如,可能有些地址是没有门牌号的;空值可以表示是缺失的(有值,但不知道)或是不确定的(不知道是否存在值)。

9.2.4 扩展的 E-R 特性

基本的 E-R 概念足以对大多数数据库特征建模,但数据库的某些方面可以通过扩展基本 E-R 模型,使其表达能力更强、更恰当。

1. 泛化与特化

实体集可能包含一些子集,这些实体子集具有在不被实体集中所有实体共享的一些属性。

【例 9.3】 大学数据库中的学生根据不同的培养模式可归类为:①研究生;②本科生。

除了"学生"实体的属性"学号""姓名""性别"外,实体子集"研究生"具有特定的属性"研究方向"和"指导教师","本科生"也具有特定的属性"专业"。

实体集内部进行分组的过程称为特化,在 E-R 模型中用"ISA"来表示这种联系,其含义表示"是一个",如研究生是学生。存在 ISA 关系的实体集和实体子集分别称为超类和子类,如"学生"实体是超类,"研究生"实体和"本科生"实体是子类。

特化过程是自顶向下的设计过程,设计过程也可以自底向上,将多个实体集根据共同具有的特征综合成一个较高层的实体集。例如,先标识出研究生和本科生,再根据其共同特征综合成学生实体集,这个过程称为泛化。

泛化和特化是一对逆过程,在设计 E-R 模型时,将配合使用这两个过程,对具体的设计来说,泛化和特化的结果是一样的,E-R 模型设计时不区分泛化和特化,通过泛化或特化体现实体层次,使设计模式更好地体现数据库应用和数据库用户的要求。

2. 属性继承

由泛化或特化所产生的高层和低层实体的一个重要特性是属性继承。高层实体集的属性被低层实体集继承。例如,"研究生"继承"学生"实体的属性,"本科生"也继承"学生"实体的属性。低层实体集同时还继承地参与高层实体集所参与的联系集,参与继承适用于所有低层实体集。例如,"学生"与"课程"存在"选修"联系,那么子类"研究生"和"本科生"都与"课程"存在选修联系。

ISA 联系产生的层次结构,超类和子类之间的继承关系如下。

(1)高层实体集所关联的所有属性和联系适用于它的所有低层实体集。

(2)低层实体集特有的性质仅适用于特定的低层实体集。

如果某个低层实体集参与到多个 ISA 联系中,则该实体集具有多继承性。

3. 泛化上的约束

泛化上存在几类约束,如确定低层实体集成员资格的约束,定义超类实体与子类实体之间的关系的约束等。

超类的实体是否属于某个子类可以通过条件定义或用户来定义。例如,"学生"实体具有属性"学生类别",只有"学生类别"为"研究生"的实体才属于研究生实体。成员资格也可由人工操作即用户定义来完成。

超类的实体是否属于多个子类通过不相交的约束或重叠的约束来表示。不相交约束要求一个实体至多属于一个低层实体集。例如,"学生"实体中的某个实体要么属于"本科生"实体,要么属于"研究生"实体,不能既是研究生又是本科生。重叠约束则允许超类的一个实体属于多个子类。例如,将"学生"和"教师"泛化成超类"学校人员",允许"学校人员"中的实

204

体既是学生又是教师,即泛化是重叠的。

泛化的完全性约束定义高层实体集中的一个实体是否必须至少属于某一个低层实体集,分为全部泛化或部分泛化。全部泛化要求超类的每个实体必须至少属于某个子类。部分泛化允许超类的某些实体不属于任何一个子类。例如,"学生"实体集中每个实体要么是"研究生"实体集,要么是"本科生"实体集,是全部泛化;而"学校人员"中可能存在某些实体既不属于"教师"实体集,也不属于"学生"实体集,是部分泛化。

◈ 9.3 约　束

E-R 模型也能定义数据库的数据必须要满足的约束。

9.3.1 映射基数

映射基数:一个实体通过一个联系集关联的实体的个数称为映射基数。映射基数在描述二元联系集时非常有用。

对于实体集 A 和 B 之间的二元联系集 R,映射基数有以下几种类型。

一对一:A 中的一个实体至多与 B 中的一个实体相关联,并且 B 的一个实体也至多与 A 中的一个实体相关系(如图 9.8(a)所示)。

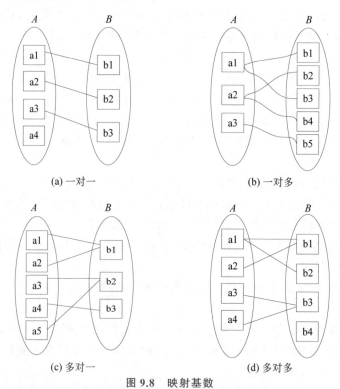

图 9.8　映射基数

一对多:A 中的一个实体可以与 B 中的任意数目(零个或多个)实体相关联,而 B 的一个实体至多与 A 中的一个实体相关联(如图 9.8(b)所示)。

多对一:A 的一个实体至多与 B 中的一个实体相关联,而 B 中的一个实体可以与 A 中的任意数目(零个或多个)实体相关联(如图9.8(c)所示)。

多对多：A 中的一个实体与 B 中任意数目(零个或多个)实体相关联,而且 B 中的一个实体也可以与 A 中任意数目(零个或多个)实体相关联(如图9.8(d)所示)。

在实际建模中,映射基数依赖于现实世界的情况。例如,在大学数据库中,如果学校规定一名学生只能由一名教师指导,而一名教师可以指导多名学生,则"学生-教师"之间的联系集是一对多的;如果学校规定一名学生可以由多名教师共同指导,一名教师也可以指导多名学生,则"学生-教师"之间的联系集是多对多的。

9.3.2　参与约束

如果实体集 E 中的每个实体都参与到联系集 R 的至少一个联系,实体集 E 在联系集 R 中的参与称为全部参与。如果 E 中只有部分实体参与到 R 的联系中,实体集 E 到联系集 R 的参与称为部分参与。

如每个"学生"实体通过"指导"联系至少关联一名"教师","学生"实体与"指导"联系集中的参与是全部的。相反,一个教师不是必须要指导学生,可能只有部分教师通过"指导"联系关联到"学生"实体,因此,"教师"在"指导"联系集中的参与是部分的。

9.3.3　码

实体集中的实体是互异的,区分实体集中的实体通过其属性来表明。一个实体的属性值必须可以唯一标识该实体,即一个实体集中不允许两个实体在所有属性上都具有相同的值。关系模式的码直接适用于实体集,即实体的码唯一区分每个实体的属性集。

码也用于唯一标识联系,从而将联系区分开。设 R 是一个涉及实体集 $E_1, E_2, \cdots, E_n$ 的联系集,设 primary-key(E_i)代表实体集 E_i 的主码属性集,则联系集主码的构成依赖于同联系集 R 相关的属性集合。如果联系 R 还有自己的属性 $a_1, a_2, \cdots, a_m$,则联系集 R 的属性集为

$$\text{primary-key}(E_1) \bigcup \text{primary-key}(E_2) \bigcup \cdots \bigcup \text{primary-key}(E_n) \bigcup \{a_1, a_2, \cdots, a_m\}$$

如果联系 R 没有自己的属性,则联系集 R 的属性集为

$$\text{primary-key}(E_1) \bigcup \text{primary-key}(E_2) \bigcup \cdots \bigcup \text{primary-key}(E_n)$$

上述不同实体集间主码的属性名称若有同名的,则可以通过重命名或者用"关系.属性名"的命名规则来使得各个实体集的主码属性名称是不同的。

联系集 R 的码根据联系的基数确定。若联系基数是多对多的,则联系集的码由参与联系的实体集的主码属性的并集组成,若联系集的基数是多对一或一对多的,则联系集的码由基数为1的实体集的主码属性组成;若联系集的基数是一对一的,则联系集的码可由其中任一个实体集的主码属性组成。例如,学生和课程的选修联系集是多对多的,则"学生-课程"的码由学生和课程两个实体集的主码属性的并集组成。学生与老师之间的联系是多对一的,则学生-教师的码由教师的主码属性组成。

◆ 9.4　E-R 图

E-R 图是用图形化方式来表示数据库的全局逻辑结构,既简单又清晰,因此数据库设计中广泛使用 E-R 模型。

9.4.1 主要构件

分割的矩形：代表实体集,矩形被分成上下两部分,上部分定义实体集的名字,下部分定义实体集所有属性的名字,构成主码的属性用下画线标明。

未分割的矩形：代表联系集的属性,构成主码的属性用下画线标明。

菱形：代表联系集。

线段：将实体集连接到联系集。

虚线：将联系集属性连接到联系集。

双线：代表实体在联系集中的参与度。

双菱形：代表连接到弱实体集的标志性联系集。

E-R 图常用符号如图 9.9 所示。

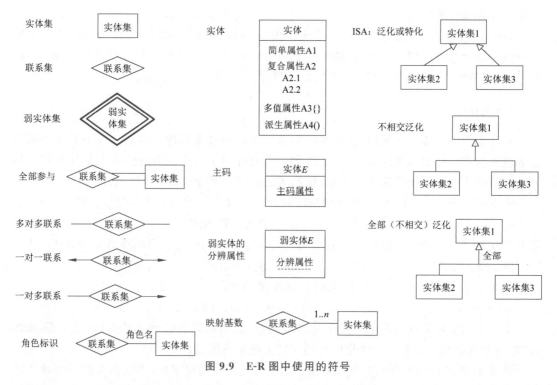

图 9.9　E-R 图中使用的符号

【例 9.4】　用 E-R 模型描述教师与学生的指导关系及指导日期,其 E-R 图如图 9.10 所示。

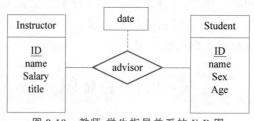

图 9.10　教师-学生指导关系的 E-R 图

9.4.2 映射基数

联系集的映射基数有一对一、一对多和多对多等,为了区别这些类型,在联系集和实体集之间用带箭头的线段指向参与为 1 的实体,用不带箭头的线段指向参与为多的实体。图 9.11表示教师与学生的各种联系类型。

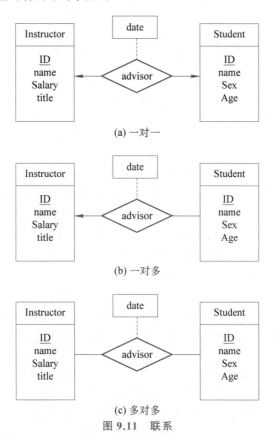

(a) 一对一

(b) 一对多

(c) 多对多

图 **9.11** 联系

E-R 图也可通过线段上的数字对 $l..h$ 来表示映射基数的最大值和最小值,其中,l 表示最小的映射基数,h 表示最大的映射基数,最小值为 1 表示这个实体集的实体全部参与联系,最大值为 1 表示这个实体集中的实体至多参与一个联系,用 $*$ 表示映射基数的最大值为任意的。如图 9.12 所示,学生参与联系的映射基数为 1..1 表示每个学生有且仅有一个指导教师,教师参与联系的映射基数为 $0..*$ 表示教师可以指导零个或多个。

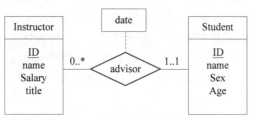

图 **9.12** 联系集上的基数约束

9.4.3 角色

在 E-R 图中通过在菱形和矩形之间的连线上进行标注来表示角色。如图 9.13 所示课程和先修课的角色标识为 Course_id 和 Prereq_id。

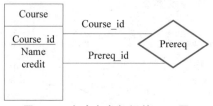

图 9.13　包含角色标识的 E-R 图

9.4.4 弱实体集

在现实世界中,有些实体对另一些实体有很强的依赖关系,即一个实体的存在必须以另一个实体的存在为前提,则这个实体型称为弱实体型,否则叫作强实体型。例如,在人事管理系统中,职工家属的信息就是以职工的存在为前提的,家属实体是弱实体,子女与职工的联系是一种依赖联系。又如,某用户从银行贷了一笔款用于购房,这笔款项一次贷出,分期归还。还款是依赖于贷款存在的,没有贷款就没有还款,还款是弱实体集。

在 E-R 模型中,弱实体集与强实体集的依赖关系是一种属主关系,将这种联系称为标识性联系,用双菱形来表示。弱实体集只有在参与一对多的联系集时才有意义,这时该联系集不具有任何描述性属性,因为任何所需属性都可以同弱实体集相联系。弱实体集中的实体全部参与联系集,用双线来表示全部参与。贷款和还款的 E-R 图如图 9.14 所示。

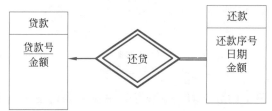

图 9.14　包含弱实体的 E-R 图

弱实体集的所有属性不足以形成主码,如还款实体中的"还款序号""日期"和"金额"不能形成实体集的主码,因为对于不同的贷款,在还款属性上可能有相同的属性值,而对某一个特定的贷款号,还款序号可以区分这个贷款的所有还款记录,用来区分依赖于特定强实体集的弱实体集的属性集称为辨别属性。弱实体集的主码由辨别属性及其依赖的强实体集的主码构成。

在具体设计时,如果弱实体集仅参与标识性联系,而且属性不多,在建模时可以将弱实体集设计为所依赖的强实体集的复合属性,但如果弱实体集参与标识性联系以外的联系,或者属性较多,则建模时将其表示为弱实体集可能更恰当。

9.4.5 多元联系

当两个以上的实体之间发生联系时称为多路联系,E-R 图用菱形到每个实体集的连线图来表示多路联系。

【例 9.5】 实体集 instructor、student 和 project 存在联系 proj-guide,该联系表示教师指导学生参与项目,则该联系是多路联系,如图 9.15 所示。

在多路联系中,指向实体集的箭头表示其他实体集至多只有一个实体与箭头所指实体存在联系。图 9.15 中若每个学生参与的项目只能有一个指导教师,则从联系 proj-guide 到 instructor 用带箭头的连线。

9.4.6 ISA 联系

E-R 图中用空心箭头来表示 ISA 联系,箭头由子类指向超类,如图 9.16 所示。

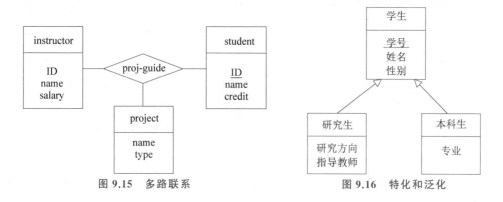

图 9.15 多路联系   图 9.16 特化和泛化

◈ 9.5 E-R 设计问题

9.5.1 消除冲突和冗余

分 E-R 图进行合并时,它们之间可能存在如下冲突。

(1) 属性冲突。同一属性可能存在于不同的分 E-R 图中,由于设计人员不同或是出发点不同,对属性的类型、取值范围、数据单位等可能会不一致,这些属性数据将来只能以一种形式在计算机中存储,这就需要在设计阶段进行统一。

(2) 命名冲突。相同意义的属性,在不同的分 E-R 图中有着不同的命名,或是名称相同的属性在不同 E-R 图中代表不同的意义,这些也要统一。

(3) 结构冲突。同一实体在不同的分 E-R 图中有不同的属性,同一对象在某一分 E-R 图中被抽象为实体而在另一分 E-R 图中又被抽象为属性,需要统一。

分 E-R 图在合并过程中要对其进行优化,具体可以从以下几个方面实现。

(1) 实体类型的合并。两上具有一对一或一对多联系的实体,可以考虑合并,使实体个数减少,有利于减少将来数据库操作过程中的连接开销。

(2) 冗余属性的消除。一般在各分 E-R 图中的属性不存在冗余,但合并后就可能出现冗余。因为合并后的 E-R 图中的实体继承了合并前该实体在分 E-R 图中的全部属性,属性间就可能存在冗余,即某一属性可以由其他属性确定。

(3) 冗余联系的消除。在分 E-R 图合并过程中,可能会出现实体联系的环状结构,即某

一实体 A 与另一实体 B 间有直接联系,同时实体 A 又通过其他实体与实体 B 发生间接联系,通常直接联系可以通过间接联系所表达,可消除直接联系。

9.5.2 实体集与属性

在建模时,什么构成属性?什么构成实体集?对这两个问题并不能简单回答,它依赖于现实世界对数据表示的实际需求。例如,在"职工"实体中,如果只需要为每个职工保存一个电话号码,那么选择将"电话"作为职工的一个属性,如图 9.17 所示。但是如果一个职工可能有多个电话,也可能多个职工共用一个电话,除电话号码外还需要保存电话的其他信息如地址等,显然继续将"电话"作为"职工"的属性就不合适了,而是选择将"电话"作为实体集,在"职工"和"电话"之间建立联系,如图 9.18 所示。

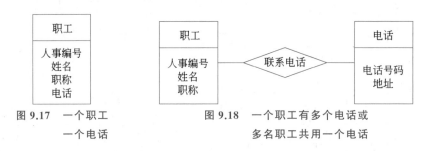

图 9.17 一个职工 一个电话　　　图 9.18 一个职工有多个电话或 多名职工共用一个电话

一般来说,实体有多方面描述性质但属性没有,属性是不可分的数据项,属性也不能与其他实体具有联系。

9.5.3 实体集与联系集

现实世界中的一个对象是用实体集还是用联系集呢?以教师开设课程为例。如果只单纯地表示"教师"实体集与"课程"实体集之间的行为联系,则在两个实体集之间建立"开课"联系集。

如果开课还需要保存开课时间、开课地点、选课人数等信息,则"开课"作为联系集将具有属性"开课时间""开课地点""选课人数",如图 9.19 所示。如果允许一门课程由多名教师担任,则将联系集转换为关系模式时将重复记录很多相同的信息,冗余将使关系模式的插入、删除和更新操作等出现异常,这部分内容将在第 10 章介绍。

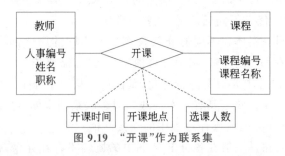

图 9.19 "开课"作为联系集

另一种设计方法则是将"开课"联系作为一个实体,分别与教师和课程之间建立两个一对多的联系,如图 9.20 所示。

在决定是用实体集还是联系集时,基本原则是描述实体间的行为时采用联系集。

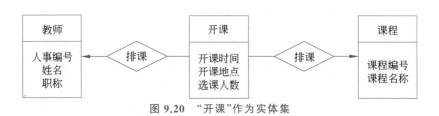

图 9.20 "开课"作为实体集

9.5.4 二元联系与多元联系集

数据库中的联系一般是二元的,用来表示两个实体之间的联系。如果多个实体之间存在联系,如孩子与其父亲、母亲,是选择用两个二元联系来表示,还是选择多元联系来表示呢? 三元联系如图 9.21 所示。

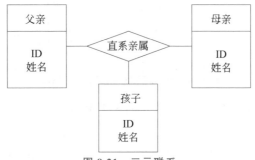

图 9.21 三元联系

但对于可能存在只有父亲或只有母亲的情况,则选择两个二元联系将更好,如图 9.22 所示。因为将 E-R 图中的三元联系转换为关系模式时,只有父亲或只有母亲的元组将存在空值。如果空值所在的属性是候选码的一部分,将影响元组的插入操作。

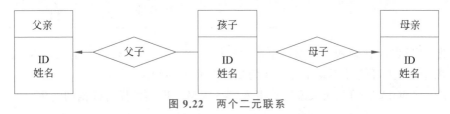

图 9.22 两个二元联系

那么是否需要将多元联系全部转换成多个二元联系呢? 看下面的例子。

【例 9.6】 考虑一个抽象的三元联系集 R,它将实体集 A、B、C 联系起来。用实体集 E 替代联系集 R 并创建三个联系集,如图 9.23 所示。

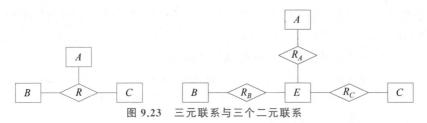

图 9.23 三元联系与三个二元联系

如果联系集 R 的属性由 A、B、C 的码组成,其对应的关系模式在某时刻的实例如表 9.1(a)所示,将 R 转换为三个联系分别存储,如表 9.1(b)~表 9.1(d)所示。

表 9.1 三元联系与三个二元联系的表结构

(a)			(b)		(c)		(d)	
A	B	C	E	A	E	B	E	C
1	2	3	1	1	1	2	1	3
4	2	7	2	4	2	2	2	7
4	8	3	3	4	3	8	3	3

转换后的联系增加冗余且语义也不清晰。

如果不用实体集 E 代替联系集 R,直接表示两个实体之间的联系,如图 9.24 所示。

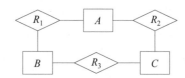

图 9.24 直接表示两个实体间的联系

R 对应的关系模式分解为如表 9.2 所示的三个关系。

表 9.2 三元联系与直接实体联系的表结构

(a)			(b)		(c)		(d)	
A	B	C	A	B	B	C	A	C
1	2	3	1	2	2	3	1	3
4	2	7	4	2	2	7	4	7
4	8	3	4	8	8	3	4	3

不难发现,表 9.2(b)和表 9.2(c)作自然连接产生元组(4 2 3)并不是关系 R 的元组,即多元联系上的约束可能并不总是能转变为二元联系上的约束。

在实际建模中,选用二元联系还是多元联系依赖于现实世界对数据的需求。

◆ 9.6 E-R 模型转换为关系模式

E-R 设计的全局概念模型是对信息世界的描述,并不适用于计算机处理,为适合关系数据库系统的处理,必须将 E-R 图转换成关系模式。E-R 设计转换为关系数据库模式有以下两条基本规则。

(1)每个实体集可以转换为具有同种属性集的关系。

(2)联系也用关系替换,替换的关系属性就是联系所连接的实体集的码的集合。

这两条规则在大多数情况下都可用,但要考虑以下几种特殊情况。

(1)弱实体集不能直接转换为关系。

(2)ISA 联系和子类要特殊对待。

（3）有时,需要把两个关系组合为一个关系。

9.6.1　实体集到关系的转换

一个非弱实体转换为一个关系模式,实体属性就是关系属性,实体的码(主键)就是关系的码。

【例 9.7】　贷款和还款 E-R 图中,货款是强实体,并包含复合属性和多值属性,则直接转换为关系模式:

贷款(贷款号,金额)

如果强实体集包含复合属性,则将复合属性的每个属性都作为实体关系模式的属性。

【例 9.8】　在指导教师实体中有属性“地址”,这是一个复合属性,“地址”由“省”“城市”“街道”“邮政编码”等属性构成,将实体“教师”转换为其对应的关系模式为

教师(教师编号,姓名,省,城市,街道,邮政编码)

如果强实体集包含多值属性,则需要为多值属性创建新的关系模式,该模式包含多值属性及其所在的实体集或联系集的主码。

【例 9.9】　在教师实体中若有属性“电话”,其属性值可以是“办公电话”“家里的固定电话”“移动电话”等,将实体转换为关系模式时,将为“电话”这个多值属性创建新的模式,则属性“电话”和教师实体的主码构成“电话”这个关系模式的属性:

电话(教师编号,电话号码)

9.6.2　弱实体集的处理

如果 E-R 模型中存在弱实体集,则一个弱实体集转换为一个关系模式,并以其依赖的强实体的码作为该关系模式的属性,由依赖的强实体集的码与弱实体集的辨别属性联合作为弱实体集所对应的关系模式的码。

【例 9.10】　贷款和还款 E-R 图中,还款是弱实体,其辨别属性是还款序号,转换为关系模式:

还款(贷款号,还款序号,日期,金额)

贷款号和还款序号联合作为关系模式的码。

9.6.3　联系集到关系的转换

一对一的联系可以转换为一个独立的关系模式,如果联系没有自身的属性,则可与任意一端实体对应的关系模式合并。

如果转换为一个独立的关系模式,则与该联系相连的各实体的码以及联系本身的属性均转换为关系的属性,每个实体的码均是该关系的候选码。

如果把联系与一端实体的关系模式合并,具体选择哪一端需要根据应用环境确定,但应尽量减少连接操作。

【例 9.11】　一个负责人管理一个部门,一个部门只有一个负责人,E-R 图如图 9.25 所示。

负责人(人事编号,姓名,职称,部门编号,任职时间)。

部门(部门编号,名称,人事部门)。

管理(人事编号,部门编号,任职时间),部门编号是其候选码。

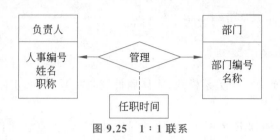

图 9.25 1∶1 联系

一对多的联系可以转换为一个独立的关系模式,如果没有自身的属性则常与多的实体端对应的关系模式合并。

如果转换为一个独立关系模式,则与该联系相连的各实体的码以及联系本身的属性均转换为关系的属性,而关系的码为多端实体的码。

【例 9.12】 若一个部门由多个员工组成,如图 9.26 所示。

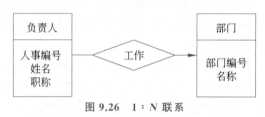

图 9.26 1∶N 联系

可以转换为关系模式:

部门(<u>部门编号</u>,名称)

员工(<u>人事编号</u>,姓名,职称,部门编号)

多对多的联系只能转换为一个独立的关系模式,与该联系相连的各实体的码以及联系本身的属性均转换为其对应的关系模式的属性,关联的两个实体的码联合作为其码。

【例 9.13】 学生选修课程,一个学生可以选修多门课程,一门课程可由多名学生选修,如图 9.27 所示。

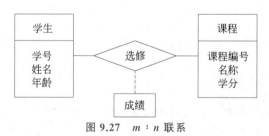

图 9.27 m∶n 联系

可以转换为如下关系模式。

学生(<u>学号</u>,姓名,年龄)

课程(<u>课程编号</u>,名称,学分)

选修(<u>学号</u>,<u>课程编号</u>,成绩)

连接弱实体集和相应强实体集的联系集不需要转换为关系模式。

9.6.4 泛化的表示

将包含泛化的 E-R 图转换为关系模式有几种方法。

一般情况下,可将超类和子类各自转换为关系模式,子类的关系模式除了自身的属性外还将超类的主码作为其主码。如图 9.16 所示的 E-R 图可转换为三个关系模式:

学生(学号,姓名,性别)

研究生(学号,研究方向,指导教师)

本科生(学号,专业)

超类的主码也是子类的主码,并在子类上定义参照关系。

如果泛化满足的约束是完全的且不相交的,即超类的每个实体必须属于一个子类且只属于一个子类,则不需要将超类转换为关系模式,利用继承性只需将每个子类转换为其对应的关系模式。例如,学生实体集中每个实体属于且只属于一个子类,则泛化转换关系模式为

研究生(学号,姓名,性别,研究方向,指导教师)

本科生(学号,姓名,性别,专业)

◆ 9.7　统一建模语言

E-R 图对系统的数据部分进行建模,但数据表示只是整个系统设计的一部分,还包括系统用户界面的建模、系统功能模块的定义及其交互。UML(Unified Model Language,统一建模语言)是由对象管理组织主持开发的规范。UML 包括以下内容。

类图:与 E-R 图相类似。

用例图:说明用户和系统之间的交互,特别是用户执行任务中的每一步操作。

活动图:说明系统不同部分之间的任务流。

实现图:在软件构件和硬件构件的层面说明系统的各组成部分及它们之间的联系。

UML 的类图提供了与 E-R 模型相同的能力,UML 将带有方法和数据的实体集看作真实的类。表 9.3 概括了 UML 和 E-R 模型中不同术语间的对照。

表 9.3　UML 和 E-R 模型术语比较

UML	E-R 模型
类	实体集
关联	二元联系
关联类	联系的属性
子类	ISA 层次
聚集	多对一的联系
组合	具有引用完整性的多对一联系

9.7.1　UML 常用概念

1. UML 类

UML 中的类与 E-R 模型中的实体集类似。一个类分为三个部分:顶部是类的名字;中间是它的属性,就像一个类的实例变量;底部是方法,如图 9.28 所示。E-R 模型和关系模式都不提供方法,

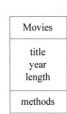

图 9.28　UML 中的类

这个概念用在对象-关系数据库管理系统中。

2. UML 类的码

与实体集类似,可以为 UML 类指定一个码。属性的后面用字母 PK 标识表示主码,UML 类无法简单标明多个码或多个属性组成码。

3. 关联

类之间的二元联系称为关联。UML 中不存在多路联系,一个多路联系需要拆分成几个二元联系。两个类之间的关联只需要画一条线来表示,线上写上名字。

关联的两个类之间的约束用 $m:n$ 标签形式来表明,表示一端至少有 m 个对象与另一端的至多有 n 个对象关联。用 * 代替 n 表示无限,即没有上限。单独一个 * 表示对象的数目没有任何约束。如果没有标签相当于 1:1,也就是只有一个。

4. 自关联

一个关联的两端连接同一个类称为自关联。为了区分一个类在自关联中表现不同的角色,可分别给这个关联的两端一个名字。

5. 关联类

关联也可能具有属性,利用关联类将属性附加到一个关联中。关联类放置在关联的中间,关联类有自己的名字,它的属性是依附的关联的属性。

6. UML 中的子类

UML 类与 E-R 模型的层次类似,允许不同层次的子类,子类的主码来源于根层次,UML 子类分为以下 4 种类型。

完整或局部:每个父类中的对象一定是某个子类的成员,则称子类是完整的;否则称子类是局部的或不完整的。

分离或重叠:如果一个对象不能同时出现在两个或多个子类中,则称子类是分离的;否则称子类是重叠的。

7. 聚集与组合

多对一的关联采用两个特殊的标记,用来表示一个类与其他类之间的引用关系。

聚集:两个类之间用一个带空心菱形的线段连接,空心菱形的含义表示其连接端的标注为 0..1。聚集表示从线段另一端的类到菱形端的类之间是多对一的关联。

组合:两个类之间用一个带实心菱形的线段连接,实心菱形的含义表示其连接端的标注为 1..1,表示线段另一端的类的每个对象都与实心菱形端的一个对象相连接。

如图 9.29 所示,电影与电影公司两个类之间用带空心菱形的线段连接,表示聚集,空心菱形表示标注为 0..1,即一个电影公司至少拥有一部电影,一部电影至多一个电影公司与之关联或者没有电影公司与之关联。电影公司与职业经理人两个类之间用带实心菱形的线段连接,表示组合,实心菱形表示标注为 1..1,即一个职业经理人必须属于且只属于一家电影公司,电影公司有零个或多个职业经理人。

9.7.2 UML 图到关系的转换

UML 图转换为关系与 E-R 模型转换为关系是类似的。

类转换为关系:对于每个类,创建一个关系,关系名为类名,关系属性为类的属性。

关联转换为关系:创建一个以关联名为名称的关系,关系的属性是关联连接两个类的

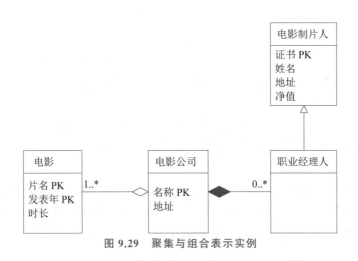

图 9.29　聚集与组合表示实例

主码属性。

聚集与组合的转换：聚集与组合是多对一类型的关联，按照关联转换为关系的方法。

◇ 小　结

E-R 模型：描述实体集及实体集之间的联系。

E-R 图：分别用矩形、菱形来表示实体集和联系集。

映射基数：二元联系可以是一对一、一对多和多对多的联系。在一对一联系中，两个实体集中的任一个实体至多只能与另一个实体集中的一个实体关联。在一对多联系中，多边的每个实体至多只能与另一边的一个实体关联。多对多的联系对个数无约束。

子类：E-R 模型用一个特殊的联系 ISA 表示一个实体集是另一个实体集的特例。实体集可能连接在一个层次体系中，其中每个子结点都是其父结点的特例。

弱实体集：需要用支持实体集的属性来确定它自己的实体。

实体集转换为关系：实体集的属性与相应的关系属性对应，而弱实体集还包含支持实体集的码。

联系集转换为关系：联系的属性及联系相关联的实体集的码与相应的关系属性对应，而弱实体集的联系不需要转换为关系。

ISA 转换为关系：可以将 ISA 关系的实体集全部转换为对应的关系，也可根据 ISA 的约束只转换为子类的关系。

UML 描述类和类之间的关联。类对应于 E-R 实体集，关联对应于 E-R 的二元联系。特殊的一对多联系称为聚集和组合。

UML 允许类拥有子类，并具有从超类继承的方式。一个类的子类可以是完整的或部分的，也可以是分离的或重叠的。

UML 图转换为关系：与 E-R 模型类似，类变成关系，关联变成连接各个类的码的关系。聚集和组合合并，从"多"端的类构建关系。

◇ 习　题

1. 介绍数据库设计过程,概述每个过程的主要内容和主要成果。

2. 解释概念模型中的术语:

实体、实体集、属性、码、弱实体集、映射基数、多元联系、ISA 联系

3. 某医院拟开发一套住院病人信息管理系统,以方便对住院病人、医生、护士和手术等信息进行管理。系统需求如下。

(1) 系统登记每个病人的住院信息,包括:病案号、病人的姓名、性别、地址、身份证号码、电话号码、入院时间及病床信息等,每个病床有唯一所属的病房及病区,如表 9.4 所示。其中,病案号唯一标识病人本次住院的信息。

表 9.4　住院登记表

病案号	221003687	姓名	王玉	性别	女
身份证号码	100002196010020123	入院时间	2021.5.6	病床号	0536-01
病房	0536	病房类型	三人间	所属病区	0501

(2) 在一个病人的一次住院期间,由一名医生对该病人的病情进行诊断,并填写一份诊断书,如表 9.5 所示。对于需要进行一次或多次手术的病人,系统记录手术名称、手术室、手术日期、手术时间、主刀医生及多名协助医生,每名医生在手术中的责任不同,如表 9.6 所示,其中,手术室包含手术号、楼层、地点和类型等信息。

表 9.5　诊断书

诊断时间: 2021 年 5 月

病案号	221003687	姓名	王玉	性别	女	医生	张 *
诊断							

表 9.6　手术安排表

手术名称	***手术	病案号	221003687	姓名	王玉	性别	女
手术室	052501	手术日期	2021.5.8	手术时间	9:00—11:00	主刀医生	张 *
协助医生	王**(协助)周**(协助),刘**(协助),高**(麻醉)						

(3) 护士分为两类:病床护士和手术室护士。每个病床护士负责护理一个病区内的所有病人,每个病区由多名护士负责护理。手术室护士负责手术室的护理工作。每个手术室护士负责多个手术室,每个手术室由多名护士负责,每个护士在手术室中有不同的责任,并由系统记录其责任。

根据上述信息完成如下任务。

(1) 根据需求阶段收集的信息,设计概念模型的 E-R 图,用 E-R 图的基本构件表示出实体集、联系、映射基数等。

(2) 根据概念模型设计阶段完成的 E-R 图,设计系统的关系模式,标注主码及完整性

约束。

（3）如果系统还需要记录医生给病人的用药情况，即记录医生给病人所开处方中药品的名称、用量、价格、药品的生产厂家等信息，请根据该要求，补充实体、实体间联系和联系类型到（1）的 E-R 图中。

4. 学校的图书管理包括图书的入库管理、图书证的注册、注销和挂失管理、借书管理、预约管理、还书管理和通知处理等主要业务，请对学校图书管理进行调查分析，设计出图书管理的业务流图，并根据需求分析的结果设计完成系统的逻辑设计，用 E-R 图来描述。

第 10 章

关系数据库设计理论

关系数据库设计理论是指导数据库设计的理论基础,是数据库语义学的问题,用来保证构造的关系既能准确地反映现实世界,又有利于应用和具体的操作。关系数据库设计理论的核心是数据间的函数依赖,函数依赖是对关系中"码"的概念的泛化,利用函数依赖定义关系模式的规范形式称为规范化理论。关系数据库设计的目标是生成一组合适的、性能良好的关系模式,以减少系统中信息存储的冗余度,但又能方便地获取信息。

本章首先介绍基于函数依赖概念的关系数据库设计的规范方法,利用函数依赖如何构建一个良好的关系数据库模式,以及当一个模式存在缺陷时应如何改进;然后介绍规范化在数据库设计中的运用以及实际系统中可能采用的反规范化技术。

模式设计
概述

◇ 10.1 设 计 选 择

E-R 模型的设计为创建关系数据库设计提供了一个很好的起点,可以直接从 E-R 设计生成一组关系模式,但关系模式的好坏取决于 E-R 设计的质量,如何评价一组关系模式设计是否满意呢?

先看一个实例。关系模式"报考试卷"由报考号、试卷号、试卷名和组卷考官号 4 个属性组成,其关系模式如表 10.1 所示。

表 10.1　报考试卷

报 考 号	试 卷 号	试 卷 名	组卷考官号
218811011013	0205000002	中国近现代史	2009040
218811011116	0210000001	大学外语	2010019
218811011116	0200000012	概率论	2030118
218811011013	0400000002	概率论	2002015

在该关系模式中,一位考生允许同时报考多门课程,一位考官可以参加多门课程的组卷,一份试卷只有一位组卷考官,不同课程可能会有相同的试卷名,但每门课程的试卷号是唯一的,所以该关系模式的码为(报考号,试卷号)。

当需要查询报考信息和出卷信息时,只需要对该表通过选择、投影操作就可完成,查询效率高。如果有学生 218911011118 报考"大学外语",则(218911011118,0210000001,大学外语,2010019)会插入表中,如果还有多个学生报考"大学外语",则(0210000001,大学外语,2010019)会多次重复出现在表中造成冗余。冗余会给数据库操作带来什么影响呢?

假设"大学外语"的组卷考官号更新为"2230116",则有多少学生选考了该课程就需要修改多少次组卷考官号的信息,使得修改变得复杂。如果忘记修改其中某些元组则会造成信息的不一致。

如果新增一门考试科目,由于还没有学生选考,主码中的"报考号"为空,根据实体完整性约束,该考卷信息无法插入"报考试卷"表中,称为插入异常。

同样,该模式也存在删除异常。如果"中国近现代史"只有一位考生选考并且该考生选择退考,则删除该考生的报考信息时也会删除试卷信息。

数据库设计中的数据冗余带来修改复杂、插入异常和删除异常等问题,那么可以通过模式分解来减少冗余。例如,将上述模式设计分解为"报考"和"组卷"两个模式。

报考(报考号,试卷号)

组卷(试卷号,试卷名,组卷考官号)

分解后无论有多少学生报考"大学外语",有关该试卷的信息只在"组卷"模式中存储一次,解决了数据冗余的问题;如果需要修改组卷考官号,则只需要修改一行,避免修改复杂和可能带来的数据不一致性等问题。需要插入新增考试科目时,只需要在"组卷"表中新增,不受报考号的限制,同样,删除"报考"表中的信息也不会影响试卷信息。分解后的模式解决了数据冗余所带来的插入异常、删除异常和修改复杂等问题。

是不是任意分解都可以呢? 如果将上述模式分解为如下两个模式:

报考1(报考号,试卷名)

组卷1(试卷号,试卷名,组卷考官号)

表 10.1 的数据库实例分解后的结果如表 10.2 和表 10.3 所示。

表 10.2　报考 1

报 考 号	试 卷 名
218811011013	中国近现代史
218811011116	大学外语
218811011013	概率论
218811011116	概率论

表 10.3　组卷 1

试 卷 号	试 卷 名	组卷考官号
0205000002	中国近现代史	2009040
0210000001	大学外语	2010019
0200000012	概率论	2030118
0400000002	概率论	2002015

将分解后的结果通过自然连接来还原分解前的关系实例时会多出两行元组,这种分解称为有损分解。

将一个存在冗余的模式分解为好的设计模式,并能保持分解是无损的需要一套理论来进行,这就是规范化理论。

◇ 10.2 第 一 范 式

E-R 模型设计为了表达现实语义,允许实体集和联系集的属性具有某些子结构,如多值属性和复合属性。如第 9 章的 E-R 设计中,职工电话允许有多个,是多值属性,职工地址包括省、市、镇等是组合属性。E-R 模型转换为关系模式时,组合属性的每一个子属性都转换成为关系模式的一个属性,多值属性则将每个属性值分属不同的元组。

在关系模型中,属性是不具有任何子结构的,即属性和属性的域是不可再分的,满足属性不可再分的关系模式称为第一范式,简写为 1NF。

关系数据库中的关系是满足一定要求的,满足不同程度要求的为不同范式,即范式是符合某一种级别的关系模式的集合。第一范式(1NF)满足最低要求。各种范式之间存在联系 $1NF \supset 2NF \supset 3NF \supset BCNF$。某一关系模式 R 为第 n 范式,可简记为 $R \in n NF$。一个低一级范式的关系模式,通过模式分解可以转换为若干个高一级范式的关系模式的集合,这个过程就称为规范化。

◇ 10.3 规 范 化

函数依赖

10.3.1 函数依赖

数据依赖体现数据间的相互关系,是现实世界属性间联系和约束的抽象,是数据内在的性质,是语义的体现。函数依赖则是一种最重要、最基本的数据依赖。

定义 10.1 设 $R(U)$ 是属性集 U 上的关系模式,X,Y 是 U 的属性子集。若对于 $R(U)$ 的任意一个关系实例 r,如果 r 的两个元组在属性子集 X 上的属性值相等,则它们在属性 Y 上的值也一定相等,则称 X 函数确定 Y 或 Y 函数依赖于 X,记作 $X \rightarrow Y$。

如果 $X \rightarrow Y$,但 $Y \nsubseteq X$,则称 $X \rightarrow Y$ 是非平凡的函数依赖。

如果 $X \rightarrow Y$,但 $Y \subseteq X$,则称 $X \rightarrow Y$ 是平凡的函数依赖。

一般情况下总是讨论非平凡的函数依赖。

注意,函数依赖 $X \rightarrow Y$ 的定义要求关系模式 R 的任何可能的关系实例 r 都满足上述条件。因此不能仅考查关系模式 R 在某一时刻的关系实例 r,就断定某函数依赖成立。如关系模式 Student(Sno,Sname,SD,Sage,Sex)可能在某一时刻,Student 的关系实例中每个学生的年龄都不同,也就是说,没有两行元组在 Sage 属性上取值相同,而在 Sno 属性上取值不同,但不能由此就断定 Sage→Sno,可能在另外某个时刻,Student 的关系中存在两个元组在 Sage 属性上取值相同而在 Sno 属性上取值不同。

定义 10.2 在 $R(U)$ 中,如果 $X \rightarrow Y$,并且对于 X 的任何一个真子集 X',都有 $X' \nrightarrow Y$,则称 Y 对 X 完全函数依赖,记作 $X \xrightarrow{F} Y$。

如果 $X{\rightarrow}Y$,但 Y 不完全函数依赖于 X,则称 Y 对 X 部分函数依赖,记作 $X \xrightarrow{P} Y$。

【例 10.1】 学生选课关系为 SC(Sno,Cno,Grade)。一个学生可选修多门课程,一门课程可由多名学生选修,一个学生选修的一门课程只有一个成绩,因此有函数依赖(Sno,Cno)→Grade,对(Sno,Cno)中的任何一个真子集 Sno 或 Cno 都不能函数决定 Grade,所以 Grade 完全函数依赖于(Sno,Cno)。

定义 10.3 在 $R(U)$ 中,如果 $X{\rightarrow}Y,Y\nsubseteq X,Y\nrightarrow X,Y{\rightarrow}Z$,则称 Z 对 X 传递函数依赖,记作 $X \xrightarrow{传递} Y$。

【例 10.2】 供应商(Sno,Sname,Status,City,Pno,Qty)存在函数依赖集 F,判断该关系中是否存在传递函数依赖和部分函数依赖。

$$F = \{Sno{\rightarrow}Sname, Sno{\rightarrow}Status, Status{\rightarrow}City, (Sno,Pno){\rightarrow}Qty\}$$

Sno→Status,Status→City,且 Status$\nsubseteq$Sno,Status$\nrightarrow$Sno,因此存在传递函数依赖 Sno→City;由函数依赖集 F 可得(Sno,Pno)→(Sname,Status,City,Qty),但 Sno→(Sname,Status,City),因此存在部分部分函数依赖(Sno,Pno)→(Sname,Status,City)。

10.3.2 码

第 9 章中定义码为可以唯一标识关系中一个元组的一个或多个属性的集合。下面用函数依赖关系定义码。

定义 10.4 设 R 是一个具有属性集合 U 的关系模式,K 是 U 的一个属性子集,即 $K\subseteq U$,如果 K 满足 $K \xrightarrow{F} U$,则称 K 为 R 的超码。

由定义 10.4 可引出下列概念。

候选码:若超码 K 的任意真子集都不能函数决定 R 的所有其他属性,该超码称为候选码,候选码是最小的超码。

主码:一个关系的候选码可能有多个,从中选定一个作为主码,主码是唯一的。

主属性:包含在任何一个候选码中的属性叫作主属性。

非主属性:不包含在任何一个候选码中的属性叫作非主属性。

最简单的情况下,单个属性是码;最极端的情况下,整个属性集是码,称为全码。

10.3.3 BCNF 范式

定义 10.5 关系模式 $R<U,F>\in1NF$,R 为 BCNF 的条件是,对函数依赖集 F 的闭包 F^+ 中所有形如 $X{\rightarrow}Y$ 的函数依赖(其中,$X\subseteq U$ 且 $Y\subseteq U$),下面的条件至少有一个成立。

BCNF 范式

(1) $X{\rightarrow}Y$ 是平凡的函数依赖,即 $Y\subseteq X$。

(2) X 是模式 R 的一个超码。

该定义等价于关系模式 R 中非平凡的函数依赖的左部(即决定属性)都是超码。即 $R\in BCNF$,则:

(1) 所有非主属性对每一个码都是完全函数依赖。

(2) 所有的主属性对每一个不包含它的码,也是完全函数依赖。

(3) 没有任何属性完全函数依赖于非码的任何一组属性。

【例 10.3】 大学教师与所在系组成关系 inst_dept(ID, name, salary, dept_name, building, budget),关系中存在函数依赖集{ID→name, dept_name, salary, dept_name→building, budget}。

关系 inst_dept 不满足 BCNF,因为 ID 和 dept_name 都不能单独构成超码,该模式存在数据冗余、插入异常、删除异常和修改复杂等问题。

若将该模式分解为

instructor(ID, name, salary, dept_name),函数依赖集{ID→name, dept_name, salary}

department(dept_name, building, budget),函数依赖集{dept_name→building, budget}

则 instructor 和 department 都满足 BCNF,减少数据冗余和修改复杂等问题。

10.3.4 第三范式

定义 10.6 在一个关系模式 R 中,对任一非平凡函数依赖 $X→Y$,下面的条件至少有一个成立。

(1) X 是超码。

(2) Y 是主属性。

则此关系 R 属于 3NF。

比起 BCNF,3NF 放松了一个限制,即如果 Y 是主属性,则允许其决定因素 X 不包含码,因此,一个关系属于 BCNF,一定属于 3NF,BCNF 是 3NF 的特例。

从 3NF 的定义可知,$X→Y$ 违反 3NF 的定义可分为下面两种情况。

(1) Y 是非主属性,则 X 是码的真子集。

(2) Y 是非主属性,则 X 既不是超码,也不是码的真子集。

在第一种情况下,$X→Y$ 是非主属性对码的部分函数依赖。第二种情况,设 K 是一个码,因为 $X⊈K,Y⊈K$,故存在非平凡函数依赖 $K→X→Y$,也就是非主属性 Y 传递函数依赖于码。因此 3NF 是从 1NF 消除了非主属性对码的部分函数依赖和传递函数依赖。如果从 1NF 只消除非主属性对码的部分函数依赖所得关系模式属于 2NF。2NF 只有历史意义,在实际中并不使用,因此不在这里详细描述 2NF。

【例 10.4】 设有关系模式 $R(C,S,Z)$,C 表示城市,S 表示街道,Z 表示邮政编码。从现实语义可知,R 具有函数依赖集 $F=\{C,S→Z,Z→C\}$,因此 CS 为候选码。函数依赖 $Z→C$ 中 Z 不是超码,但 C 是主属性,因此关系 R 满足 3NF,但不满足 BCNF,因为 Z 不是超码,$Z→C$ 违反了 BCNF。

◆ 10.4 函数依赖理论

检查关系模式是否属于 BCNF 或 3NF 需要对函数依赖进行系统地推理,下面介绍函数依赖理论。

10.4.1 函数依赖集的闭包

给定模式上的函数依赖集 F,可以证明某些其他的函数依赖在模式上也成立,称这些函数依赖被 F“逻辑蕴涵”。当检验范式时,只考虑给定的函数依赖是不够的,还需要考虑模式上所有成立的函数依赖。

定义 10.7　给定关系模式 $R(U,F)$，如果 R 的每个满足函数依赖集 F 的实例也满足函数依赖 f，则称 U 上的函数依赖 f 被 R 上的函数依赖集 F 所逻辑蕴涵。

【例 10.5】　设有关系模式 $R(A,B,C,G,H,I)$ 及函数依赖集 $F\{A{\to}B,A{\to}C,CG{\to}H,CG{\to}I,B{\to}H\}$，那么函数依赖 $A{\to}H$ 被函数依赖集 F 所逻辑蕴涵。可以证明，一个关系只要满足给定的函数依赖集，这个关系也一定满足 $A{\to}H$。

假设元组 t_1 和 t_2 满足

$$t_1[A]=t_2[A]$$

由于已知 $A{\to}B$，由函数依赖的定义可推出

$$t_1[B]=t_2[B]$$

又由于已知 $B{\to}H$，由函数依赖的定义可推出

$$t_1[H]=t_2[H]$$

因此，对任意两个元组 t_1 和 t_2，只要 $t_1[A]=t_2[A]$，就一定有 $t_1[H]=t_2[H]$，即函数依赖 $A{\to}H$ 是成立的。

令 F 为一个函数依赖集，F 的闭包是被 F 逻辑蕴涵的所有函数依赖的集合，记作 F^+。给定 F，可以由函数依赖的形式化定义直接计算出 F^+。如果 F 很大，则这个过程将会很长而且很慢。公理或推理规则提供了一种用于推理函数依赖的更为简单的技术。在下面介绍的规则中，用希腊字母 $(\alpha,\beta,\gamma,\cdots)$ 表示属性集，用大写字母表示单个属性，用 $\alpha\beta$ 的形式表示 $\alpha\bigcup\beta$。

以下三条规则称为 Armstrong 公理，用来寻找逻辑蕴涵的函数依赖。通过反复应用这些规则，可以找出给定 F 的闭包 F^+。

（1）自反律。

若 α 为一属性集且 $\beta\subseteq\alpha$，则 $\alpha{\to}\beta$ 成立。

（2）增补律。

若 $\alpha{\to}\beta$ 成立且 γ 为一属性集，则 $\gamma\alpha{\to}\gamma\beta$ 成立。

（3）传递律。

若 $\alpha{\to}\beta$ 和 $\beta{\to}\gamma$ 成立，则 $\alpha{\to}\gamma$ 成立。

Armstrong 公理是正确有效的，因为它们不产生任何错误的函数依赖；Armstrong 公理也是完备的，因为对于给定函数依赖集 F，Armstrong 公理能产生函数依赖集的闭包 F^+。

虽然 Armstrong 公理是完备的，但直接用它计算 F^+ 会很麻烦，由 Armstrong 公理的三条规则可以得到下列推广规则。

（1）合并律。

若 $\alpha{\to}\beta$ 和 $\alpha{\to}\gamma$ 成立，则 $\alpha{\to}\beta\gamma$ 成立。

（2）分解律。

若 $\alpha{\to}\beta\gamma$ 成立，则 $\alpha{\to}\beta$ 和 $\alpha{\to}\gamma$ 成立。

（3）伪传递律。

若 $\alpha{\to}\beta$ 和 $\gamma\beta{\to}\delta$ 成立，则 $\gamma\alpha{\to}\delta$ 成立。

【例 10.6】　有关系模式 $R(A,B,C,G,H,I)$ 及函数依赖集 $F\{A{\to}B,A{\to}C,CG{\to}H,CG{\to}I,B{\to}H\}$，由合并律得 $CG{\to}HI$（因为 $CG{\to}H,CG{\to}I$ 成立），由伪传递律得 $AG{\to}I$（因为 $A{\to}C,CG{\to}I$）。

10.4.2　属性子集的闭包

如果 $\alpha \rightarrow \beta$,称属性子集 β 被 α 函数确定。要判断属性子集 α 是否为超码,需要计算 α 是否函数确定关系模式的属性集。一种方法是计算 F^+,找出所有左边为 α 的函数依赖,再合并这些函数依赖的右边进行判断。但计算 F^+ 的开销太大,下面介绍一个计算属性集闭包的高效算法。

α 为关系模式 $R(U,F)$ 的一个属性子集,$\alpha \subset U$,由 α 函数确定的属性集合称为函数依赖集 F 下 α 的闭包,记作 α^+。

算法 10.1　求属性子集的闭包。

输入:函数依赖集 F 和属性子集 α。

输出:α 的闭包 α^+。

步骤:

(1) 初始化 result$=\alpha$。

(2)对 F 中的每一个函数依赖 $\beta \rightarrow \gamma$ 重复:

如果 $\beta \subseteq$ result,则 result$=$result $\bigcup \gamma$。

(3)重复步骤(2)直到 result 没有变化,则 $\alpha^+=$result。

【例 10.7】 已知关系模式 $R(A,B,C,G,H,I)$ 及函数依赖集 $F\{A \rightarrow B, A \rightarrow C, CG \rightarrow H, CG \rightarrow I, B \rightarrow H\}$,计算 $(AG)^+$。

算法执行过程:

(1) 初始化 result$=(AG)$。

(2) 遍历函数依赖集中的每一个函数依赖。

由 $A \rightarrow B$,result$=$result$\bigcup B=(ABG)$。

由 $A \rightarrow C$,result$=$result$\bigcup C=(ABCG)$。

由 $CG \rightarrow H$,result$=$result$\bigcup C=(ABCGH)$。

由 $CG \rightarrow I$,result$=$result$\bigcup C=(ABCGHI)$。

由 $B \rightarrow H$,result$=$result$\bigcup H=(ABCGHI)$。

算法第(2)步完成

(3) 重复步骤(2)直到 result 没有变化则算法结束。

该算法的时间复杂度为函数依赖集 F 的大小的平方。

求属性闭包的算法可通过计算 α^+ 来判断属性子集 α 是否为超码;也可用于检测 $\alpha \rightarrow \beta$ 是否成立。

10.4.3　正则覆盖

关系模式 $R<U,F>$ 的实例随着时间不断改变,但数据库系统必须保证 F 中的所有函数依赖在数据库的任何状态下都必须是满足的,破坏 F 中的任何一个函数依赖的更新操作都会违反数据库中数据的语义,数据库系统必须回滚撤销该操作。为降低检测冲突的开销,F 中的函数依赖需要进行简化,找到一个函数依赖集 F',F' 与 F 的函数依赖集的闭包是相同的,但 F' 比 F 中函数依赖个数要少。在介绍构造简化集 F' 的算法之前先给出下面的定义。

如果去掉函数依赖中的一个属性不改变函数依赖集的闭包,则称该属性是无关的。下面给出无关属性的定义。

定义 10.8　给定函数依赖集 F 及 F 中的函数依赖 $\alpha \to \beta$:

(1) 如果 $A \in \alpha$ 且 F 逻辑蕴涵 $(F-\{\alpha \to \beta\}) \cup \{(\alpha-A) \to \beta\}$,则属性 A 在 α 中是无关的; $\alpha-A$ 为空则表示 $(\alpha-A) \to \beta$ 不存在。

(2) 如果 $A \in \beta$ 且 $(F-\{\alpha \to \beta\}) \cup \{\alpha \to (\beta-A)\}$ 逻辑蕴含 F,则属性 A 在 β 中是无关的; $(\beta-A)$ 为空则表示 $\alpha \to (\beta-A)$ 不存在。

注意无关属性出现在函数依赖左部或右部时其定义逻辑蕴涵的方向是不同的,如果交换了逻辑蕴涵的左右关系,则蕴涵关系恒成立,无关性判断是无意义的。

用逻辑蕴涵来检验无关属性代价太高,是不合适的,下面是将逻辑蕴涵转换为求属性子集的闭包进行判断的方法。设 F 是关系模式给定的函数依赖集, $\alpha \to \beta$ 是 F 的一个函数依赖。

(1) 若 $A \in \alpha$,令 $\gamma = \alpha-A$,令 $F' = (F-\{\alpha \to \beta\}) \cup \{\gamma \to \beta\}$,计算 γ 在函数依赖集 F 下的闭包 γ^+,若 $\beta \subseteq \gamma^+$,则 A 是无关属性。

(2) 若 $A \in \beta$,令 $F' = (F-\{\alpha \to \beta\}) \cup \{\alpha \to (\beta-A)\}$,计算 α 在函数依赖集 F' 下的闭包 α^+,若 $A \in \alpha^+$,则 A 是无关属性。

【例 10.8】　设 $F = (AB \to CD, A \to E, E \to C)$,检查 $AB \to CD$ 中的 C 是否为无关属性。

令 $F' = (AB \to D, A \to E, E \to C)$, (AB) 在函数依赖集 F' 下闭包 $(AB)^+ = (ABCDE)$,包含 C,所以 C 是无关属性。

去掉无关属性后的函数依赖集与原函数依赖集的闭包是相同的,也就是说,降低了检测的代价,但仍然保持了数据语义的正确性。我们将不包含无关属性的函数依赖集称为原函数依赖集的正则覆盖,下面给出其定义。

定义 10.9　设 F 的正则覆盖为 F_c, F_c 逻辑蕴涵 F 中的所有函数依赖, F 也逻辑蕴涵 F_c 中的所有函数依赖且 F_c 满足如下性质。

(1) F_c 中任何函数依赖都不包含无关属性。

(2) F_c 中函数依赖的左部是唯一的,即如果 F_c 中存在函数依赖 $\alpha_1 \to \beta_1$ 和 $\alpha_2 \to \beta_2$,则 $\alpha_1 \neq \alpha_2$。

根据无关属性的定义,求一个已知函数依赖集 F 的正则覆盖。

算法 10.2　求函数依赖集的正则覆盖。

输入:函数依赖集 F。

输出:正则覆盖 F_c。

步骤:

(1) 初始化 $F_c = F$。

(2) 使用合并律将 F_c 中所有形如 $\alpha_1 \to \beta_1$ 和 $\alpha_1 \to \beta_2$ 合并为 $\alpha_1 \to \beta_1\beta_2$。

(3) 对 F_c 中函数依赖 $\alpha \to \beta$ 依次检查 β 中各个属性的无关性,若找到无关属性则从 β 中删除。

(4) 对 F_c 中函数依赖 $\alpha \to \beta$ 依次检查 α 中各个属性的无关性,若找到无关属性则从 α 中删除。

【例 10.9】　已知关系模式 $R(A, B, C)$ 上的函数依赖集 $F = (A \to BC, B \to C, A \to B,$

$AB{\rightarrow}C)$，求 F 的正则覆盖 F_c。

算法执行过程如下。

(1) 初始化 $F_c=(A{\rightarrow}BC,B{\rightarrow}C,A{\rightarrow}B,AB{\rightarrow}C)$。

(2) 合并左部相同的函数依赖 $A{\rightarrow}BC$ 和 $A{\rightarrow}B$，函数依赖集 $F_c=(A{\rightarrow}BC,B{\rightarrow}C,AB{\rightarrow}C)$。

(3) 找出各个函数依赖右部的无关属性。

函数依赖 $A{\rightarrow}BC$，去掉属性 B 后，函数依赖集 F_c 变为 $F'_c=(A{\rightarrow}C,B{\rightarrow}C,AB{\rightarrow}C)$，$A$ 在函数依赖集 F'_c 下的闭包 $A^+=(AC)$，B 不被包含在 A 的闭包 A^+ 中，所以函数依赖 $A{\rightarrow}BC$ 中 B 不是无关属性；$F_c=(A{\rightarrow}BC,B{\rightarrow}C,AB{\rightarrow}C)$。

函数依赖 $A{\rightarrow}BC$，去掉属性 C 后，函数依赖集 F_c 变为 $F'_c=(A{\rightarrow}B,B{\rightarrow}C,AB{\rightarrow}C)$，$A$ 在函数依赖集 F'_c 下的闭包 $A^+=(ABC)$，C 被包含在 A 的闭包 A^+ 中，所以函数依赖 $A{\rightarrow}BC$ 中的属性 C 是无关的；$F_c=(A{\rightarrow}B,B{\rightarrow}C,AB{\rightarrow}C)$。

继续判断函数依赖 $B{\rightarrow}C$，去掉属性 C 后，函数依赖集 F_c 变为 $F'_c=(A{\rightarrow}B,AB{\rightarrow}C)$，$B$ 在函数依赖集 F'_c 下的闭包 $B^+=(B)$，C 不被包含在 B 的闭包 B^+ 中，所以函数依赖 $B{\rightarrow}C$ 中的 C 不是无关属性；$F_c=(A{\rightarrow}B,B{\rightarrow}C,AB{\rightarrow}C)$。

继续判断函数依赖 $AB{\rightarrow}C$，去掉属性 C 后，函数依赖集 F_c 变为 $F'_c=(A{\rightarrow}B,B{\rightarrow}C)$，$(AB)$ 在函数依赖集 F'_c 下的闭包 $(AB)^+=(ABC)$，C 被包含在 (AB) 的闭包 $(AB)^+$ 中，所以函数依赖 $AB{\rightarrow}C$ 中的 C 是无关属性；$F_c=(A{\rightarrow}B,B{\rightarrow}C)$。

(4) 找出函数依赖的左部的无关属性。

对函数依赖 $A{\rightarrow}B$，去掉属性 A 后，函数依赖集 F_c 变为 $F'_c=(B{\rightarrow}C)$，A 在函数依赖集 F'_c 下的闭包 $A^+=(A)$，B 不被包含在 A 的闭包 A^+ 中，所以函数依赖 $A{\rightarrow}B$ 中的 A 不是无关属性；$F_c=(A{\rightarrow}B,B{\rightarrow}C)$。

对函数依赖 $B{\rightarrow}C$，去掉属性 B 后该函数依赖从 F_2 去掉变为 $F'_2=(A{\rightarrow}B)$，B 在函数依赖集 F'_c 下的闭包 $B^+=(B)$，C 不被包含在 B 的闭包 B^+ 中，所以函数依赖 $B{\rightarrow}C$ 中的 B 不是无关属性；$F_c=(A{\rightarrow}B,B{\rightarrow}C)$。

所以，F 的正则覆盖 $F_c=(A{\rightarrow}B,B{\rightarrow}C)$。

F 的正则覆盖并不一定是唯一的，与算法执行过程中判断无关属性的顺序有关。

如设函数依赖集 $F=(A{\rightarrow}BC,B{\rightarrow}AC,C{\rightarrow}A)$，如果按照 $A{\rightarrow}BC,B{\rightarrow}AC,C{\rightarrow}A$ 的顺序去除无关属性得到的正则覆盖 $F_c=(A{\rightarrow}B,B{\rightarrow}C,C{\rightarrow}A)$；如果按照 $C{\rightarrow}A,B{\rightarrow}AC,A{\rightarrow}BC$ 的顺序去除无关属性得到的正则覆盖 $F_c=(A{\rightarrow}BC,B{\rightarrow}A,C{\rightarrow}A)$。

一个函数依赖集的正则覆盖消除了函数依赖集中的部分函数依赖和传递函数依赖，正因为如此，正则覆盖也用在了模式的分解算法中。

10.4.4 无损分解

当一个关系模式存在冗余量大、插入异常、删除异常或修改复杂等问题时，一般通过模式分解将模式转换为高一级的范式。关系模式 $R(U,F)$ 的一个分解是指：

$$\rho=\{R_1(U_1,F_1),R_2(U_2,F_2),\cdots,R_n(U_n,F_n)\}$$

其中，$U=\overset{n}{\underset{i=1}{U}}U_i$，且 $U_i\nsubseteq U_j(1{\leqslant}i,j{\leqslant}n)$。模式分解通过投影和自然连接操作完成。

定义 10.10　如果关系 $R(U,F)$ 的任何一个实例 r 在分解后的子模式上满足

$$\Pi_r(R_1) \bowtie \Pi_r(R_2) \bowtie \cdots \bowtie \Pi_r(R_n) = r$$

则称这样的分解是无损分解,也称无损连接分解。不是无损分解的分解称为有损分解,也称为有损连接分解。例如,模式 employee(ID,name,city,salary) 的一个实例如表 10.4 所示。

表 10.4　employee 关系

ID	name	city	salary
0001	李明	深圳	8000
0086	王红	广州	7600
0189	王红	武汉	6800

将模式 employee 分解为如下两个子模式。

```
employee1(ID,name)
employee2(name,city,salary)
```

分解后子模式的实例分别如表 10.5 和表 10.6 所示。

表 10.5　employee1

ID	name
0001	李明
0086	王红
0189	王红

表 10.6　employee2

name	city	salary
李明	深圳	8000
王红	广州	7600
王红	武汉	6800

分解后子模式自然连接 employee1 $\bowtie$ employee2 的结果如表 10.7 所示。

表 10.7　employee1 和 employee2 还原的结果

ID	name	city	salary
0001	李明	深圳	8000
0086	王红	广州	7600
0086	王红	武汉	6800
0189	王红	武汉	6800
0189	王红	广州	7600

该分解是有损的,造成模式分解后信息不能重构,而模式分解必须满足无损性。利用函数依赖可以检验分解的无损性,下面给出无损性检验算法。

算法 10.3 分解无损性检测算法。

输入:关系模式 $R(A_1, A_2, \cdots, A_n)$ 及函数依赖集 F,R 的一个分解 $\rho = \{R_1, R_2, \cdots, R_k\}$。

输出:分解 ρ 的无损性。

步骤:

(1) 构造一个 K 行 n 列的初始表,每行表示分解后每个模式的组成,每列对应 R 的每一属性。如果属性 A_j 属于关系模式 R_i,则在表的第 i 行第 j 列位置上放 a_j,否则在该位置上放符号 b_{ij}。

(2) 逐一检查 F 中每个函数依赖,并修改表中元素,其修改规则是:取 F 中每一个函数依赖 $X \rightarrow Y$,在属性 X 所在的那些列之中,寻找具有相同符号的行,然后将这些行中 Y 的分量改成相同的符号,如果这些行中 Y 分量有一个为 a_j,则将这些元素都改成 a_j,否则改成 b_{mj},其中,m 为这些行中的最小行号。对 F 中每个函数依赖处理完毕后,再重复进行,直至表不能再修改为止。

(3) 如果在上述修改处理后,表中发现某一行符号已变成了 $a_1, a_2, \cdots, a_n$,则说明分解 ρ 具有无损连接性,如果始终没有发现这样的行,则分解 ρ 不具有连接无损性,或者说连接是有损失的。

【例 10.10】 设有关系模式 $R(A, B, C, D, E)$,$\rho = \{R_1(AD), R_2(AB), R_3(BE), R_4(CDE), R_5(AE)\}$ 是 R 的一个分解,$F = \{A \rightarrow C, B \rightarrow C, C \rightarrow D, DE \rightarrow C, CE \rightarrow A\}$,验证分解 ρ 是否具有无损连接性。

解:(1) 作初始表,如表 10.8 所示。

表 10.8 初始化表

	A	B	C	D	E
R_1	a1	b12	b13	a4	b15
R_2	a1	a2	b23	b24	b25
R_3	b31	a2	b33	b34	a5
R_4	b41	b42	a3	a4	a5
R_5	a1	b52	b53	b54	a5

(2) 按下列函数依赖的次序,反复检查和修改初始表。

对 $A \rightarrow C$,将 b13、b23、b53 改为 b13。

对 $B \rightarrow C$,将 b23、b33 改为 b13。

对 $C \rightarrow D$,将 a4、b24、b34、b54 改为 a4。

对 $DE \rightarrow C$,将 a3、b13 改为 a3(此时该列的其他 b13 需同时改为 a3,以保持一致)。

对 $CE \rightarrow A$,将 b31、b41 改为 a1。

(3) 再检查 $A \rightarrow C, \cdots, CE \rightarrow A$,发现该表将无任何改动,则检验结束,最后所得如表 10.9 所示。其中有一行为全 a,说明该分解是无损的。

表 10.9 修改后的最终表

	A	B	C	D	E
R_1	a1	b12	a3	a4	b15
R_2	a1	a2	a3	a4	b25
R_3	a1	a2	a3	a4	a5
R_4	a1	b42	a3	a4	a5
R_5	a1	b52	a3	a4	a5

如果一个关系模式只分解成两个关系模式,由上面的算法可得到更为简洁的方法来检验。

定理 10.1 如果关系模式 R 的分解为 $\rho = \{R_1, R_2\}$,F 为 R 所满足的函数依赖集合,分解 ρ 具有无损连接的充分必要条件是:

$$R_1 \cap R_2 \rightarrow R_1 - R_2 \in F^+$$

或:

$$R_1 \cap R_2 \rightarrow R_2 - R_1 \in F^+$$

【例 10.11】 对于关系模式 $R(A, B, C)$,$F = \{A \rightarrow B, C \rightarrow B\}$ 试分别验证分解 ρ_1(AC,BC)和 ρ_2(AB,BC)的无损连接性。

解:对于分解 ρ_1,$\{AC\} \cap \{BC\} = C$,$\{AC\} - \{BC\} = A$,$\{BC\} - \{AC\} = B$,

尽管 $C \rightarrow A \notin F^+$,但 $C \rightarrow B \in F$,$\therefore \rho_1$ 具有无损连接性。

对于分解 ρ_2,$\{AB\} \cap \{BC\} = B$,$\{AB\} - \{BC\} = A$,$\{BC\} - \{AB\} = C$,

则 $B \rightarrow A$ 和 $B \rightarrow C$ 均不在 F^+ 中,$\therefore \rho_2$ 不具有无损连接性。

10.4.5 保持函数依赖性

模式分解不仅要满足无损性,还要满足分解后的模式所满足的函数依赖集合被分解前的函数依赖集所蕴涵,即原关系模式所满足的函数依赖在分解后的模式中仍然保持,以达到维护关系的完整性约束。

分解后的模式所满足的函数依赖是原函数依赖集的闭包在各个分解模式上的投影,即函数依赖集闭包在子模式的属性集合上的投影。设 F 为模式 R 的函数依赖集,$R_1, R_2, \cdots,$ R_n 为 R 的一个分解,F 分解到 R_i 上的函数依赖集是 F^+ 中包含 R_i 属性的所有函数依赖的集合。模式分解的函数依赖用的是 F^+ 而不是 F。例如,$F = \{A \rightarrow B, B \rightarrow C\}$,若模式分解为 AC 和 AB,则在 AC 模式上有函数依赖 $A \rightarrow C$,因为 F^+ 中包含该函数依赖。

定义 10.11 设 $F_1, F_2, \cdots, F_n$ 为模式 R 分解为 $R_1, R_2, \cdots, R_n$ 后的各个子模式上的函数依赖集,令 $F' = F_1 \cup F_2 \cup \cdots \cup F_n$,则 F' 为模式 R 的一个函数依赖集,且通常情况下 $F' \neq F$,如果 $F'^+ = F^+$,则称模式 R 的这次分解是保持函数依赖的分解。

上面的定义中求子模式上的函数依赖集 F' 及判断分解是否保持函数依赖都需要用到 F^+,计算 F^+ 的开销非常大。下面通过修改求属性集闭包的算法来降低验证开销。

为检查函数依赖 $\alpha \rightarrow \beta$ 在 R 被分解为 $R_1, R_2, \cdots, R_n$ 后是否得到保持,验证算法 10.4。

算法 10.4 保持函数依赖的检测算法。

输入：属性子集在函数依赖集 F 下的闭包。

输出：$\alpha \rightarrow \beta$ 是否被保持。

步骤：

(1) 初始化 result $=\alpha$。

(2) while（result 有变化）do

　　　for each 分解后的 R_i

　　　$t=($result$\bigcap R_i)^+ \bigcap R_i$

　　　result $=$ result $\bigcup t$

(3) 若 result 包含 β 中的所有属性，则 $\alpha \rightarrow \beta$ 得到保持。

该算法中求属性子集的闭包($result \bigcap R_i)^+$ 是属性子集在函数依赖集 F 下的闭包不是 F'，避免了求 F^+。该算法的时间复杂度是多项式时间，而计算 F^+ 的时间复杂度是指数级的。

【例 10.12】 有关系模式 $R(ABC)$，$F=\{A \rightarrow B, B \rightarrow C, C \rightarrow A\}$，若 R 分解为 $\{AB, BC\}$，验证 $C \rightarrow A$ 是否被保持。

初始化 result $=\{C\}$；

$(\{C\} \bigcap \{AB\})^+ \bigcap \{AB\} =$ null

$(\{C\} \bigcap \{BC\})^+ \bigcap \{BC\} = \{BC\}$，result $= \{C\} \bigcup \{BC\} = \{BC\}$

$(\{BC\} \bigcap \{AB\})^+ \bigcap \{AB\} = \{AB\}$，result $= \{BC\} \bigcup \{AB\} = \{ABC\}$

$(\{BC\} \bigcap \{BC\})^+ \bigcap \{BC\} = \{BC\}$，result $= \{ABC\} \bigcup \{BC\} = \{ABC\}$

A 被 result 所包含，所以 $C \rightarrow A$ 在分解后被保持。$A \rightarrow B$ 的左部和右部都在子模式 (AB) 上，该函数依赖被保持。由算法可知，一个函数依赖的左部和右部分解到同一个子模式上，该函数依赖一定是保持的。因此 R 的此次分解是保持函数依赖的分解。

10.5　分　解　算　法

在工程上，如果一个关系模式能够达到 3NF 或 BCNF，尤其是达到了 BCNF，该模式将在数据的冗余、插入、删除、修改等方面有较好的特性。

对关系模式进行分解，使它们成为 3NF 或 BCNF，但这样的分解能否保证分解具有无损连接性和函数依赖的保持性呢？现有理论证明，任一关系模式均可以分解成 3NF，同时具有无损连接性和函数依赖的保持性。而对模式进行的 BCNF 分解，可以找到一个分解使之具有无损连接性，但不一定能满足函数依赖的保持性。

在模式分解中用到超码，下面先介绍求超码的算法，再介绍 BCNF 和 3NF 的分解算法。

10.5.1　候选码的求解算法

对于给定的关系 $R(U, F)$，可将其属性分为以下 4 类。

L 类：仅出现在函数依赖集 F 的左部的属性。

R 类：仅出现在函数依赖集 F 的右部的属性。

LR 类：在函数依赖集 F 的左右两边均出现的属性。

N 类：在函数依赖集 F 的左右两边均未出现的属性。

由定义 10.4 得出求解候选码的充分条件,即定理 10.2。

定理 10.2　对于给定的关系模式 $R(U,F)$,若 $X(X\subseteq U)$ 是 R 的 L 类属性,则 X 必为 R 的任一候选码中的属性;若 $Y(Y\subseteq U)$ 是 R 的 N 类属性,则 Y 必为 R 的任一候选码中的属性;若 $Z(Z\subseteq U)$ 是 R 的 R 类属性,则 Z 一定不是 R 的任一候选码中的属性。

下面给出求关系模式候选码的算法。

算法 10.5　求关系模式的候选码。

输入:R 上的函数依赖集 F。

输出:关系模式 R 的所有候选码。

(1) 将 R 的所有属性分成以下两类。

① 将只在 F 函数依赖左边出现的属性和从未在 F 的所有函数依赖左右两边出现的属性组成属性子集 X。

② 只在 F 函数依赖右边出现的属性组成属性子集 Y。

(2) 求 X^+,若 X^+ 包含 R 的全部属性,则 X 为 R 的唯一的码,转(4),否则转(3)。

(3) 在 $(U\text{-}X\text{-}Y)$ 中,取任一个属性 A,求 $(XA)^+$,若它包含 R 的全部属性,则 XA 为候选码;对 $(U\text{-}X\text{-}Y)$ 中不能与 X 一起构成候选码的属性再取其中任意两个属性 B、C,求 $(XBC)^+$ 的闭包,若它包含 R 的全部属性,则 XBC 为候选码;以此类推,再取三个属性至全部属性子集判断完,转(4)。

(4) 输出已求出 R 的候选码,算法停止。

【例 10.13】　设关系模式 $R(A,B,C,D)$ 的函数依赖集 $F=\{D\to C,D\to B,BC\to A,CD\to B\}$,求模式 R 的候选关键字。

(1) 根据函数依赖集对属性进行分类。

L 类:D

R 类:A

LR 类:B、C

N 类:无

$X=\{D\}$,$Y=\{A\}$,$(U-X-Y)=\{BC\}$。

(2) 取 $(U-X-Y)$ 中任意一个属性求其闭包。

$\{DB\}^+=\{ABCD\}$,则 DB 为候选码,任何包含 DB 的属性子集都不是候选码。

$\{DC\}^+=\{ABCD\}$,则 DC 为候选码,任何包含 DC 的属性子集都不是候选码。

(3) 模式 R 有候选码为 DB 和 DC。

10.5.2　分解为 BCNF

判断一个关系是否属于 BCNF 需要检查非平凡的函数依赖 $\alpha\to\beta$ 是否违反 BCNF,计算 α^+ 并验证它是否包含 R 的所有属性,即验证 α 是否为超码;如果 F 的所有函数依赖都不违反 BCNF,则 F^+ 也不会违反 BCNF。

但当一个关系分解后,仅检查 F 中的函数依赖是否违反 BCNF 是不够的。例如,$R(ABCDE)$ 有函数依赖 $A\to B$ 和 $BC\to D$,将 R 分解为 $R_1(AB)$ 和 $R_2(ACDE)$,若只看 F,R_1 上有函数依赖 $A\to B$,没有违反 BCNF,F 直接投影到 R_2 没有函数依赖,会被错误地认为是全码,也没有违反 BCNF,但 F^+ 在 R_2 有函数依赖 $AC\to D$(该函数依赖由伪传递律从

F 中可得),该函数依赖在 R_2 违反了 BCNF,因此分解后的子模式并不是 BCNF。如前所述,计算 F^+ 的时间复杂度是指数级,实际计算是很困难的,为检查 R 分解后的关系 R_i 是否属于 BCNF,可采用如下判断方法。

对 R_i 的所有非空子集 α 计算其在 F 下的闭包 α^+,α^+ 要么不包含 $R_i-\alpha$ 的属性,要么包含 R_i 的所有属性,如果违反了该条件,则说明 R_i 不是 BCNF,该性质可通过 F^+ 来证明。由此给出将一个关系模式分解为 BCNF 的算法。

设有关系模式 R 及其函数依赖集 F,将 R 分解为 BCNF 的一个分解,下面给出算法步骤。

算法 10.6　分解为 BCNF 算法。

输入:关系 R 和其上的函数依赖集 F。

输出:由 R 分解出的关系模式,其中每个关系均属于 BCNF。

步骤:

(1) 初始化,取 $\rho=\{R\}$。

(2) 如 R 为 ρ 的一个非 BCNF 关系模式,则 R 中必有非平凡的函数依赖 $X \rightarrow A$,其中,X 不是超码,则将 R 分解成 $R_1(XA)$ 和 $R_2(U-A)$,其中,U 为 R 的全部属性集;由于 $XA \cap (U-A)=X$,而 $XA-(U-A)=A$,而 $X \rightarrow A$ 成立,即 $XA \cap (U-A) \rightarrow XA-(U-A)$ 成立,故 R 可无损地分解为 R_1 和 R_2,此时以 R_1 和 R_2 取代 R。

(3) 对 R_2 执行(2),反复进行下去,直至 ρ 中所有的关系模式均为 BCNF 为止。

由于 ρ 从一开始就是无损分解,在算法的过程中,每次分解都是无损的,因而 ρ 始终都是无损分解。另外,由于在分解过程中,$R_2 \in U$,$XA \in U$,否则由 $XA=U$,如 $X \rightarrow A$ 成立,则 X 必为 R 的超码,与假设矛盾,即 R 每经过一次分解后,所得的关系属性总比原来要少,如一关系模式被分解到只有两个属性时,则一定满足 BCNF,故以上算法最终总可以使所有的关系模式都满足 BCNF。

【例 10.14】 有关系模式 R 和函数依赖集 F:

$R=$(branch-name, branch-city, assets, customer-name, loan-number, amount)

$F=\{$branch-name $\rightarrow$ assets, branch-city, loan-number $\rightarrow$ amount, branch-name$\}$

可求出超码为{loan-number, customer-name}。

其中,branch-name $\rightarrow$ assets 违反 BCNF,由分解算法得:

$R_1 =$ (branch-name, branch-city, assets)

$R_2 =$ (branch-name, customer-name, loan-number, amount)

R_2 的 loan-number $\rightarrow$ amount, branch-name 违反 BCNF,继续分解可得:

$R_3 =$ (loan-number, branch-name, amount)

$R_4 =$ (customer-name, loan-number)

最终分解 R_1,R_3 和 R_4。

【例 10.15】 有模式 $R=(S\#,T\#,C\#)$,$F=\{(S\#,C\#) \rightarrow T\#, T\# \rightarrow C\#\}$

由超码可判断 $T\# \rightarrow C\#$ 不属于 BCNF,由分解算法分解为

$R_1 =(S\#,T\#)$,

$R_2 =(T\#,C\#)$,$F_2=\{T\# \rightarrow C\#\}$

函数依赖 $(S\#,C\#) \rightarrow T\#$ 不能投影到一个关系上,如果需要检查函数依赖是否成

立,则需要完成连接操作,代价较大。

将一个模式分解为 BCNF 采取关系模式的逐步分解的策略,最终的结果和考虑函数依赖的次序相关;BCNF 分解过程中需要检查当前模式是否满足 BCNF 的要求,需要测试属性任意子集的闭包或者是仅包含自身,或者包含当前模式的所有属性,这个测试是指数时间,所以,BCNF 分解的时间代价为指数级;BCNF 分解过程是无损的但不能保持函数依赖。

10.5.3　分解为 3NF

设 R 为满足函数依赖 F 的模式,R 分解可满足以下条件。

(1) 分解得到的关系都属于 nNF。

(2) 分解是无损连接的。

(3) 分解是保持函数依赖的。

将一个模式分解为 BCNF 只是满足无损性,而分解为 3NF 时可同时满足无损连接和保持函数依赖,下面介绍分解为 3NF 的算法。

算法 10.7　分解为 3NF 的算法。

输入:关系 R 和其上成立的函数依赖集 F。

输出:由 R 分解出的关系集合,其中每个关系均属于 3NF。分解具有无损连接和保持函数依赖的性质。

步骤:

(1) 先求出 F 的正则覆盖 F_c。如果 R 中的某些属性不包含在 F 中任何函数依赖的左部或右部,则将这些属性单独组成一个关系模式(当从整体上考虑,应加上候选码,否则无法重构),从 R 中分离出去,转(2)。

(2) 如果 F_c 中有一函数依赖包含 R 剩余的全部属性,则将整个 R 作为输出,否则转(3)。

(3) 对正则覆盖 F_c 中的函数依赖 $X \rightarrow A$,将 XA 作为分解出的某个关系的模式;如果正则覆盖 F_c 中还有 $X \rightarrow A_1, X \rightarrow A_2, \cdots, X \rightarrow A_k$,则合并为模式 $XA_1A_2 \cdots A_k$。

(4) 若第(3)步分解出的关系模式都不包含 R 的超码,则增加一个关系,其模式为 R 的任意一个候选码。

【例 10.16】　关系模式 $R(A, B, C, D)$,$F = \{ A \rightarrow C, C \rightarrow A, B \rightarrow AC, D \rightarrow AC, BD \rightarrow A \}$,可求出与 F 等价的正则覆盖 F_c。并最后求出关系模式 R 的具有无损连接性和依赖保持性的 3NF 分解。

解:(1) 求与 F 等价的正则覆盖 $F_c = \{ A \rightarrow C, B \rightarrow C, C \rightarrow A, D \rightarrow C \}$,则由算法知:
$\rho = \{ AC, BC, CA, DC \}$。

(2) R 的关键字为 BD。

(3) $\tau = \{ AC, BC, CA, DC \} \bigcup \{ BD \} = \{ AC, BC, CA, DC, BD \}$
由于 CA=AC,所以 $\tau = \{ AC, BC, DC, BD \}$。

注意:由算法所得到的模式分解 τ 不一定是关系的最小模式。如这里 AC=CA,故可以省去 CA,有时会出现子模式 R_1 为另一个子模式 R_2 的子集,即 $R_1 \subseteq R_2$,则 R_1 可以消去。

迄今为止详细讨论了范式和规范化的问题,这里的讨论都是基于给定的关系模式进行规范化,这些给定的模式可能是由 E-R 图转换而来的关系模式,也可能是一个包含所有有意义的属性的泛化关系,规范化该如何糅合在数据库设计中呢?

如果 E-R 设计正确地识别所有的实体,则由 E-R 图转换生成的关系模式不需要太多的规范化,函数依赖主要用于检测不好的 E-R 设计。如果 E-R 图生成的关系模式不属于想要的范式,这个问题可以在 E-R 图中解决,也就是说,规范化可以作为数据建模的一部分,由数据库设计者在 E-R 建模时靠直觉实现,也可以从 E-R 模型生成的关系模式上进行规范化。

有时数据库设计者会选择冗余、规范化低的模式来提高查询性能,其代价是增加额外的工作来保持冗余数据的一致性。也有些兼顾规范化和性能的做法是使用规范化的模式,非规范化的模式采用物化视图,数据库系统对物化视图进行更新。

◇ 10.6　反规范化的定义

规范化的
问题

10.6.1　反规范化的定义

数据库的规范化理论是关系模式设计的理论指导和强有力的工具,对其他数据模型数据库的逻辑设计也同样有理论意义,数据的规范化不仅会带来空间上的效率,而且有助于保证数据的正确性和一致性。但是,规范化程度越高,产生的关系越多,连接操作越频繁,对以查询为主的数据库应用来说,频繁的连接会影响查询速度。在实际应用时,为了提高某些查询或应用的性能而破坏规范规则,即反规范化(非规范化处理)。

如企业管理系统中有企业信息表 B-TB01 和账户信息表 B-TB06,企业信息表 B-TB01 中添加属性 busi-balance(企业账户的总余额)就违反规范化,其值是查询账户信息表 B-TB06 由函数 sum(acc-balance)获得。

```
select busi-code,sum(acc-balance)
from B-TB06
group by busi-code
```

如果 B-TB01 中没有该属性,若想查询 busi-name(企业名称)和企业账户的总余额,则需要做连接操作:

```
select busi-name,sum(acc-balance)
from B-TB01,B-TB06
where B-TB01.busi-code=B-TB06.busi-code
group by busi-code
```

如果经常做这种查询,则有必要在 B-TB01 中加入属性 busi-balance,代价则是必须在表 B-TB06 上创建增、删、改的触发器来维护 B-TB01 表上 busi-balance 列的值。类似的情况在决策支持系统中经常发生。

反规范的好处是降低连接操作的需求,降低外码和索引的数目,还可能减少表的数目,相应带来的问题是可能出现数据的完整性问题。反规范化加快了查询速度,但会降低修改速度。因此决定做反规范时,一定要权衡利弊,仔细分析应用的数据存取需求和实际的性能特点,如果好的索引和其他方法能够解决性能问题,而不必采用反规范方法。

10.6.2　常用的反规范化技术

在进行反规范操作之前,要充分考虑数据的存取需求、常用表的大小、一些特殊的计算(例如总计)、数据的物理存储位置等。常用的反规范技术有增加冗余列、增加派生列、重新组表和分割表等。

1. 增加冗余列

增加冗余列是指在多个表中具有相同的列,它常用来在查询时避免连接操作。例如,以规范化设计的理念,学生成绩表中不需要字段"姓名",因为"姓名"字段可以通过学号查询到,但在反规范化设计中,会将"姓名"字段加入表中。这样查询一个学生的成绩时,不需要与学生表进行连接操作,便可得到对应的"姓名"。

2. 增加派生列

增加派生列指增加的列可以通过表中其他数据计算生成。它的作用是在查询时减少计算量,从而加快查询速度。例如,订单表中,有商品号、商品单价、采购数量,需要订单总价时,可以通过计算得到总价,所以规范化设计的理念是无须在订单表中设计"订单总价"属性。但反规范化由于订单总价在每次查询时都需要计算,占用系统大量资源,所以在此表中增加派生列"订单总价"以提高查询效率。

3. 重新组表

重新组表指如果许多用户需要查看两个表连接出来的结果数据,则把这两个表重新组成一个表来减少连接而提高性能。

4. 分割表

有时对表做分割可以提高性能。表分割有以下两种方式。

(1) 水平分割:根据一列或多列数据的值把数据行放到两个独立的表中。水平分割通常在下面的情况下使用。

情况 1:表很大,分割后可以降低在查询时需要读的数据和索引的页数,同时也降低了索引的层数,提高查询效率。

情况 2:表中的数据本来就有独立性,例如,表中分别记录各个地区的数据或不同时期的数据,特别是有些数据常用,而另外一些数据不常用。

情况 3:需要把数据存放到多个介质上。

(2) 垂直分割:把主码和一些列放到一个表,然后把主码和另外的列放到另一个表中。如果一个表中某些列常用,而另外一些列不常用,则可以采用垂直分割。另外,垂直分割可以使得数据行变小,一个数据页就能存放更多的数据,在查询时就会减少 I/O 次数。其缺点是需要管理冗余列,查询所有数据需要连接操作。

10.6.3　反规范化下的数据完整性

无论使用何种反规范技术,都需要一定的管理来维护数据的完整性,常用的方法是批处理维护、应用逻辑和触发器。

批处理维护是指对复制列或派生列的修改积累一定的时间后,运行一批处理作业或存储过程对复制或派生列进行修改,这种方法只适用于实时性要求不高的情况。

数据的完整性也可由应用逻辑来实现,这就要求必须在同一事务中对所有涉及的表进行增、删、改操作。由应用逻辑来实现数据的完整性风险较大,因为同一逻辑必须在所有的应用中使用和维护,容易遗漏,特别是在需求变化时,不易于维护。

另一种方式就是使用触发器,对数据的任何修改立即触发对复制列或派生列的相应修改。触发器是实时的,而且相应的处理逻辑只在一个地方出现,易于维护。一般来说,是解决这类问题的最好的办法。

规范化程度越高,数据冗余、插入异常、删除异常、修改复杂等问题越少,但查询效率越低,适合以写为中心的系统。

规范化程度越低,减少了查询所需要的连接表的个数,从而减少了 I/O 和 CPU 时间,提高查询效率,但存在数据冗余、插入异常、删除异常和修改复杂等问题。

总之,不能简单地说数据冗余就不好,冗余有利有弊,也不能简单地说关系模式满足的范式越高越好,范式高低各有所长。在设计数据库模式结构时,必须对现实世界的实际情况和用户应用需求做进一步分析,以选择一个合适的规范化和冗余的折中处理。对证券、银行、售票等事务性应用一般强调规范化设计,一般要求达到 3NF 或 BCNF。对社交平台、搜索引擎等互联网应用通常用户数据极大、分布极广,内容通常是一次写多次读,这种以读为中心的数据分析型应用即使采用关系模型也常采用低范式或对高范式设计反规范化,甚至不采用关系模型以便提高性能。

◆ 小　　结

函数依赖(Functional Dependency):函数表示关系中两个元组在某些属性集上的取值相同,则它们在另一些属性上的取值也必须相同。

关系的码:关系的超码函数决定关系所有的属性。若一个超码不存在任何真子集能函数决定所有的属性,则该超码是候选码。

正则覆盖:对于一个函数依赖集 FD,至少有一个最小基本集与原函数依赖集等价,即相互逻辑蕴涵。

BCNF:若关系中的非平凡函数依赖其左部都是超码,则该关系满足 BCNF。BCNF 消除了由函数依赖引起的冗余。

无损连接分解:分解后的子模式通过自然连接恢复原始关系,这样的分解是无损的。

保持函数依赖的分解:分解后的子模式上的函数依赖能证明原关系上的所有函数依赖。

3NF:3NF 是比 BCNF 限制松的范式,允许 $X \rightarrow Y$(其中,X 可以不是超码,Y 是主属性)存在。3NF 不能消除所有函数依赖引起的冗余,但大多数情况下可以消除。

规范化是数据库设计的理论指南,并不是规范化程度越高模式就越好,必须结合应用环境和现实世界的具体情况合理地选择规范化和反规范化。

◆ 习　　题

1. 设模式 $R(ABCDE)$ 有函数依赖集 $F = \{A \rightarrow BC, CD \rightarrow E, B \rightarrow D, E \rightarrow A\}$。

(1) 将模式 R 分解为 $R_1(ABC)$ 和 $R_2(ADE)$,证明该分解是无损分解。

（2）求出 R 的候选码。

（3）计算正则覆盖 F_c。

（4）给出一个无损连接的 BCNF 的分解。

（5）给出一个无损连接并保持函数依赖的 3NF 分解。

2. 设有关系模式 $R(ABCDEF)$，其函数依赖集 $F = \{A \rightarrow BCD, BC \rightarrow DE, B \rightarrow D, D \rightarrow A\}$。

（1）计算 B^+。

（2）计算正则覆盖。

（3）基于（2）计算的正则覆盖给出一个 3NF 分解。

3. 在关系数据库设计中，为什么有可能选择非 BCNF 设计？

4. 设 $F = \{AB \rightarrow E, AC \rightarrow F, AD \rightarrow BF, B \rightarrow C, C \rightarrow D\}$，证明 $AC \rightarrow F$ 是冗余的。

5. 试问下列关系模式最高属于第几范式？解释其原因。

（1）$R(ABCD)$，$F = \{B \rightarrow D, AC \rightarrow F, AB \rightarrow C\}$

（2）$R(ABCDE)$，$F = \{AB \rightarrow CE, E \rightarrow AB, C \rightarrow D\}$

（3）$R(ABCD)$，$F = \{B \rightarrow D, D \rightarrow B, AB \rightarrow C\}$

（4）$R(ABC)$，$F = \{A \rightarrow B, B \rightarrow A, A \rightarrow C\}$

（5）$R(ABC)$，$F = \{A \rightarrow B, B \rightarrow A, C \rightarrow A\}$

（6）$R(ABCD)$，$F = \{A \rightarrow C, CD \rightarrow B\}$

第四部分　数据库管理的新技术

NoSQL 数据库

传统的关系数据库以关系代数理论为基础,支持事务的 ACID 特性,利用索引机制实现高效的查询,占据了数据库领域的主流产品。但云计算、物联网、社交网络等新兴服务促使人类社会的数据种类和规模正以前所未有的速度增长,数据从简单的处理对象开始变为一种基础资源,各种非关系数据库在新的应用需求下不断涌现。

本章作为传统的关系数据库管理技术的延伸,将重点介绍几种常见的 NoSQL 数据库。

◆ 11.1 概　述

数据管理技术是大数据应用系统的基础。为了应对大数据应用的迫切需求,人们研究和发展了以 Key/Value 非关系数据模型和 MapReduce 并行编程模型为代表的众多新技术和新系统。

11.1.1 NoSQL 数据库

NoSQL 没有明确的范围和定义,普遍存在的共同特征如下。

NoSQL
数据库

(1) 不用预定义模式。不需要事先预定义表结构;数据中的每条记录都可能有不同的属性和格式,插入数据时不需要预先定义它们的模式。

(2) 无共享架构。与将所有数据存储在网络中的全共享架构不同,NoSQL 将数据划分后存储在各个本地服务器上。

(3) 弹性可扩展。在系统运行时,动态增加或者删除结点,不需要停机维护,数据可以自动迁移。

(4) 分区。NoSQL 数据库将数据进行分区,将记录分散在多个结点上,分区的同时还要做复制。这样既提高了并行性能,又保证没有单点失效的问题。

(5) 异步复制。NoSQL 中采用基于日志的异步复制,数据被尽快地写入一个结点,缺点是并不总能保证一致性,在出现故障时,可能会丢失少量的数据。

NoSQL 所采用的数据模型也不是传统的关系数据库所采用的关系模型,支持的数据模型通常分为 Key-Value 模型、BigTable 模型、文档(Document)模型和图(Graph)模型 4 种类型。

(1) Key-Value 模型: 一种简单易用的数据模型。每个 Key 值对应一个

Value。Value 可以是任意类型的数据值。它支持按照 Key 值来存储和提取 Value 值。Value 值是无结构的二进制码或纯字符串,通常需要在应用层去解析相应的结构。

(2) BigTable 模型:支持结构化的数据,包括列、列簇、时间戳以及版本控制等元数据的存储。该数据模型的特点是列簇式,即按列存储,每一行数据的各项被存储在不同的列中,这些列的集合称作列簇。每一列的每一个数据项都包含一个时间戳属性,以便保存同一个数据项的多个版本。

(3) 文档模型:该模型对 Value 值支持复杂的结构定义,通常是被转换成 JSON 或者类似于 JSON 格式的结构化文档;支持数据库索引的定义,其索引主要是按照字段名来组织的。

(4) 图模型:记为 $G(V,E)$,V 为结点(Node)集合,每个结点具有若干属性,E 为边(Edge)集合,也可以具有若干属性。该模型支持图结构的各种基本算法,可以直观地表达和展示数据之间的联系。

NoSQL 数据库没有统一模型和标准,但在提高系统的可用性和可扩展性上存在一些共同的技术。

(1) 简单数据类型。模型中每个记录拥有唯一的键,系统只需支持单记录级别的原子性,不支持外键和跨记录的关联。这种一次操作获得单个记录的约束,极大地增强了系统的扩展性,数据操作可以在单台机器中执行,没有分布式事务的开销。

(2) 元数据和应用数据的分离。系统只需要存储元数据和应用数据,元数据是定义数据的数据,用于系统管理如数据分区到集群中结点和副本的映射数据。应用数据是用户存储在系统中要处理的数据,根据不同的应用场合,有些 NoSQL 没有元数据,通过其他方式来解决数据和结点的映射问题。

(3) 弱一致性。系统通过复制应用数据来达到一致性,减少同步开销,用最终一致性和时间一致性来满足对数据一致性的要求。

NoSQL 处理的数据类型简单,可以避免不必要的复杂性,以提供较少的功能来提高系统的性能;结构简单,可以达到高吞吐量;用元数据来定义系统处理的数据格式,使系统具有高水平的扩展能力,应用数据借助云平台和低端硬件集群,以提高系统的可用性;可以避免昂贵的对象-关系映射,缓解由 RDBMS 引发的数据处理效率低的问题,降低处理海量稀疏数据的难度,反过来减弱了事务完整性的处理、灵活的索引及查询能力。

表 11.1 从理论基础、扩展性、一致性及可用性等几方面对 NoSQL 和关系数据库管理系统 RDBMS 进行了比较。

表 11.1 NoSQL 和 RDBMS 的性能比较

性　　能	RDBMS	NoSQL	备　　注
数据规模	大	超大	RDBMS 很难实现横向扩展,纵向扩展的空间也比较有限,性能会随着数据规模的增大而降低。NoSQL 可以很容易通过添加更多设备来支持更大规模的数据
查询效率	快	可以实现高效的简单查询,但是不具备高度结构化查询等特性,复杂查询的性能不尽如人意	RDBMS 借助于索引机制可以实现快速查询(包括记录查询和范围查询)。很多 NoSQL 数据库没有面向复杂查询的索引,虽然 NoSQL 可以使用 MapReduce 来加速查询,但是,在复杂查询方面的性能仍然不如 RDBMS

续表

性　能	RDBMS	NoSQL	备　注
一致性	强一致性	弱一致性	RDBMS 严格遵守事务 ACID 模型,可以保证事务强一致性。 很多 NoSQL 数据库放松了对事务 ACID 四性的要求,而是遵守 BASE 模型,只能保证最终一致性
扩展性	一般	好	RDBMS 很难实现横向扩展,纵向扩展的空间也比较有限。 NoSQL 在设计之初就充分考虑了横向扩展的需求,可以很容易通过添加廉价设备实现扩展
可用性	好	很好	RDBMS 在任何时候都以保证数据一致性为优先目标,其次才是优化系统性能,随着数据规模的增大,RDBMS 为了保证严格的一致性,只能提供相对较弱的可用性。 大多数 NoSQL 都能提供较高的可用性
标准化	是	否	RDBMS 已经标准化(SQL)。 NoSQL 还没有行业标准,不同的 NoSQL 数据库都有自己的查询语言,很难规范应用程序接口。 StoneBraker 认为:NoSQL 缺乏统一查询语言,将会拖慢 NoSQL 发展

NewSQL 是融合 NoSQL 系统和传统数据库事务管理功能的新型数据库系统。关系数据库系统一直是企业业务系统的核心和基础,但是它扩展性差、成本高,难以应对海量数据的挑战。NoSQL 数据管理系统以其灵活性和良好的扩展性在大数据时代迅速崛起。但是,NoSQL 没有标准化,导致应用程序开发困难,特别是不支持关键应用所需要的事务 ACID 特性。NewSQL 将 SQL 和 NoSQL 的优势结合起来,充分利用计算机硬件的新技术、新结构,研究与开发了若干创新的实现技术。

11.1.2　NoSQL 的理论基础

1. CAP 理论

2000 年,美国科学家 Eric Brewer 教授提出了著名的 CAP 理论,麻省理工学院的 Seth Gilber 和 Nancy lynch 教授证明了 CAP 理论的正确性。CAP 理论的具体内容是在分布式的环境下设计和部署系统时的三个核心的需求,CAP 分别对应一致性(Consistency)、可用性(Availability)和分区容忍性(Partition Tolerance)。

一致性(Consistency):在分布式计算中,在执行某项数据的修改操作之后,所有结点在同一时间具有相同的数据,系统具有一致性。

可用性(Availability):在每一个操作之后,无论成功或失败,系统都要在一定时间内返回结果,保证每个请求不管成功或者失败都有响应。一定时间指系统操作之后的结果应该是在给定的时间内反馈,如果超时则认为不可用或操作失败。

分区容忍性(Partition Tolerance):系统中任意信息的丢失或失败不会影响系统的继续运行。在网络被分隔成若干个孤立的区域时,系统仍然可以接受服务请求。

CAP 理论的核心是一个分布式系统不可能同时很好地满足一致性、可用性和分区容忍性这三个需求,最多只能同时较好地满足两个。系统的设计者要在三个需求之间做出选择。根据 CAP 原理,NoSQL 数据库分成满足 CA 原则、满足 CP 原则和满足 AP 原则三大类。

CA 原则:单点集群,满足一致性、可用性的系统,通常在可扩展性上不太强大。

CP 原则:满足一致性、分区容忍性的系统,通常性能不是特别高。

AP 原则:满足可用性、分区容忍性的系统,通常对一致性要求低一些。

CAP 是为了探索不同应用的一致性与可用性之间的平衡,在没有发生分隔时,可以满足一致性与可用性,以及完整的 ACID 事务支持,通过牺牲一定的一致性来获得更好的性能与扩展性;在有分区发生时,选择可用性,集中关注分区的恢复,需要分隔前、中、后期的处理策略及合适的补偿处理机制。

2. BASE 模型

BASE 模型包含如下三个元素。

基本可用(Basically Available,BA):系统能够基本运行,一直提供服务。

软状态/柔性事务(Soft State,S):可以理解为"无连接"的,而"硬状态"(Hard State)是"面向连接"的;系统不要求一直保持强一致状态。

最终一致性(Eventually Consistent,E):系统在某个时刻达到最终一致性,并非时时保持强一致性。

软状态是实现 BASE 模型的方法,基本可用和最终一致是目标。按照 BASE 模型实现的系统,由于不保证强一致性,系统在处理请求的过程中,可以存在短暂的不一致,在短暂的不一致窗口,请求处理处在临时状态中,系统在做每步操作时,通过记录每一个临时状态,在系统出现故障时,可以从这些中间状态继续未完成的请求处理或者退回到原始状态,最后达到一致的状态。

3. 最终一致性理论

NoSQL 数据库一致性有下列几种。

强一致性:要求无论更新操作在哪一个副本执行,之后所有的读操作都要能获得最新的数据。

弱一致性:用户读到某一操作对系统特定数据的更新需要一段时间,这段时间被称为"不一致性窗口"。

最终一致性:弱一致性的一种特例,保证用户最终能够读取到某操作对系统特定数据的更新。

一致性可以从客户端和服务器端两个角度来看,客户端关注的是多并发访问的更新过的数据如何获取的问题,对多进程并发进行访问时,更新的数据在不同进程如何获得不同策略,决定了不同的一致性。服务器关注的是更新如何复制分布到整个系统,以保证最终的一致性。一致性因为有并发读/写才出现问题,一定要结合并发读/写的场地应用要求。如何要求一段时间后能够访问更新后的数据,即为最终一致性。最终一致性根据其提供的不同保证可以划分为更多的模型。

因果一致性:无因果关系的数据的读/写不保证一致性。例如,三个相互独立的进程 A、B、C,进程 A 更新数据后通知进程 B,B 完成最后的操作写入数据,保证了最终结果的一致性,系统不保证和 A 没有因果关系的 C 一定能够读取该更新的数据。

读一致性：用户自己总能够读到更新后的数据，不保证所有的用户都能够读到更新的数据。

会话一致性：把读取存储系统的进程限制在一个会话范围内，只要会话存在，就可以保证读一致性。

单调读一致性：如果数据已被用户读取，任何后续的操作都不会返回到给数据之前的值。

单调写一致性：来自同一个进程的更新操作按照时间顺序执行，也叫时间轴一致性。

以上 5 种一致性模型可以进行组合，例如，读一致性和单调读一致性可以组合，即读自己更新的数据并且一旦读到最新的数据就不会再读以前的数据。系统采用哪种一致性模型，依赖于应用的需求。

很多 Web 实时系统并不要求严格的数据库事务，对读一致性的要求很低，有些场合对写一致性要求并不高，允许实现最终一致性。如发一条消息之后，过几秒乃至十几秒之后，订阅者才看到，这是完全可以接受的。对 SNS 类型的网站，从需求及产品设计角度，较低的读一致性要求避免了多表的连接查询，可以更多地用单表的主键查询，以及单表的简单条件分页查询。特殊要求催生 NoSQL 技术的发展用 BASE 模型保持数据的可用性和一致性。

◈ 11.2　键-值数据库

11.2.1　基本概念

键-值(Key-Value, KV)存储模型是 NoSQL 中最基本的数据存储模型。KV 类似于哈希表，在键和值之间建立映射关系。键-值存储模型极大地简化了关系数据模型。在大数据应用领域，键-值存储模型为大数据的应用提供了一个可行的解决方案，其数据按照键-值对的形式进行组织、索引和存储。键-值对中的键是编号，值是数据，键-值对可以根据一个键获得对应的一个值，值可以是任意类型。

Redis 全称为 Remote Dictionary Server(远程字典服务)，它是一个基于内存实现的键-值型非关系(NoSQL)数据库，由意大利人 Salvatore Sanfilippo 使用 C 语言编写。Redis 遵守 BSD 协议，实现了免费开源，国内外很多大型互联网公司都在使用 Redis，如腾讯、阿里巴巴、Twitter、GitHub 等。常见的内存数据库还有 Oracle Berkeley DB、SQLite、Memcache、Altibase。

与其他内存型数据库相比，Redis 具有以下特点。

(1) Redis 不仅可以将数据完全保存在内存中，还可以通过磁盘实现数据的持久存储。

(2) Redis 支持丰富的数据类型，包括 string、list、set、zset、hash 等多种数据类型，因此它也被称为"数据结构服务器"。

(3) Redis 支持主从同步，即 master-slave 主从复制模式。数据可以从主服务器向任意数量的从服务器上同步，有效地保证数据的安全性。

(4) Redis 支持多种编程语言，包括 C、C++、Python、Java、PHP、Lua 等语言。

与 SQL 型数据库不同，Redis 没有提供新建数据库的操作，因为它自带了 16 个数据库（默认使用 0 库）。在同一个库中，Key 是唯一存在的、不允许重复，使用 Key 来标识 Value，

248

当想要检索 Value 时,必须使用与 Value 相对应的 Key 进行查找。Redis 数据库没有"表"的概念,它通过不同的数据类型来实现存储数据的需求,不同的数据类型能够适应不同的应用场景,从而满足开发者的需求。

Redis 体系架构主要分为 Redis 服务端和客户端,客户端和服务端可以位于同一台计算机上,也可以位于不同的计算机上。服务端把数据存储到内存中,并且起到管理数据的作用。

11.2.2　Redis 数据库的结构

1. 数据库数组

Redis 服务器将所有数据库都保存在服务器状态 redis.h/redisServer 结构的 db 数组中,db 数组的每一项都是一个 redis.h/redisDB 结构,每个 redisDB 结构代表一个数据库。

```
struct redisServer{
undefined redisDB * db;                    //一个数组,保存着服务器中的所有数据库
int dbnum;                                 //服务器的数据库数量
}
```

dbnum 属性的值由服务器配置的 database 选项决定,默认情况下,该选项的值为 16,所以 Redis 服务器默认会创建 16 个数据库,如图 11.1 所示。

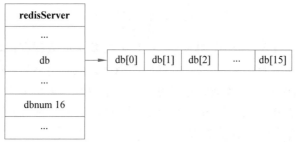

图 11.1　Redis 数据库的数组结构

Redis 默认使用下标为 0 的数据库,可以使用 select 语句切换数据库。

2. redisDB 的结构

Redis 是一个键-值对数据库服务器,服务器中的每个数据库都由一个 redis.h/redisDB 结构表示。其中,redisDB 结构的 dict 字典保存数据库中的所有键-值对,该字典也称为键空间。redisDB 结构体的定义为

```
typedef struct redisDB{
...                                        //保存数据库中所有的键-值对
dict * dict;
...
} redisDB;
```

3. 字典结构

字典用来保存键-值对,对数据库的增、删、改、查操作都是通过字典进行操作的。图 11.2 给出了字典结构,它包括字典(dict)、哈希表(ht)、哈希表的实体(dictEnry)和每个键-值对的

定义。字典维护着两个哈希表（ht［0］、ht［1］），如果一个哈希表已经放满，将利用另一个哈希表重新哈希（rehash）。哈希表实体 dictEnry 记录每个键-值对定义的指针。

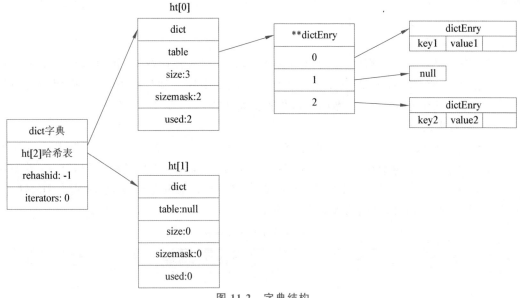

图 11.2　字典结构

4. 对象结构

哈希表实体 dictEnry 中的键（Key）是字符串对象，值（Value）为 Redis 对象（redisObject）。redisObject 的结构如图 11.3 所示，包括数据类型（type）、编码方式（encoding）、数据指针（ptr）、虚拟内存（vm）等。type 代表一个 value 对象具体是何种数据类型，可以绑定 5 种类型的数据，即字符串类型（string）、哈希表类型（hash）、链表类型（list）、集合类型（set）、有序集合类型（orderedset）。Redis 可保存多种数据结构，单个值的最大限制是 1GB。用 Redis 的链表来作 FIFO 双向链表，可实现轻量级的高性能消息队列服务，用 Redis 的集合可作高性能的标签系统等。encoding 是不同数据类型在 Redis 内部的存储方式，如 type 为 string

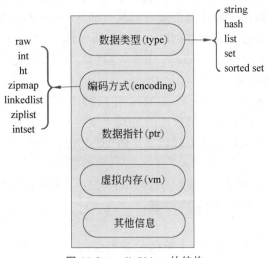

图 11.3　redisObject 的结构

代表 Value 存储的是一个普通字符串,那么对应的 encoding 可以是 raw 或者是 int。若字符串是形如"123456"这样的数字字符串,encoding 为 int 代表 Redis 内部是按数值型类存储和表示这个字符串。

redisObject 的数据类型如下。

(1) 字符串类型。

字符串是最基本的类型,它是二进制安全的,可以包含任何数据,如 JPG 图片或者序列化的对象,其字符串值最多是 512MB。字符串是最常用的一种数据类型,可应用于普通的键-值对存储,具有定时持久化、操作日志及复制等功能。

(2) 哈希表类型。

Redis Hash 数据类型是一个键-值对集合,它是一个字符串类型的域(Field)和值(Value)的映射表,适用于存储对象。Redis 本身是 Key-Value 类型的数据库,Hash 类型相当于在 Value 中又嵌套了一层 Key-Value。如存储用户信息对象数据,包含用户 ID、姓名、性别、生日、专业等信息,其结构如表 11.2 所示。

表 11.2 用户信息定义

Key	Value(Hash 类型)	
person	Field	Value
	ID	10086
	姓名	Tom
	性别	male
	生日	2002-6-28
	专业	Computer science

Redis Hash 类型内部存储的 Value 为一个 HashMap,并提供了直接存取这个 Map 成员的接口。如表 11.2 中用户 ID 为查找的 Key,用户对象的信息如姓名、性别、生日、专业等存储为 Value,这里的 Value 是一个 Map,这个 Map 的 Key 是成员的属性名,Value 是属性值,这样对数据的修改和存取都可以直接通过其内部 Map 的 Key(Redis 里称内部 Map 的 Key 为 Field),也就是通过 Key(用户 ID)+Field(属性标签)就可以操作对应属性数据了。Hash 类型的结构可归纳为(Key,Field,Value),这样既不需要重复存储数据,也不会带来序列化和并发修改控制的问题。

Hash 类型内部存储 Value 的 HashMap 有两种不同实现,Hash 的成员比较少时,Redis 为了节省内存会采用类似一维数组的方式来紧凑存储,对应 redisObject 的 encoding 为 zipmap,当成员数量增大时会自动转成真正的 HashMap,encoding 为 ht。

(3) 链表。

链表是简单的字符串列表,是重要的数据结构之一。它的实现为一个双向链表,支持反向查找和遍历,可用于发送缓冲队列等功能。

(4) 集合。

Redis 中的集合是一个无序的、去重的元素集合,元素是字符串类型,最多包含 $2^{32}-1$ 个元素。集合是通过哈希表实现的,所以添加、删除、查找的复杂度都是 $O(1)$。Redis 的集合对外提供与链表类似的功能,集合的概念就是一堆不重复值的组合。集合的内部实现是一个值永远为 null 的哈希映射,通过计算哈希的方式来快速去重。

（5）有序集合。

有序集合的操作类似集合,有序的、去重的元素为字符串类型,不允许有重复的成员,每一个元素都关联着一个浮点数分值(Score),按照分值从小到大的顺序排列集合中的元素。分值可以相同,最多包含 $2^{32}-1$ 个元素,成员是唯一的但分数(Score)可以重复。有序集合的使用场景与集合类似,区别是集合不是自动有序的,有序集合通过用户额外提供一个优先级(Score)的参数来为成员排序,是插入有序的,即自动排序。有序集合的内部使用哈希映射和跳跃表(SkipList)来保证数据的存储和有序。表 11.3 对 Redis 的数据类型进行了归纳。

表 11.3　Redis 数据类型总结

类　　型	简　　介	特　　性	场　　景
String(字符串)	二进制安全	可以包含任何数据,如 JPG 图片或者序列化的对象,一个键最大能存储 512MB	---
Hash(字典)	键-值对集合,即编程语言中的 Map 类型	适合存储对象,并且可以像数据库中 update 一个属性一样只修改某一项属性值(Memcached 中需要取出整个字符串反序列化成对象修改完再序列化存回去)	存储、读取、修改用户属性
List(列表)	链表(双向链表)	增删快,提供了操作某一段元素的 API	(1) 最新消息排行等功能(如朋友圈的时间线)。 (2) 消息队列
Set(集合)	哈希表实现,元素不重复	(1) 添加、删除,查找的复杂度都是 $O(1)$。 (2) 为集合提供了求交集、并集、差集等操作	(1) 共同好友。 (2) 利用唯一性,统计访问网站的所有独立 IP。 (3) 好友推荐时,根据 tag 求交集,大于某个阈值时就可以推荐
Sorted Set(有序集合)	将 Set 中的元素增加一个权重参数 score,元素按 score 有序排列	数据插入集合时,已经进行天然排序	(1) 排行榜。 (2) 带权重的消息队列

redisObject 的其他信息如下。

（1）对象空转时长。

在对象结构中有一项是记录对象最后一次访问的时间,可用命令显示对象空转时长。可以设置最大内存选项和最后访问时间,以控制空转时长,对空转时长超过规定时间的那部分键,就释放内存,系统回收内存。

（2）内存回收。

在对象机制上使用变量来记录每个对象的引用计数值。当创建对象或对象被重新使用时,引用计数加 1,不再被使用时引用计数减 1;引用计数为 0 时释放其内存资源。

（3）对象共享。

对象的引用计数可以实现对象的共享，当一个对象被另外一个地方共享时，直接在其引用计数上加 1 就行。Redis 只对包含整数值的字符串对象进行共享。

图 11.4 给出了 Redis 数据库存储数据的一个实例。

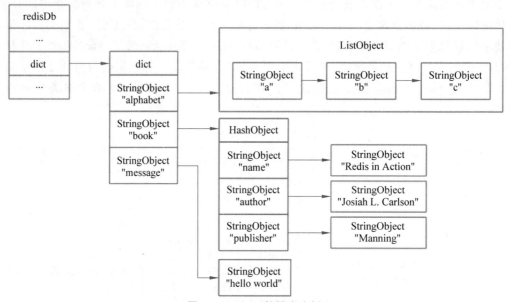

图 11.4　Redis 数据库实例

alphabet 是一个列表键，键的名字是一个包含字符串"alphabet"的字符串对象，键的值则是一个包含三个元素的列表对象。

book 是一个哈希表键，键的名字是一个包含字符串"book"的字符串对象，键的值则是一个包含三个键-值对的哈希表对象。

message 是一个字符串键，键的名字是一个包含字符串"message"的字符串对象，键的值则是一个包含字符串"helloworld"的字符串对象。

11.2.3　Redis 数据库的操作

Redis 用 db 数组记录多个数据库的使用，数组中的每个 db 都是一个数据库，通过 SELECT 命令来切换数据库。Redis 命令是通过客户端命令行来执行的，用于在 Redis 服务器上执行一些操作。在 CMD 命令行中输入以下命令启动一个 Redis 客户端。

```
C:\Users\Administrator>redis -cli -h host -p port -a password
```

-h：用于指定远程 Redis 服务器的 IP 地址。

-p：用于指定 Redis 远程服务器的端口号。

-a：可选参数，若远程服务器设置了密码，则需要输入。

如果客户端和服务器端在同一台机器上，则不需要指定参数，直接用 redis-cli 命令即可。

【例 11.1】　若服务器的 IP 是 192.168.31.1，端口号为 6379，密码为 123456，远程连接服

务器。

```
C:\Users\Administrator>redis -cli -h127.0.0.1 -p 6379 -a 123456
redis 127.0.0.1:6379>
redis 127.0.0.1:6379>PING
PONG
```

1. 键的常用命令

Redis 中的键 Key 与值 Value 一一对应,通过检索 Key 就可以找到对应的 Value 值。对 Key 的取值不可以太长,太长会影响 Value 的查找效率,并且浪费内存空间,也不能过短,太短会使 Key 可读性变差。

Redis 键命令的语法格式为

```
redis127.0.0.1:6379>COMMAND KEY_NAME
```

其中,COMMAND 表示 Key 的命令,KEY_NAME 表示 Key 的名字。

表 11.4 给出了 Redis 键的常用命令。

表 11.4　Redis 键常用命令

命　　令	说　　明
DEL key	若键存在的情况下,该命令用于删除键
DUMP key	用于序列化给定 key,并返回被序列化的值
EXISTS key	用于检查键是否存在,若存在则返回 1,否则返回 0
EXPIRE key	设置 key 的过期时间,以 s 为单位
PEXPIRE key	设置 key 的过期,以 ms 为单位
KEYS pattern	此命令用于查找与指定 pattern 匹配的 key
PERSIST key	该命令用于删除 key 的过期时间,然后 key 将一直存在,不会过期
RANDOM key	从当前数据库中随机返回一个 key
RENAME key newkey	修改 key 的名称
TYPE key	该命令用于获取 value 的数据类型

【例 11.2】　创建键并查找键。

```
redis127.0.0.1:6379>SET course1 redis
OK
redis127.0.0.1:6379>SET course2 php
OK
redis127.0.0.1:6379>SET course3 python
OK
```

以上成功创建三个键。下面查找以 course 开头的键:

```
127.0.0.1:6379>keys course *
(1)"course1"
(2)"course2"
(3)"course3"
```

查找当前库中所有的键：

```
127.0.0.1:6379>keys *
(1)"course1"
(2)"course2"
(3)"course3"
```

2. 字符串类型常用命令

Redis 字符串常用命令如表 11.5 所示。

表 11.5　Redis 字符串常用命令

命　　令	说　　明
SET key value	用于设定指定键的值
GET key	用于检索指定键的值
GETRANGE key start end	返回 key 中字符串值的子字符
GETSET key value	将给定 key 的值设置为 value，并返回 key 的旧值
SETNX key value	当 key 不存在时设置 key 的值
STRLEN key	返回 key 存储的字符串值的长度
INCR key	将 key 存储的整数值加 1

3. set 类型常用命令

表 11.6 给出了 set 类型常用命令。

表 11.6　set 类型常用命令

命　　令	说　　明
SADD key member1 [member2]	向集合中添加一个或者多个元素，并且自动去重
SCARD key	返回集合中元素的个数
SDIFF key1 [key2]	求两个或多个集合的差集
SINTER key1 [key2]	求两个或多个集合的交集
SISMEMBER key member	查看指定元素是否存在于集合中
SMEMBERS key	查看集合中所有元素
SMOVE source destination member	将集合中的元素移动到指定的集合中
SRANDMEMBER key [count]	随机从集合中返回指定数量的元素，默认返回 1 个
SREM key member1 [member2]	删除一个或者多个元素，若元素不存在则自动忽略
SUNION key1 [key2]	求两个或者多个集合的并集

4. hash 类型常用命令

表 11.7 给出了 hash 类型常用命令。

表 11.7　hash 类型常用命令

命　　令	说　　明
HDEL key field1 [field2]	用于删除一个或多个哈希表字段
HEXISTS key field	用于确定哈希表字段是否存在
HGET key field	获取 key 关联的哈希字段的值
HINCRBY key field increment	给 key 关联的哈希字段做整数增量运算
HKEYS key	获取 key 关联的所有字段和值
HLEN key	获取 key 中的哈希表的字段数量
HMSET key field1 value1 [field2 value2]	在哈希表中同时设置多个 field-value(字段-值)
HSETNX key field value	仅当字段 field 不存在时,设置哈希表字段的值
HVALS key	用于获取哈希表中的所有值

5. list 类型常用命令

表 11.8 给出了 list 类型常用命令。

表 11.8　list 类型常用命令

命　　令	说　　明
LPUSH key value1 [value2]	在列表头部插入一个或者多个值
LRANGE key start stop	获取列表指定范围内的元素
LPUSHX key value	当存储列表的 key 存在时,用于将值插入列表头部
LINDEX key index	通过索引获取列表中的元素
LREM key count value	表示从列表中删除元素与 value 相等的元素。count 表示删除的数量,为 0 表示全部移除
LPOP key	从列表的头部弹出元素,默认为第一个元素
BRPOP key1 [key2] timeout	用于删除并返回列表中的最后一个元素(尾部操作),如果列表中没有元素,就会发生阻塞,直到列表等待超时或发现可弹出元素为止

◆ 11.3　列簇数据库

11.3.1　基本概念

传统的关系数据库以行、列二维表的形式表示数据,将元组以一维字符串的方式存储。列存储把一列中的数据值串在一起存储起来,然后再存储下一列的数据,以此类推。如表 11.9 所示为课程表的内容。

256

表 11.9　课程表

Course_id	Course_name	Course_type	Course_credit
0806001	操作系统	必修	4
0806002	数据库原理	必修	3.5
0806003	面向对象程序设计	选修	3

行存储格式为:0806001、操作系统、必修、4,0806002、数据库原理、必修、3.5,0806003、面向对象程序设计、选修、3。

列存储将一列中的数据串在一起存储。存储格式为:0806001、0806001、0806003,操作系统、数据库原理、面向对象程序设计,必修、必修、选修,4、3.5、3。

数据存储的基本单位为页,页是进行数据读取的基本单位,一次读取就是一次 I/O 操作。行存储把若干行存储在一个数据页,列存储把一列存储在一个数据页上。列存储对海量数据分析中列的查询分析可节省大量的 I/O 操作,同一类型的列存储在一起,数据压缩比高;大多数查询并不会涉及表中的所有列,与压缩方法相结合,可改善缓冲池的使用率。

列存储数据库大多结合了键值模式,模式灵活,不需要预先设定模式,字段的增加、删除、修改方便,扩展能力强,有容错能力;适合于批量数据处理和即时查询;适合于大批量的数据处理,常用于联机事务型数据处理;由于列存储的每一列数据类型是同质的,不存在二义性问题,容易用来做数据解析,列存储的解析过程更有利于分析大数据。

下面将以开源的、分布式的列存储数据库 HBase 为例,讲述列存储数据库的数据模型、存储结构和系统的相关实现原理和应用。

11.3.2　HBase 的数据模型

HBase 与传统的关系数据库存在以下区别。

(1) 数据类型。关系数据库采用关系模型,具有丰富的数据类型和存储方式。HBase 则采用简单的数据模型,它将数据存储为未经解释的字符串,用户可以将不同格式的结构化数据和非结构化数据都序列化成字符串保存到 HBase 中,用户需要自己编写程序将字符串解析成不同的数据类型。

(2) 数据操作。关系数据库支持插入、删除、更新和查询等操作,这些操作都允许涉及多个表,如多表连接查询等。HBase 不支持表与表之间的关系,只支持单表插入、删除、清空和基于主码的查询等。

(3) 存储模式。关系数据库是基于行模式存储的,元组或行连续地存储在磁盘页中。HBase 是基于列存储的,每个列族都由几个文件保存,不同列族的文件是分离的。由于同一列族内的数据相似度较高,可以获得较高的数据压缩比。

(4) 索引。关系数据库通常可以针对不同属性子集建立多个索引来提高系统的存取性能。与关系数据库不同,HBase 只以行键作为索引。由于 HBase 位于 Hadoop 框架之上,因此可以使用 Hadoop MapReduce 来快速、高效地生成索引表。

(5) 数据维护。在关系数据库中,更新操作会用新值替换记录中的旧值,旧值被覆盖后就不会存在。而在 HBase 中执行更新操作时,并不会删除数据的旧值,而是生成新的数据,产生新的版本号。

(6) 可伸缩性。关系数据库的可扩展性能力有限,而分布式数据库 HBase 通过增加或减少集群数据来实现伸缩。

HBase 是一个稀疏、多维度、排序的映射表,这张表的索引是行键(Row Key)、列族(Column Family)、列限定符(Column Qualifier)和时间戳(Timestamp)。每个值是一个未经解释的字符串,没有数据类型。用户在表中存储数据,每一行都有一个可排序的行键和任意多的列。表在水平方向由一个或者多个列族组成,一个列族中可以包含任意多个列,同一个列族的数据存储在一起。列簇或列无须预先定义数量和类型,可动态扩展列族或列。所有列均以字符串形式存储,用户需要自行进行数据类型转换。同一张表的每一行数据可以有不同的列,因此对于到整个映射表的每行数据而言,有些列的值是空的,所以说 HBase 是稀疏的。下面介绍 HBase 数据模型的相关概念。

(1) 表。HBase 采用表来组织数据,表由行和列组成,列划分为若干个列族。

(2) 行。每个 HBase 表都由若干行组成,每个行由行键(Row Key)来标识。行键可以是任意字符串(最大长度是 64KB,实际应用中长度一般为 10～100B),在 HBase 内部,行键保存为字节数据组,存储时数据按照行键的字典排序存储。

(3) 列族。一个 HBase 表被分组成许多"列族"(Column Family)的集合,它是基本的访问控制单元。每个列族有名称(字符串类型,string),包含一个或者多个相关列;每个行里的数据都是按照列族分组的,列族决定表的物理存放,数据在存入后就不修改了,表中的每个列都归属于某个列族。列族是表的模式(Schema)的一部分(列不是,在定义表时不用定义列),在定义表时定义。表由行和列共同组成,列族将一列或多列组织在一起,在创建表时只需指定表名和至少一个列族。

(4) 列(Column)。属于某一个列族,表示为列组名＋列限定符;每条记录可动态添加列;列限定符在数据定位时使用,列限定符不用事先定义,也不需要在不同行之间保持一致。列限定符没有数据类型,总被视为字节数组 byte[]。列名以列族为前缀。例如,courses:history 和 courses:math 这两个列都属于 courses 这个列族。

(5) 单元格。在 HBase 表中,通过行、列族和列限定符确定一个"单元格"(Cell),单元格中存储的数据没有数据类型,总被视为字节数组 byte[]。每个单元格中可以保存一个数据的多个版本,每个版本对应不同的时间戳。

(6) 时间戳。

类型为 64 位整型(long),默认值是系统时间戳,用户可自定义;单元值所拥有的时间戳是一个 64 位整型值,当前时间戳的值在一个默认版本中保留。HBase 保留单元值的时间版本的数量默认为 3 个。每个单元版本通过时间戳来索引,时间戳可以由 HBase(在数据写入时自动进行)赋值为当前系统时间,也可以由客户显式赋值,应用程序要避免数据版本冲突,自己生成具有唯一性的时间戳。在每个单元中,不同版本的数据按照时间倒序排列,可保存数据的最后 n 个版本,或保存最近一段时间内的版本(设置数据的生命周期),或用户针对每个列族进行设置。HBase 提供了两种数据版本回收方式:一是保存数据的最后 n 个版本,二是保存最近一段时间内的版本(如最近 7 天)。用户可以针对每个列族进行设置。

下面以一个实例来阐释 HBase 的数据模型。图 11.5 是一张用来存储学生信息的 HBase 表,学号作为行键来唯一标识每个学生,表中设计了列族 Info 来保存数生相关信息,列族 Info 包含三列，分别用来保存学生的姓名、专业和电子邮件信息。学号为 201505003 的学生存在两个版本的电子邮件，时间戳分别为 ts1＝1174184619081 和 ts2＝1174184620720，时间戳较近的数据版本是最新的数据。

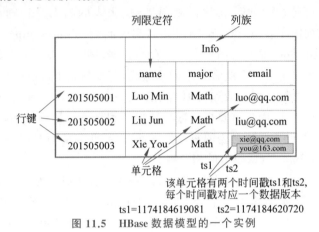

图 11.5　HBase 数据模型的一个实例

11.3.3　HBase 的存储结构

HBase 的数据存储是分层次进行的，图 11.6 给出了 HBase 的物理存储架构。

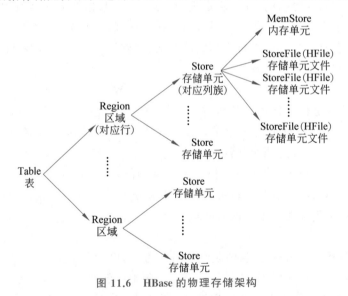

图 11.6　HBase 的物理存储架构

HBase 表的行按照行键的字典序排列，表在行的方向上分割为多个区域（Region）；区域按表的大小进行分割，每个表开始只有一个区域，随着数据不断增多，区域不断增大，当增大到一个阈值时，老区域就会等分成两个新区域，之后会有越来越多的区域；区域是 HBase 中分布式存储和负载均衡的最小单元，不同区域分布到不同区域服务器（Region Server）上。

（1）表。

表很大，一个表可有数十亿行和上百万列；表无模式，即表的每行都有一个可排序的行键和任意多的列，列可根据需要动态地增加；列独立检索；空列不占用存储空间，数据类型单一;表是面向列(族)、权限控制和独立检索的稀疏存储。HBase 中表的所有行都按照行键的字典排序,表在行的方向上分割多个区域。

（2）区域(Region)。

每个区域存储着表的若干行,区域是分布式存储的最小单元。数据存储实体是区域,表按照"水平"的方式划分成一个或多个"区域";每个区域都包含一个随机 ID,区域内的行也是按行键排序的;最初每张表包含一个区域,当表增大超过阈值后,区域被自动分割成两个相同大小的区域;区域是 HBase 中分布式存储和负责均衡的最小单元,以该最小单元的形式分布在集群内。

（3）存储单元(Store：区域中以列族为单位的单元)。

区域由一个或者多个存储单元组成,每个存储单元保存一个列族。每个存储单元由一个内存单元(MemStore)和 0 至多个存储单元文件(StoreFile)组成。内存单元用于写缓冲区,存放临时的计算结果。

（4）存储单元文件(StoreFile)。

以 HFile 的格式存储在分布式文件系统上,其组成有:

① 数据块 DataBlock 保存表中的数据,可压缩。

② 元数据块 MetaBlock 保存用户自定义的键-值对,可压缩。

③ Fileinfo 存储 HFile 的元信息,不能压缩,用户也可以在这一部分添加自己的元信息。

④ DataBlockIndex 存储数据块索引,每条索引的键值是索引的 Block 第一条记录的键值(Key)。

⑤ MetaBlockIndex 元数据块索引。

⑥ Trailer 保存每一段的偏移量,读取一个 HFile 时,系统会首先读取 Trailer,它存储了每个段的开始位置。块(Block：读/写的最小单元)是存储管理的最小单位。

在 HBase 中,最底层的物理存储对应于分布式文件系统上的单独文件 HFile,要把操作的数据存储到磁盘的 HFile 上,需要有一个内存单元作为缓冲,计算机上操作的数据先放在缓冲中,系统根据相应的策略把缓冲的数据写入 HFile 上进行持久化保存;由一个内存单元和 0 至多个 HFile 组成存储单元;多个存储单元组成了区域;HBase 的表格存放在一个或多个区域上,在表上的所有操作就可以存储在磁盘文件上。与 HBase 的列存储特性对应,每个列族存储在分布式文件系统上的一个单独文件 HFile 中,空值不保存。键值和版本号在每个列族中均有一份;为每个值建立并维护多级索引,为<行键,列族,列名称,时间戳>。

11.3.4　HBase 的系统架构

HBase 的系统架构如图 11.7 所示。

（1）客户端(对应 API)。

客户端包含访问 HBase 的接口,同时在缓存中维护着已经访问的 Region 位置信息,用来加快后续数据访问过程。HBase 客户端使用远程过程调用机制(RPC)与主服务器(Master)和区域服务器(Region)进行通信。对于管理类操作,客户端与主服务器(Master)进行 RPC;对于数据读写操作,客户端与区域服务器(Region)进行 RPC。

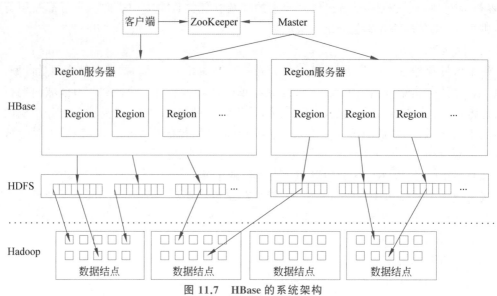

图 11.7　HBase 的系统架构

（2）协调者服务器（ZooKeeper Server）。

ZooKeeper 服务器提供稳定可靠的协同服务。在 HBase 服务器集群中，包含一个 Master 和多个 Region 服务器，Master 必须知道 Region 服务器的状态，ZooKeeper 可以轻松做到这一点。每个 Region 服务器需要到 ZooKeeper 中进行注册，ZooKeeper 实时监控每个 Region 服务器的状态并通知 Master，Master 通过 ZooKeeper 随时感知各个 Region 服务器的工作状态。

ZooKeeper 不仅能够帮助维护当前集群中机器的服务状态，而且能够帮助选出一个 Master 来管理集群。HBase 可以启动多个 Master，但是 ZooKeeper 帮助选举出一个 Master 来管理集群，并保证在任何时刻总有唯一一个 Master 在运行，这就避免了 Master 的"单点失效"问题。

ZooKeeper 中存储了-ROOT-表的地址和 Master 的地址，客户端可以通过访问 ZooKeeper 获得-ROOT-表的地址，并最终通过"三级寻址"找到所需的数据。ZooKeeper 中还存储了 HBase 的模式，包括有哪些表、每个表中有哪些族。

（3）主服务器（Master Server）。

① 主服务器 Master 主要负责表和 Region 的管理工作。

② 管理用户对表的增加、删除、修改和查询等操作。

③ 实现不同 Region 服务器之间的负载均衡。

④ 在 Region 分裂或合并后，负责重新调整 Region 的分布。

对发生故障失效的 Region 服务器上的 Region 进行迁移。

客户端访问 HBase 上数据的过程并不需要 Master 参与，客户端可以访问 ZooKeeper 获得-ROOT-表的地址，并最终到达相应的 Region 服务器进行数据读写，Master 仅维护表和 Region 的元数据，因此负载很低。

任何时刻，一个 Region 只能分配给一个 Region 服务器。Master 维护当前可用的 Region 服务器列表，哪些 Region 分配给了哪些 Region 服务器，哪些 Region 还未被分配。

当存在未被分配的 Region,并且有 Region 服务器上有可用空间时,Master 将给该 Region 服务器发送请求,将该 Region 分配给它。Region 服务器接受请求并完成数据加载后,开始负责管理该 Region 对象,对外提供服务。

（4）区域服务器（Region Server）。

Region 服务器是 HBase 的核心模块,负责维护分配给自己的 Region,并响应用户的读写请求。HBase 一般采用 HDFS 作为底层存储文件系统,因此 Region 服务器需要向 HDFS 文件系统中写数据。采用 HDFS 作为底层存储,可以为 HBase 提供可靠稳定的数据存储,HBase 不具备数据复制和维护数据副本的功能,而 HDFS 可以为 HBase 提供这些支持。HBase 也可以采用其他任何支持 Hadoop 接口的文件系统作为底层存储,如本地文件系统或云计算环境中的 Amazon Simple Storage Service。

1. Region 的定位

一个 HBase 的表可能非常庞大,会被分裂成很多个 Region,这些 Region 被分发到不同的 Region 服务器上。必须设计 Region 的定位机制来保证客户端知道到哪里可以找到所需要的数据。

每个 Region 都有一个 RegionID 来标识它的唯一性,这样,一个 Region 标识符就可以表示成"表名＋开始主键＋RegionID"。有了 Region 标识符,就可以唯一标识每个 Region。为了定位每个 Region 所在的位置,就可以构建一张映射表,映射表的每个条目包含两项内容,一个是 Region 标识符,另一个是 Region 服务器标识符,通过该条目建立起 Region 和 Region 服务器之间的对应关系,从而就可以知道某个 Region 被保存在哪个 Region 服务器。这个映射表包含 Region 的元数据,也称为"元数据表",又名".META.表"。

当 HBase 表中的 Region 数量非常庞大的时候,.META.表的条目会非常多,就需要分区到不同的服务器上,因此.META.表也会被分裂成多个 Region,为了定位 Region 需要再构建一个新的映射表来记录元数据的具体位置,这个新的映射表称为"根数据表",又名"-ROOT-表"。-ROOT-表不允许被分割,永远只存放在一个 Region 上,Master 主服务器永远知道它的位置。

HBase 使用类似于 B＋树的三层结构来保存 Region 位置信息,如图 11.8 所示,表 11.10 给出了 HBase 在层结构中每个层次的名称及其具体作用。

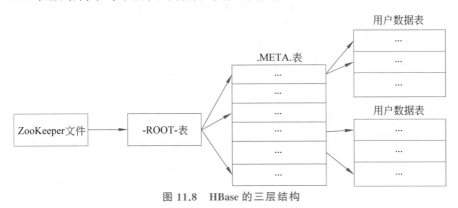

图 11.8　HBase 的三层结构

表 11.10　HBase 的三层结构中的各层次的名称和作用

层次	名　　称	作　　用
第一层	ZooKeeper 文件	记录了-ROOT-表的位置信息
第二层	-ROOT-表	记录了.META.表的 Region 位置信息。 -ROOT-表只能有一个 Region。通过-ROOT-表,就可以访问.META.表中的数据
第三层	.META.表	记录了用户数据表的 Region 位置信息,.META.表可以有多个 Region,保存了 HBase 中所有用户数据表的 Region 位置信息

　　客户端访问用户数据之前,需要首先访问 ZooKeeper,获取-ROOT-表的位置信息,然后访问-ROOT-表,获得.META.表的信息,接着访问.META.表,找到所需的 Region 具体位于哪个 Region 服务器,最后才会到该 Region 服务器读取数据。为加快访问速度,.META.表会保存在内存中,客户端会对访问过的信息进行缓存。客户端从 ZooKeeper 服务器上获取-ROOT-表,不必连接主服务器 Master,因此,主服务器的负载相对减小很多。

　　2. Region 服务器的工作原理

　　图 11.9 描述了 Region 服务器向 HDFS 文件系统读写数据的基本原理。Region 服务器管理一系列 Region 对象和一个磁盘文件 HLog 文件。HLog 记录所有的更新操作。每个 Region 对象由若干个 Store 组成,每个 Store 对应表中的一个列族的存储,每个 Store 包含一个内存中的缓存 MemStore 和若干个磁盘文件 StoreFile。

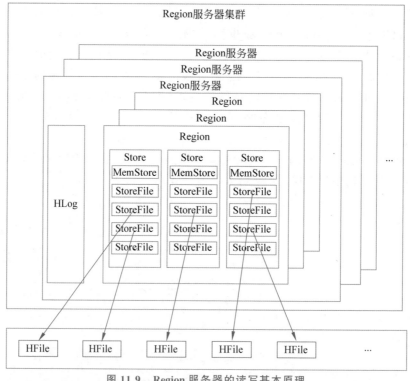

图 11.9　Region 服务器的读写基本原理

　　(1) 用户读写数据的过程。

　　当用户写入数据时,会被分配到相应的 Region 服务器去执行操作。用户数据首先被写入 MemStore 和 HLog 中,当操作写入 HLog 之后,commit()操作将结果返回给客户端。

当用户读数据时,Region 服务器会首先访问 MemStore 缓存,如果数据不在缓存中,才会到磁盘 StoreFile 中寻找。

(2) 缓存的刷新。

MemStore 缓存的容量有限,系统会周期性地调用 Region.flushcache()将 MemStore 缓存里的内容写到磁盘 StoreFile 文件中,清空缓存,并在 HLog 文件中写入标记,用来表示缓存的内容已经被写入 StoreFile 文件中。每次缓存刷新操作都会在磁盘上生成一个新的 StoreFile 文件。

每个 Region 服务器都有一个自己的 HLog 文件,在启动时,每个 Region 服务器检查自己的 HLog 文件,确认最近一次执行缓存刷新操作之后是否发生新的写入操作。如果没有更新,说明所有数据已经被永久保存到磁盘文件 StoreFile 中;如果发现更新,就先将这些更新写入 MemStore,然后再刷新缓存,写到磁盘文件 StoreFile 文件中,最后,删除旧的 HLog 文件,并开始为用户提供数据访问服务。

(3) StoreFile 的合并。

每次 MemStore 缓存的刷新操作都会在磁盘上生成一个新的 StoreFile 文件,系统中每个 Store 存在多个 StoreFile 文件,当需要访问某个 Store 中的某个值时,必须查找所有的 StoreFile 文件,非常耗费时间。因此,当 StoreFile 文件数量达到一个阈值时,调用 Store.compact()将多个 StoreFile 文件合并成一个大文件。

3. Store 的工作原理

每个 Store 对应表的一个列族的存储,包含一个 MemStore 缓存和若干个 StoreFile 文件。

当用户写入数据时,系统首先将数据放在 MemStore 缓存,当 MemStore 缓存满时,刷新到一个磁盘文件 StoreFile。当 StoreFile 文件数量达到阈值时触发文件合并,多个 StoreFile 文件会被合并成一个大的 StoreFile 文件。当单个 StoreFile 文件大小超过一个总工会时,触发文件分裂操作。当前的一个父 Region 会被分裂成两个子 Region,父 Region 下线,新分裂的子 Region 会被 Master 分配到相应的 Region 服务器。StoreFile 合并和分裂过程如图 11.10 所示。

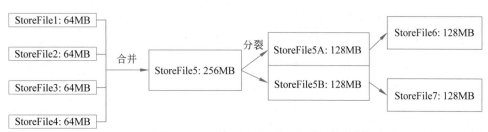

图 11.10　StoreFile 的合并和分裂过程

4. HLog 的工作原理

HBase 系统为每个 Region 服务器配置了个 HLog 文件,它采用预写式日志(Write Ahead Log,WAL),即先写日志后记录数据,用作灾难恢复。日志记录了数据的所有变更,一旦数据库出现问题,可从日志中进行恢复。日志是分布式文件系统上的一个文件,所有写操作先保证将数据写入这个日志文件后,才真正更新内存单元,最后写入 HFile 中。在区域服务器失效后,根据日志重做所有的操作,保证了数据的一致性。日志文件会定期滚动(Roll)写入新的文件而删除旧的文件(已写到 HFile 中的日志可以删除)。

　　ZooKeeper 实时监测每个 Region 服务器的状态,当某个 Region 服务器发生故障时,ZooKeeper 通知 Master,Master 首先处理故障 Region 服务器上遗留的 HLog 文件。由于每个 Region 服务器可能会维护多个不同 Region 对象(来自不同表),这些不同 Region 对象的日志会混在一起,系统将根据每条日志记录所属的 Region 对象对 HLog 数据进行拆分,分别放到相应的 Region 对象,然后再将失效的 Region 重新分配到可用的 Region 服务器,并将该 Region 对象相关的 HLog 日志记录也发送到相应的 Region 服务器。Region 服务器领取到分配给自己的 Region 对象和相关的 HLog 日志记录后会重做日志中的各种操作,将数据写入 MemStore 缓存,然后刷新到 StoreFile 文件,完成数据的恢复。

11.3.5　HBase 的操作

　　HBase 数据库默认的客户端程序是 HBase Shell,它是一个命令行工具,通过这些命令可以很方便地对表、列族、列等进行操作。

　　启动 HDFS 和 HBase 进程后,在终端输入"hbase shell"命令进入 HBase Shell 环境,输入"help",可以查看 HBase 支持的所有 Shell 命令,这些命令按操作类型可以分为 general、ddl、dml、tools、replication、snapshot、security 等。下面介绍数据库操作常用的 DDL、DML 等命令。

1. HBase Shell 的 DDL 命令

HBase Shell 常用的 DDL 命令及其含义如表 11.11 所示。

表 11.11　HBase Shell 常用的 DDL 命令

命　　令	描　　述
create	创建指定模式的新表
alter	修改表的结构,如添加新的列族
describe	展示表结构的信息,包括列族的数量与属性
list	列出 HBase 中已有的表
disable/enable	为了删除或更改表而禁用一个表,更改完后需要解禁表
disable_all	禁用所有的表,可以用正则表达式匹配表
is_disable	判断一个表是否被禁用
drop	删除表
truncate	如果只是想删除数据而不是表结构,则可用 truncate 来禁用表、删除表并自动重建表结构

　　下面以学生数据表 Student 为例介绍常用命令。数据表 Student 的结构如表 11.12 所示。

表 11.12　Student 数据表

行键	列族 StuInfo				列族 Grades			时间戳
	Name	**Age**	**Sex**	**Class**	**BigData**	**Computer**	**Math**	
0001	Tom Green	18	Male		80	90	85	T2
0002	Amy	19		01	95		89	T1
0003	Allen	19	Male	02	90		88	T1

（1）创建数据表。

与关系数据库不同，HBase 没有数据库模式，需要存储数据时直接创建表，创建表的同时需要设置列族的数量和属性。

```
hbase> create 'Student','StuInfo','Grades'
```

该 create 命令创建了名为 Student 的表，表中包含两个列族，分别为 StuInfo 和 Grades。

注意在 HBase Shell 语法中，所有字符串参数都必须包含在单引号中，且区分大小写，如 Student 和 student 代表两个不同的表。

若命令不设置列族的参数，则使用默认值；若为列族设置相应的参数，命令格式为

```
create 'Student', {NAME => 'StuInfo', VERSIONS => 3}, {NAME =>'Grades',
BLOCKCACHE => true}
```

大括号内是对列族的定义，包括 NAME、VERSIONS 和 BLOCKCACHE 保留字。符号"=>"表示将后面的值赋给指定参数。VERSIONS => 3 设置此单元格的数据可以保留最近的三个版本，BLOCKCACHE => true 指允许读取数据时进行缓存。

（2）查看数据表信息。

创建表结构以后，可以使用 exist、list 查看表的相关信息。

hbase> exist 'Student'　　　查看此表是否存在

hbase> list　　　　　　　查看数据库中所有的表

hbase> describe 'Student'　　查看指定表的列族信息

（3）修改数据表。

alter 命令用来更改表的列族参数信息、增加列族、删除列族以及更改表的相关设置等操作。例如：

```
hbase> alter 'Student', {NAME => 'Grades', VERSIONS => 3}  //修改列族的参数
```

该命令将列族 Grades 的 VERSIONS 改为保存最近的三个版本。若修改已有数据的列族属性时，HBase 需对列族里所有的数据进行修改，如果数据量很大，修改将需要很长的时间。

```
hbase> alter 'Student', 'hobby'   //新增一个列族 hobby
```

```
hbase> alter 'Student', { NAME => 'hobby', METHOD => 'delete' }  //删除列族
hbase> alter 'Student', 'delete' => 'hobby'  //与上一句删除语句效果相同
```

HBase 的表至少要有一个列族,若表只有一个列族时将无法删除列族。

(4) 删除表。

drop 命令用于删除 HBase 表,但在删除表前需先使用 disable 命令禁用表。

```
hbase> disable 'Student'
hbase> drop 'Student'
hbase> truncate 'Student'
```

truncate 命令仅清空表的数据,相当于完成了禁用表、删除表并按原结构重建表。

2. HBase Shell 的 DML 命令

HBase Shell 常用的 DML 命令及其含义如表 11.13 所示。

表 11.13　HBase Shell 常用的 DML 命令

命　　令	描　　述
put	添加一个值到指定单元格中
get	通过表名、行键等参数获取行或单元格数据
scan	遍历表并输出满足指定条件的行记录
count	计算表中的逻辑行数
delete	删除表中列族或列的数据

(1) 插入数据。

put 命令用于向表中增加一行数据或覆盖指定行的数据。

```
hbase> put 'Student', '0001', 'StuInfo:Name', 'Tom Green', 1
```

put 命令中:

第一个参数给出表名,如 Student。

第二个参数给出键名,如 0001,为字符串类型。

第三个参数给出列族和列的名称,中间用冒号隔开,如 StuInfo:Name。列族名必须是已经创建的,否则 HBase 会报错;列名可以是临时定义的,列族里的列可以任意扩展。

第四个参数给出单元格的值,如 Tom Green。HBase 的所有数据都是字符串的形式。

最后一个参数为时间戳,如 1。如果不设置时间戳,则系统会自动插入当前时间为时间戳。

put 命令一次只能插入一个单元格的数据,插入一行则需要一组命令完成,如插入表的第一行需要以下命令。

```
hbase> put 'Student', '0001', 'StuInfo:Name', 'Tom Green', 1
hbase> put 'Student', '0001', 'StuInfo:Age', '18'
hbase> put 'Student', '0001', 'StuInfo:Sex', 'Male'
```

```
hbase> put 'Student', '0001', 'Grades:BigData', '80'
hbase> put 'Student', '0001', 'Grades:Computer', '90'
hbase> put 'Student', '0001', 'Grades:Math', '85'
```

（2）更新数据。

若单元格的行键、列族及列名都已经存在，在不考虑时间戳的情况下，put 语句也可以对数据进行更新操作。

```
hbase> put 'Student', '0001', 'StuInfo:Name', 'Jim Green'
```

该命令将行键为 0001 的学生姓名改为 Jim Green。如果创建表时设定列族 VERSIONS 参数值为 $n(>1)$，则 put 操作可以保存 n 个版本数据。

（3）删除数据。

delete 命令用于从表中删除一个单元格或一个行集。delete 操作时必须指明表名和列族名称，列名和时间戳是可选的。

```
hbase> delete 'Student', '0002', 'Grades'
```

该命令删除 Student 表中行键为 0002 的 Grades 列族的所有数据。

delete 操作并不立即删除数据，只会将要删除的数据打上删除标记（tombstone），当需要合并数据时才会删除数据。

delete 命令的最小粒度是单元格（Cell）。

```
hbase> delete 'Student', '0001', 'Grades:Math', 2
```

该命令删除 Student 表行键为 0001，列族 Grades 的成员 Math，时间戳小于或等于 2 的数据。

delete 命令不能跨列族操作，如果需要数据表的一行数据，则需要使用 deleteall 命令。

```
hbase> deleteall 'Student', '0001'
```

该命令删除行键为 0001 的整行数据。

（4）查询操作。

① get 命令。

get 命令从数据表中获取某一行记录。get 命令必须设置表名和行键名，同时可以选择指明列族名称、时间戳范围、数据版本等参数。

```
hbase> get 'Student', '0001'
```

该命令查询获得 Student 表中行键为 0001 的所有列族数据。

② scan 命令。

scan 命令查询全表数据，使用时只需指定表名即可。

```
hbase> scan 'Student'
```

scan 命令也可以指定列族和列的名称,或指定输出行数,甚至指定带限制的查询,如 LIMIT(限制查询结果行数)、STARTROW(ROWKEY)、STOPROW/ENDROW(结束行)、TIMERANGE(限定时间戳范围)、VERSIONS(版本数)和 FILTER(按条件过滤行)等。限定条件可以联合使用,中间用逗号隔开。

```
hbase> scan 'Student' {COLUMN=>'Grades'} 限定列簇
hbase> scan 'Student' {STARTROW=>'0002', LIMIT=>1,VERSIONS=>1} 限定列簇
```

scan 指定条件输出时用大括号将参数包含起来。

③ count 命令。

count 命令计算表的逻辑行数。count 命令计算逻辑行需要扫描全表,去掉重复的行键和标记为 tombstone 的行。因此 count 命令开销非常大,一般结合 Hadoop 的 MapReduce 架构来进行分布式的扫描计数。

(5) 过滤器 Filter。

查询操作 get 和 scan 的输出范围可以使用过滤器来设置,类似 SQL 的 Where 条件。过滤器使用时会使用到比较运算符或比较器,HBase 常用的比较器如表 11.14 所示。

表 11.14　比较器

比 较 器	描 述
BinaryComparator	匹配完整字节数组
BinaryPrefixComparator	匹配字节数组前缀
BitComparator	匹配比特位
NullComparator	匹配空值
RegexStringComparator	匹配正则表达式
SubstringComparator	匹配子字符串

带过滤器的 scan 查询语法格式为

```
scan '表名', { Filter => "过滤器(比较运算符, '比较器')" }
```

其中,Filter=>指明过滤的方法。

① 行键过滤器。

RowFilter 实现行键字符串的比较和过滤。针对行键进行匹配的过滤器有 PrefixFilter、KeyOnlyFilter、FirstKeyOnlyFilter 和 InclusiveStopFilter,其含义和示例如表 11.15 所示。

表 11.15　行键过滤器描述

行键过滤器	描　述	示　例
PrefixFilter	行键前缀比较器,比较行键前缀	scan 'Student', FILTER => "PrefixFilter('0001')" 同 scan 'Student', FILTER => " RowFilter (= ,'substring:0001')"

行键过滤器	描　述	示　例
KeyOnlyFilter	只对单元格的键进行过滤和显示，不显示值	scan 'Student', FILTER => "KeyOnlyFilter()"
FirstKeyOnlyFilter	只扫描显示相同键的第一个单元格，其键-值对会显示出来	scan 'Student', FILTER => "FirstKeyOnlyFilter()"
InclusiveStopFilter	替代 ENDROW 返回终止条件行	scan 'Student', { STARTROW => '0001', FIILTER => "InclusiveStopFilter('binary：0002')" } 同 scan 'Student', { STARTROW => '0001', ENDROW => '0003' }

② 列族与列过滤器。

针对列族进行过滤的过滤器为 FamilyFilter，其语法结构与 RowFilter 类似。例如：

```
scan 'Student', FILTER=>" FamilyFilter(= , 'substring:Grades')"
```

常用列过滤器的具体含义和示例如表 11.16 所示。

表 11.16　列过滤器描述

列 过 滤 器	描　述	示　例
QualifierFilter	列标识过滤器，只显示对应列名的数据	scan 'Student', FILTER => "QualifierFilter(=,'substring：Math')"
ColumnPrefixFilter	对列名称的前缀进行过滤	scan 'Student', FILTER => "ColumnPrefixFilter('Ma')"
MultipleColumnPrefixFilter	可以指定多个前缀对列名称过滤	scan 'Student', FILTER => "MultipleColumnPrefixFilter('Ma','Ag')"
ColumnRangeFilter	过滤列名称的范围	scan 'Student', FILTER => "ColumnRangeFilter('Big', true, 'Math', false')"

③ 值过滤器。

值过滤器对单元格进行扫描过滤，常用值过滤器的具体含义和使用示例如表 11.17 所示。

表 11.17　值过滤器描述

值 过 滤 器	描　述	示　例
ValueFilter	值过滤器，找到符合值条件的键-值对	scan 'Student', FILTER => "ValueFilter(=,'substring：curry')" 同 get 'Student', '0001', FILTER => "ValueFilter(=,'substring：curry')"

值 过 滤 器	描 述	示 例
SingleColumnValueFilter	在指定的列族和列中进行比较的值过滤器	scan 'Student', Filter => " SingleColumnValueFilter ('StuInfo', 'Name', =, 'binary：curry')"
SingleColumnValueExclu-deFilter	排除匹配成功的值	scan 'Student', Filter => "SingleColumnValueExcludeFilter('StuInfo', 'Name', =, 'binary：curry')"

◇ 11.4 文档数据库

11.4.1 基本概念

文档数据库的概念是 1989 年由 Lotus 公司通过其产品 Notes 提出的。文档数据库用来管理文档,文档是处理信息的基本单位;文档可以很长、很复杂、无结构、与字处理文档类似;文档相当于关系数据库中的一条记录,能够对包含的数据类型和内容进行"自我描述",XML 文档、HTML 文档和 JSON 文档就属于这一类。文档数据库提供嵌入式文档,可用于需要存储不同的属性及大量数据的应用系统。

文档数据库通过键来定位一个文档,因此可以看成键值数据库的衍生品,但比键值数据库具有更高的查询效率。一个文档可以包含非常复杂的数据结构,如嵌套对象,并且不需要采用特定的数据模式,每个文档可能具有完全不同的结构。文档数据库既可以根据键(Key)来构建索引,也可以基于文档内容来构建索引,基于文档内容的索引和查询能力是文档数据库不同于键值数据库的地方,在键值数据库中,值的数据是透明不可见的,不能用来构建索引。

文档数据库与文件系统不同,文档数据库属于数据库范畴,数据是可共享的。文件系统中的文件基本上对应于某个应用程序。当不同的应用程序所需要的数据有部分相同时,也必须建立各自的文件,而不能共享数据,而文档数据库可以共享相同的数据。因此,文件系统比文档数据库数据冗余度更大,更浪费存储空间,且更难于管理维护。其次,文件系统中的文件是为某一特定应用服务的,所以,要想对现有的数据再增加一些新的应用是很困难的,系统不容易扩充。数据和程序缺乏独立性。而文档数据库具有数据的物理独立性和逻辑独立性,数据和程序分离。

文档数据库与传统的关系数据库差异显著。关系数据库是高度结构化的,而 Notes 的文档数据库允许创建许多不同类型的非结构化的或任意格式的字段。关系数据库通常将数据存储在相互独立的表格中,这些表格由程序开发者定义,单独一个的对象可以散布在若干表格中。对于数据库中某单一实例中的一个给定对象,文档数据库存储其所有信息,并且每一个被存储的对象可与任一其他对象不同。这使得将对象映射入数据库简单化,并通常会消除任何类似于对象关系映射的事物。例如,社交网站上每个用户都可以发布的内容类型不同的数据:风景照片、时事评论、分享音乐等,利用文档模型就直接保留了原有数据的样貌,存储直接快速,调用时可以"整存整取",对数据"去标准化"。文档数据库不提供对参数完整性和分布事务的支持,但和关系数据库也不是相互排斥的,它们之间可以相互交换数据,从而相互补充、扩展。

11.4.2　MongoDB 的数据模型

MongoDB 是一个基于分布式文件存储的数据库,由 C++ 语言编写,旨在为 Web 应用提供可扩展的高性能数据存储解决方案。

MongoDB 是一个介于关系数据库和非关系数据库之间的产品,是非关系数据库当中功能最丰富,最像关系数据库的。它支持的数据结构非常松散,是类似 JSON 的 BSON 格式,因此可以存储比较复杂的数据类型。MongoDB 最大的特点是它支持的查询语言非常强大,其语法有点类似于面向对象的查询语言,几乎可以实现类似关系数据库单表查询的绝大部分功能,而且支持对数据建立索引。

1. MongoDB 特点

MongoDB 的设计目标是高性能、可扩展、易部署、易使用,存储数据非常方便。其主要功能特性如下。

(1) 面向集合存储,容易存储对象类型的数据。在 MongoDB 中数据被分组存储在集合中,集合类似 RDBMS 中的表,一个集合中可以存储无限多的文档。

(2) 模式自由,采用无模式结构存储。在 MongoDB 中集合中存储的数据是无模式的文档,采用无模式存储数据是集合区别于 RDBMS 中的表的一个重要特征。

(3) 支持完全索引,可以在任意属性上建立索引,包含内部对象。MongoDB 的索引和 RDBMS 的索引基本一样,可以在指定属性、内部对象上创建索引以提高查询的速度。除此之外,MongoDB 还提供创建基于地理空间的索引的能力。

(4) 支持查询。MongoDB 支持丰富的查询操作,MongoDB 几乎支持 SQL 中的大部分查询。

(5) 强大的聚合工具。MongoDB 除了提供丰富的查询功能外,还提供强大的聚合工具,如 count、group 等,支持使用 MapReduce 完成复杂的聚合任务。

(6) 支持复制和数据恢复。MongoDB 支持主从复制机制,可以实现数据备份、故障恢复、读扩展等功能。而基于副本集的复制机制提供了自动故障恢复的功能,确保了集群数据不会丢失。

(7) 使用高效的二进制数据存储,包括大型对象(如视频)。使用二进制格式存储,可以保存任何类型的数据对象。

(8) 自动处理分片,以支持云计算层次的扩展。MongoDB 支持集群自动切分数据,对数据进行分片可以使集群存储更多的数据,实现更大的负载,也能保证存储的负载均衡。

(9) 支持 Perl、PHP、Java、C♯、JavaScript、Ruby、C 和 C++ 语言的驱动程序,MongoDB 提供了当前所有主流开发语言的数据库驱动包,开发人员使用任何一种主流开发语言都可以轻松编程,实现访问 MongoDB 数据库。

(10) 文件存储格式为 BSON(JSON 的一种扩展)。BSON 是对二进制格式的 JSON 的简称,BSON 支持文档和数组的嵌套。

(11) 可以通过网络访问。可以通过网络远程访问 MongoDB 数据库。

2. MongoDB 的基本概念

(1) 键-值对。

文档数据库存储结构的基本单位是键-值对,具体包含数据和类型。键-值对的数据包含键和值,键的格式一般为字符串,值的格式可以包含字符串、数值、数组、文档等类型。按照键-值对的复杂程度,可以将键-值对分为基本键-值对和嵌套键-值对。

如图 11.11 中的键-值对中的键为字符串,值为基本类型,这种键-值对就称为基本键值。

嵌套键-值对类型如图 11.12 所示,从图中可以看出,contact 的键对应的值为一个文档,文档中又包含相关的键-值对,这种类型的键-值对称为嵌套键-值对。

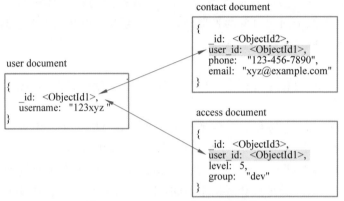

图 11.11　MongoDB 文档数据模型

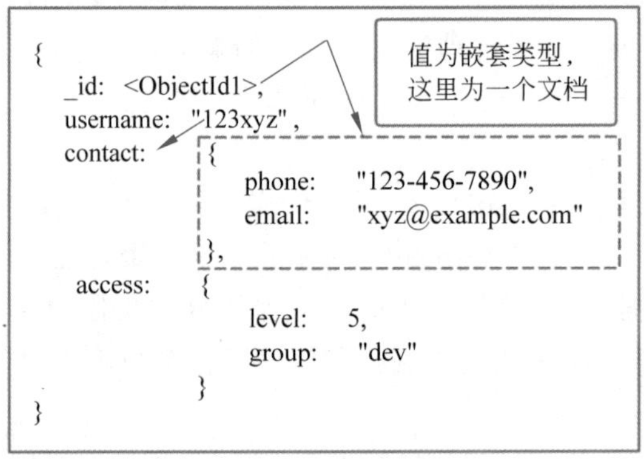

图 11.12　嵌套键-值对

键(Key)起唯一索引的作用,确保一个键-值结构里数据记录的唯一性,同时也具有信息记录的作用。如 country:"China",用:实现了对一条地址的分隔,"country"起到了"China"的唯一地址作用,另外,"country"作为键的内容说明了所对应内容的一些信息。

值(Value)是键所对应的数据,其内容通过键来获取,可存储任何类型的数据,甚至可以为空。

键和值的组成就构成了键-值对(Key-Value Pair)。它们之间的关系是一一对应的,如定义了"country:China"键-值对,"country"就只能对应"China",而不能对应"USA"。

文档中键的命名规则如下。

• UTF-8 格式字符串。

- 不用有\0 的字符串，这个符号标示键的结尾。
- 文档中的键禁止使用_以外的特殊字符，如以.和 $ 为前缀的一般是保留字。
- 文档键-值对是有序的，MongoDB 中严格区分大小写。

（2）文档。

文档是 MongoDB 的核心概念，是数据的基本单元，与关系数据库中的行十分类似，但是比行要复杂。文档是一组有序的键-值对集合。文档的数据结构与 JSON 基本相同，所有存储在集合中的数据都是 BSON 格式。

BSON 是一种类似 JSON 的二进制存储格式，是 Binary JSON 的简称。一个简单的文档示例如下。

```
{"country":"China","city": "BeiJing"}
```

MongoDB 中的数据具有灵活的架构，集合不强制要求文档结构。但数据建模的不同可能会影响程序性能和数据库容量。文档之间的关系是数据建模需要考虑的重要因素。文档与文档之间的关系包括嵌入和引用两种。

下面举一个关于顾客 patron 和地址 address 之间的例子，来说明在某些情况下，嵌入优于引用。

```
{
_id: "joe",
name: "Joe Bookreader"
}
{
patron_id: "joe",
street: "123 Fake Street",
city: "Faketon",
state: "MA",
zip: "2345"
}
```

关系数据库的数据模型在设计时，将 patron 和 address 分到两个表中，在查询时进行关联，这就是引用的使用方式。如果在实际查询中，需要频繁地通过 _id 获得 address 信息，那么就需要频繁地通过关联引用来返回查询结果。在这种情况下，一个更合适的数据模型就是嵌入。

将 address 信息嵌入 patron 信息中，这样通过一次查询就可获得完整的 patron 和 address 信息，如下。

```
{
    _id: "joe",
    name: "Joe Bookreader",
    address: {
            street: "123 Fake Street",
            city: "Faketon",
            state: nMAnz
```

```
                    zip: T2345"
                    }
    }
```

如果具有多个 address,可以将其嵌入 patron 中,通过一次查询就可获得完整的 patron 和多个 address 信息,如下。

```
{
    _id: "joe",
    name: "Joe Bookreader",
    address: {
            street: "123 Fake Street",
            city: "Faketon",
            state: nMAnz
            zip: T2345"
            }
            {
             street: "1 Some Other Street",
             city: "Boston",
             state: "MA",
             zip: "12345"
             }
    }
```

但在某些情况下引用比嵌入有优势。下面举一个图书出版商与图书信息的例子,代码如下。

```
{
title: "MongoDB: The Definitive Guide",
author: [ "Kristina Chodorow", "Mike Dirolfn"],
published_date: ISODate("2010-09-24"),
pages: 216,
language: "English",
publisher: {
        name: "O'Reilly Media",
        founded: 1980,
        location: "CA"
        }
}
{
title: "50 Tips and Tricks for MongoDB Developer",
author: "Kristina Chodorow",
published_date: ISODate("2011-05-06"),
pages: 68,
language: "English",
publisher: {
        name: "O'Reilly Media",
        founded: 1980,
```

```
            location: "CA"
        }
}
```

从该例子可以看出,嵌入式的关系导致出版商的信息重复发布,采用引用的方式描述集合之间的关系减少重复量。使用引用时,关系的增长速度决定了引用的存储位置。如果每个出版商的图书数量很少且增长有限,那么将图书信息存储在出版商文档中是可行的。

通过 books 存储每本图书的 id 信息,就可以查询到指定图书出版商的指定图书信息,但如果图书出版商的图书数量很多,则此数据模型将导致可变的、不断增长的数组 books,如下。

```
{
    name: "O'Reilly Media",
    founded: 1980,
    location: "CA",
    books: [123456789, 234567890, …]
}
{
    _id: 123456789,
    title: "MongoDE: The Definitive Guide",
    author: ["Kristina Chodorow", "Mike Dirolf"],
    published_date: ISODate("2010-09-24"),
    pages: 216,
    language: "English"
}
{
    _id: 234567890,
    title: "50 Tips and Tricks for MongoDB Developer",
    author: "Kristina Chodorow",
    published_date: ISODate("2011-05-06"),
    pages: 68,
    language: "English"
}
```

为了避免可变的、不断增长的数组,可以将出版商引用存放到图书文档中,如下。

```
{
    _id: "oreilly",
    name: "O'Reilly Media",
    founded: 1980,
    location: "CA"
}
{
    _id: 123456789,
    title: "MongoDB: The Definitive Guide,
    author: [ "Kristina Chodorow", "Mike Dirolf"],
    published_date: ISODate("2010-09-24"),
    pages: 216,
```

```
    language: "English",
    publisher_id: "oreilly"
}
{
    _id: 234567890,
    title: "50 Tips and Tricks for MongoDB Developer",
    author: "Kristina Chodorow",
    published date: ISODate("2011-05-06"),
    pages: 68,
    language: "English",
    publisher_id: "oreilly"
}
```

（3）集合。

MongoDB 将文档存储在集合中，一个集合是一些文档构成的对象。如果说 MongoDB 中的文档类似于关系数据库中的"行"，那么集合就如同"表"。图 11.13 为一个集合中包含多个文档。

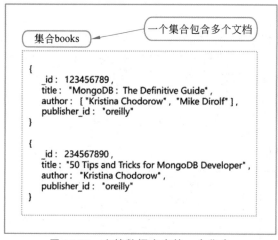

图 11.13　文档数据库中的一个集合

集合存在于数据库中，没有固定的结构，这意味着用户对集合可以插入不同格式和类型的数据。但通常情况下插入集合的数据都会有一定的关联性，即一个集合中的文档应该具有相关性。

集合可以存放任何类型的文档，在实际使用时为了管理和查询方便，将文档分类存放在不同的集合中。例如，对于网站的日志记录，可以根据日志的级别进行存储，Info 级别日志存放在 Info 集合中，Debug 级别日志存放在 Debug 集合中，这样既方便了管理，也提供了查询性能。但是需要注意的是，这种对文档进行划分来分别存储并不是 MongoDB 的强制要求，用户可以灵活选择。

可以使用"."按照命名空间将集合划分为子集合。例如，对于一个博客系统，可能包括 blog.user 和 blog.article 两个子集合，这样划分只是让组织结构更好一些，blog 集合和 blog.user、blog.article 没有任何关系。虽然子集合没有任何特殊的地方，但是使用子集合组织数据结构清晰，这也是 MongoDB 推荐的方法。MongoDB 的元数据使用系统命名空间为

<dbname>.system. * ,如 dbname.system.indexes 包含所有索引,dbname.system.profile 包含数据库概要(profile)信息,dbname.system.users 包含数据库的用户等,这些集合是由系统进行管理的。

（4）数据库。

在 MongoDB 中,数据库由集合组成。一个 MongoDB 实例可承载多个数据库,互相之间彼此独立,在开发过程中,通常将一个应用的所有数据存储到同一个数据库中,MongoDB 将不同数据库存放在不同文件中。数据库结构示例如图 11.14 所示。

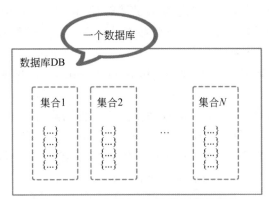

图 11.14　一个名为 DB 的数据库的结构

MongoDB 的默认数据库为"db",该数据库存储在 data 目录中。把数据库名添加到集合名前面,中间用点号连接,得到集合的完全限定名,就是命名空间,如命名空间 mymongo.log,点号可以出现在集合名字中;再如 mymongo.log.info,可将 info 集合看作 log 的子集合。子集合可让我们更好地组织数据,使数据的结构更加清晰明了。

MongoDB 有以下系统数据库。

① Admin 数据库：权限数据库,当数据库进程启用 auth 选项时,用户需要创建数据库账号,访问时根据账号信息来授权,而数据库账号信息就存储在 admin 数据库下;admin 数据库存储数据库的用户、权限、版本、角色等信息,为数据库的运行提供保障。

② Local 数据库：即本地存储数据库,主要存储每个数据库进程独有的配置信息、日志信息。这个数据库永远不会被复制,用来存储本地单台服务器的任意集合。

③ Config 数据库：当 MongoDB 使用分片模式时,Config 数据库在内部使用,用于保存分片的信息。

3. MongoDB 的数据模型

一个 MongoDB 实例可以包含一组数据库 Database,一个数据库 Database 可以包含一组 Collection(集合),一个集合可以包含一组 Document(文档)。一个 Document 包含一组 Field(字段),每一个字段都是一个 Key-Value 对。

Key：必须为字符串类型。

Value：可以包含如下类型。

① 基本类型,例如,string、int、float、timestamp、binary 等类型。

② 一个 Document。

③ 数组类型。

11.4.3 MongoDB 集群架构

MongoDB 分布式集群能够对数据进行备份,提高数据安全性,以及提高集群的读/写服务的能力和数据存储能力。MongoDB 有三种集群部署模式,分别为主从复制(Master-Slaver)、副本集(Replica Set)和分片(Sharding)模式。

Master-Slaver 是一种主从副本的模式。

Replica Set 是一种互为主从的关系。Replica Set 将数据复制多份保存,不同服务器保存同一份数据,在出现故障时自动切换,实现故障转移,在实际生产中非常实用。

Sharding 模式适合处理大量数据,它将数据分开存储,不同服务器保存不同的数据,所有服务器数据的总和即为整个数据集。Sharding 模式追求的是高性能,而且是三种集群中最复杂的。在实际生产环境中,通常将 Replica Set 和 Sharding 两种技术结合使用。

1. 主从复制

主从复制是 MongoDB 中最简单的数据库同步备份的集群技术,其基本的设置方式是建立一个主结点(Primary)和一个或多个从结点(Secondary),如图 11.15 所示。

这种方式比单结点的可用性好,可用于备份、故障恢复、读扩展等。集群中的主从结点均运行 MongoDB 实例,完成数据的存储、查询与修改操作。

主从复制模式的集群中只能有一个主结点,主结点提供所有的增、删、查、改服务,从结点不提供任何服务,但是可以通过设置使从结点提供查询服务,这样可以减少主结点的压力。

另外,每个从结点要知道主结点的地址,主结点记录在其上的所有操作,从结点定期轮询主结点获取这些操作,然后对自己的数据副本执行这些操作,从而保证从结点的数据与主结点一致。

在主从复制的集群中,当主结点出现故障时,只能人工介入,指定新的主结点,从结点不会自动升级为主结点。同时,在这段时间内,该集群架构只能处于只读状态。

2. 副本集

副本集群架构如图 11.16 所示。

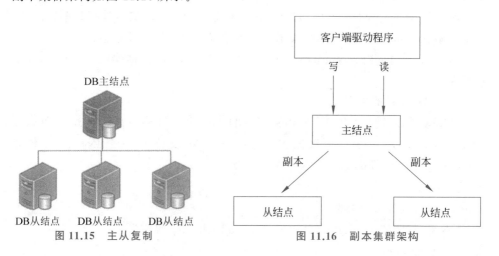

图 11.15　主从复制　　　　　　　图 11.16　副本集群架构

此集群拥有一个主结点和多个从结点,这一点与主从复制模式类似,且主从结点所负责的工作也类似,但是副本集与主从复制的区别在于:当集群中主结点发生故障时,副本集可以自动投票,选举出新的主结点,并引导其余的从结点连接新的主结点,而且这个过程对应用是透明的。可以说,MongoDB 的副本集是自带故障转移功能的主从复制。

MongoDB 副本集使用的是 N 个 mongod 结点构建的具备自动容错功能、自动恢复功能的高可用方案。在副本集中,任何结点都可作为主结点,但为了维持数据一致性,只能有一个主结点。

主结点负责数据的写入和更新,并在更新数据的同时,将操作信息写入名为 oplog 的日志文件当中。主结点还负责指定其他结点为从结点,并设置从结点数据的可读性,从而让从结点来分担集群读取数据的压力。另外,从结点会定时轮询读取 oplog 日志,根据日志内容同步更新自身的数据,保持与主结点一致。

在一些场景中,用户还可以使用副本集来扩展读性能,客户端有能力发送读写操作给不同的服务器,也可以在不同的数据中心获取不同的副本来扩展分布式应用的能力。

在副本集中还有一个额外的仲裁结点(不需要使用专用的硬件设备),负责在主结点发生故障时,参与选举新结点作为主结点。

副本集中的各结点会通过心跳信息来检测各自的健康状况,当主结点出现故障时,多个从结点会触发一次新的选举操作,并选举其中一个作为新的主结点。为了保证选举票数不同,副本集的结点数保持为奇数。

3. 分片

副本集可以解决主结点发生故障导致数据丢失或不可用的问题,但遇到需要存储海量数据的情况时,副本集机制就束手无策了。副本集中的一台机器可能不足以存储数据,或者说集群不足以提供可接受的读写吞吐量。这就需要用到 MongoDB 的分片(Sharding)技术,这也是 MongoDB 的另外一种集群部署模式。

分片是指将数据拆分并分散存放在不同机器上的过程。有时也用分区来表示这个概念。将数据分散到不同的机器上,不需要功能强大的大型计算机就可以存储更多的数据,处理更大的负载。每个碎片(Chard)是一个独立的数据库,这些碎片共同组成了一个逻辑的数据库。分片键的选定直接决定了集群中数据分布是否均衡、集群性能是否合理。

MongoDB 支持自动分片,可以使数据库架构对应用程序不可见,简化系统管理。对应用程序而言,就如同始终在使用一个单机的 MongoDB 服务器一样。

MongoDB 的分片机制允许创建一个包含许多台机器的集群,将数据子集分散在集群中,每个分片维护着一个数据集合的子集。与副本集相比,使用集群架构可以使应用程序具有更强大的数据处理能力。

MongoDB 分片的集群模式如图 11.17 所示。

构建一个 MongoDB 的分片集群,需要三个重要的组件,分别是分片服务器(Shard Server)、配置服务器(Config Server)和路由服务器(Route Server)。

(1) 分片服务器(Shard Server)。

每个 Shard Server 都是一个 mongod 数据库实例,用于存储实际的数据块。整个数据库集合分成多个块存储在不同的 Shard Server 中。

在实际生产中,一个 Shard Server 可由几台机器组成一个副本集来承担,防止因主结点单点故障导致整个系统崩溃。

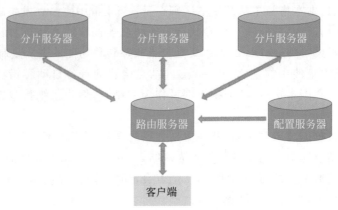

图 11.17　分片集群

(2) 配置服务器(Config Server)。

这是一个独立的 mongod 进程,保存集群和分片的元数据,即各分片包含哪些数据的信息。最先开始建立时,启用日志功能。像启动普通的 mongod 一样启动配置服务器,指定配置服务器的选项。不需要太多的空间和资源,配置服务器的 1KB 空间相当于真实数据的 200MB。保存的只是数据的分布表。当服务不可用时,变成只读,无法分块和迁移数据。

(3) 路由服务器(Route Server)。

这是一个独立的 mongos 进程,Route Server 在集群中可作为路由使用,客户端由此接入,让整个集群看起来像是一个单一的数据库,提供客户端应用程序和分片集群之间的接口。

Route Server 本身不保存数据,启动时从 Config Server 加载集群信息到缓存中,并将客户端的请求路由给每个 Shard Server,在各 Shard Server 返回结果后进行聚合并返回客户端。

11.4.4　MongoDB 的基本语法

1. 创建数据库

(1) MongoDB 数据库命名规则。

数据库名称一般采用小写。

数据库名称不能包含以下字符: /、\、"、$ 、*、< >、:、|、?。

如下命名格式是正确的:myDB、my_NewDB、myDB12。

如下命名格式则不被 MongoDB 接受:.myDB、/123。

MongoDB 使用 use 命令创建数据库,如果数据库不存在,MongoDB 会在第一次使用该数据库时创建数据库。如果数据库已经存在则连接数据库,然后可以在该数据库中进行各种操作。

```
>use myDB
```

(2) 查看数据库。

MongoDB 使用 show 命令查看当前数据库列表。

```
>show dbs
```

show 命令不显示空数据库,需要通过插入语句插入数据后 show 才能显示该数据库。

(3) 统计数据库信息。

MongoDB 使用 stats() 方法查看某个数据库的具体统计信息,注意对某个数据库进行操作之前,一定要用 use 切换至数据库,否则会出错。

```
>use test
>db.stats()
```

(4) 删除数据库。

MongoDB 使用 dropDatabase()方法删除数据库。

```
>db.dropDatabase ()                //删除当前数据库
```

(5) 查看集合。

MongoDB 使用 getCollectionNames() 方法查询当前数据库下的所有集合。

```
>use test
>db.getCollectionNames ()     //查询当前数据下所有的集合名称
```

2. 创建集合

MongoDB 将文档存储在集合中。集合类似于关系数据库中的表。如果集合不存在则在第一次存储该集合数据时创建该集合。

(1) 集合的命名规则。

① 集合名不能是空串。

② 不能含有空字符 \0。

③ 不能以"system."开头,这是系统集合保留的前缀。

④ 集合名不能含保留字符"$"。

(2) 创建集合。

MongoDB 集合的创建有显式和隐式两种方法。db.createCollection(name, options)方法用来显式创建集合,参数 name 指要创建的集合名称,options 是可选项,指定内存大小和索引等,表 11.18 描述了 options 可使用的选项。

表 11.18　options 的选项

参数	类型	描　　述
capped	Boolean	(可选)如果为 true,则启用封闭的集合。上限集合是固定大小的集合,它在达到其最大时自动覆盖其最旧的条目。如果指定 true,则还需要指定 size 参数
size	数字	(可选)指定上限集合的最大大小(以 B 为单位)。如果 capped 为 true,那么还需要指定次字段的值
max	数字	(可选)指定上限集合中允许的最大文档数

注意:插入文档时,MongoDB 首先检查上限集合 capped 字段的大小,然后检查 max

字段。

【例 11.3】 显式创建集合。

```
db.createCollection("mySet", {capped:true,size:6142800, max :10000 });
```

若插入文档时集合不存在,则 MongoDB 会隐式地自动创建集合。

```
db.myDB.insert( {"name": "tom"} );
```

(3) 查看集合。

用 show collections 命令查看集合的详细信息。

```
show collections;
```

(4) 重命名集合。

使用 renameCollection( ) 方法可对集合进行重新命名。

```
db.mySet.renameCollection( "orders2014");
```

(5) 删除集合。

使用 drop()方法删除集合。

```
db.orders2014.drop();
```

3. 插入数据

(1) 文档命名规则。

文档是 MongoDB 中存储的基本单元,是一组有序的键-值对集合。文档中存储的文档键的格式必须是符合 UTF-8 标准的字符串,同时要遵循以下注意事项。

① 不能包含\0 字符(空字符),因为这个字符表示键的结束。

② 不能包含 $ 和.,因为.和 $ 是被保留的,只能在特定环境下使用。

③ 键名区分大小写,一般采用小写。

④ 键的值区分类型(如字符串和整数等)。

⑤ 键不能重复,在一条文档里起唯一的作用。

注意,以上所有命名规范必须符合 UTF-8 标准的字符串,文档的键-值对是有顺序的,相同的键-值对如果顺序不同则表示不同的文档。

【例 11.4】 以下两组文档是不同的,因为值的类型不同。

```
{"recommend":"5"}
{"recommend":5}
```

【例 11.5】 以下两组文档也是不同的,因为键名是区分大小写的。

```
{ "Recommend" : " 5 "}
{"recommend":"5"}
```

（2）插入数据。

用 insert() 方法将数据插入 MongoDB 集合，无须事先对数据存储结构进行定义，如果待插入的集合不存在，则插入操作会默认创建集合。

在 MongoDB 中，插入操作以单个集合为目标，MongoDB 中的所有写入操作都是单个文档级别的原子操作。

插入数据的语法如下。

```
db.collection.insert(
<document or array of documents>,
{
    writeConcern: <document>,              //可选字段
    ordered: <boolean>                     //可选字段
} )
```

db 为数据库名，如当前数据库名为"test"，则用 test 代替 db，collection 为集合名，insert() 为插入文档命令，三者之间用"."连接。

参数说明：

＜document or array of documents＞参数表示可设置插入一条或多条文档。

writeConcern：＜document＞参数表示自定义写出错的级别，是一种出错捕捉机制。

ordered：＜boolean＞是可选的，默认为 true。如果为 true，在数组中执行文档的有序插入，并且如果其中一个文档发生错误，MongoDB 将返回而不处理数组中的其余文档；如果为 false，则执行无序插入，若其中一个文档发生错误，则忽略错误，继续处理数组中的其余文档。

① 插入不指定_id 字段的文档。

```
> db.test.insert( { item : "card", qty : 15 })
```

在插入时 MongoDB 将创建 _id 字段并为其分配唯一的 ObjectID 值。mongod 是一个 MongoDB 服务器的实例，也就是 MongoDB 服务驻扎在计算机上的进程。

查看集合文档：

```
> db.test.find()
{"_id":ObjectID("5bacac84bb5e8c5dff78dc21"), "item":"cardn, "qty":15 }
```

这些 ObjectID 值与执行操作时的机器和时间有关，因此，用户执行这段命令后的返回值与示例中的值是不同的。

② 插入指定 _id 字段的文档。

```
> db.test.insert(
    { _id: 10, item: "box", qty: 20 }
)
```

值_id 必须在集合中唯一，以避免重复键错误。

查看集合文档：

```
> db.test.find()
{ "_id" : 10, "item" : "box" , "qty": 20 }
```

可以看到新插入文档的 id 值为设置的 id 值。

③ 插入的多个文档。

插入的多个文档无须具有相同的字段。例如,下面代码中的第一个文档包含一个 _id 字段和一个 type 字段,第二个和第三个文档不包含 _id 字段。因此,在插入过程中,MongoDB 将会为第二个和第三个文档创建默认 _id 字段,代码如下。

```
db.test.insert(
    [
        { _id: 11, item: "pencil", qty: 50, type: "no.2" },
        { item: "pen", qty: 20 },
        { item: "eraser", qty: 25 }
    ]
)
```

查询验证,可以看到在 _id 插入期间,系统自动为第二、第三个文档创建了字段,代码如下。

```
> db.test.find()
{ "_id" : 11, "item" : "pencil", "qty" : 50, "type" : "no.2" }
{ "_id" : ObjectID("5bacf31728b746e917e06b27"), "item" : "pen", "qty" : 20 }
{ "_id" : ObjectID("5bacf31728b746e917e06b28"), "item" : "eraser", "qty" : 25 }
```

④ 用变量方式插入文档。

```
> document= ({ name: "c 语言", price: 40 })       //document 为变量名
> db.test.insert(document)
```

⑤ 有序地插入多条文档的代码如下。

```
> db.test.insert([
        {_id:10, item:"pen", price:"20" },
        {_id:12, item:"redpen", price: "30" },
        {_id:11, item:"bluepen", price: "40" }
    ],
    {ordered:true}
)
```

在设置 ordered:true 时,插入的数据是有序的,如果存在某条待插入文档和集合的某文档 _id 相同的情况,_id 相同的文档与后续文档都将不被插入。在设置 ordered:false 时,除了出错记录(包括 _id 重复)外其他的记录继续插入。

⑥ MongoDB 针对插入一条还是多条数据,提供了更可靠的 insertOne()和 insertMany()方法。

```
db.collection.insertOne ()
db.collection.insertMany()
```

【例 11.6】　使用 insertOne() 插入一条文档。

```
db.test.insertOne( { item: "card", qty: 15 } );
```

【例 11.7】　使用 insertMany() 插入多条文档。

```
db.test.insertMany([
    { item: "card", qty: 15 },
    { item: "envelope", qty: 20 },
    { item: "stamps", qty:30 }
]);
```

4. 修改数据

MongoDB 使用 update() 方法来更新(修改)集合中的文档。

基本语法:

```
db.collection.update(
<query>,
<update>,
{
  upsert,
  multi,
  writeConcern,
  collation
} )
```

参数说明如下。

＜query＞:设置查询条件。

＜update＞:为更新操作符。

upsert:布尔型,可选项,表示如果不存在 update 的记录,是否插入这个新的文档。true 为插入;默认为 false,不插入。

multi:布尔型,可选项,默认是 false,只更新找到的第一条记录。如果为 true,则把按条件查询出来的记录全部更新。

writeConcern:表示出错级别。

collation:指定语言。

【例 11.8】　插入多条数据后,使用 update 进行更改。

```
db.test.insertMany ([
    { item : "card",qty : 15 },
    { item : "envelope", qty: 20 },
    { item : "stamps", qty: 30 }
]);
```

将 item 为 card 的数量 qty 更正为 35,代码如下。

```
db.test.update(
{
    item : "card"
},
{
    $set: {qty: 35}
}
```

collation 特性允许 MongoDB 的用户根据不同的语言定制排序规则,在 MongoDB 中字符串默认当作一个普通的二进制字符串来对比。而对于中文名称,通常有按拼音顺序排序的需求,这时就可以通过 collation 来实现。

创建集合时,指定 collation 为 zh,按 name 字段排序时,则会按照 collation 指定的中文规则来排序,代码如下。

```
db.createCollection ("person", {collation: {locale: "zh" }}) //创建集合并指定语言
db.person.insert ({name: "张三"})
db.person.insert ({name:"李四"})
db.person.insert ({name: "王五"})
db.person.insert ({name: "马六"})
db.person.insert ({name:"张七"})
db.person.find().sort({name: 1})                              //查询并排序
//查询返回结果
{ "_id" : ObjectID ("586b995d0cec8d86881cffae") , "name": "李四" }
{ "_id" : ObjectID ("586b995d0cec8d8 6881cffb0"), "name" : "马六" }.
{ "_id" : ObjectID ("586b995d0cec8d86881cffaf"), "name": "王五" }
{ "_id" : ObjectID ("586b995d0cec8d86881cffb1"), "name": "张七" }
{ "_id" : ObjectID ("586b995d0cec8d86881cffad"), "name" : "张三" }
```

5. 删除数据

如果不再需要 MongoDB 中存储的文档,可以通过删除命令将其永久删除。MongoDB 使用 remove() 和 delete() 方法来删除集合中的文档。

① remove() 方法。

remove()函数可以接受一个查询文档作为可选参数来有选择性地删除符合条件的文档。删除文档是永久性的,不能撤销,也不能恢复。因此,在执行 remove() 函数前最好先用 find() 命令来查看是否正确。

remove()方法的基本语法格式:

```
db.collection.remove(
<query>,
{
  justOne: <boolean>, writeConcern: <document>
} )
```

参数说明如下。

Query：必选项，是设置删除的文档的条件。

justOne：布尔型，可选项，默认为 false，删除符合条件的所有文档，如果设为 true，则只删除一个文档。

writeConcern：可选项，设置抛出异常的级别。

【例 11.9】　插入一个文档：

```
>db.test.insert(
    {
        title : 'MongoDB',
        description : 'MongoDB 是一个 NoSQL 数据库',
        by : 'C 语言中文网',
        tags : ['mongodb', 'database', 'NoSQL'],
        likes : 100
    }
)
```

使用 find() 函数查询：

```
> db.test.find()
{ "_id" : ObjectID ("5ba9d8b: L24857a5fefclfde6"),
"titlen : "MongoDB",
"description" : "MongoDB 是一个 NoSQL 数据库",
"by" : "C 语言中文网",
"tags" : [ "mongodb", "database", "NoSQL" ],
"Tikes" : 100 }
```

查询结果为

```
{ "_id" : ObjectID("5ba9d90924857a5fefclfde7"), "title" : "MongoDB ",
"description" : "MongoDB 是一个 NoSQL 数据库", "by" : "C 语言中文网", "tags" :
[ "mongodb", "database", "NoSQL"], "likes" : 100 }
```

接下来移除 title 为"MongoDB"的文档，执行以下操作后，查询会发现两个文档记录均被删除。

```
>db.test.remove({'title': 'MongoDB'})
WriteResult({ 'nRemoved' : 2 })      #删除了两条数据
```

另外，可以设置比较条件，如下操作为删除 price 大于 3 的文档记录。

```
>db.test.remove(
    {
        price:{$gt:3}
    }
)
```

② delete() 方法。

deleteOne() 和 deleteMany() 方法删除文档。

```
db.collection.deleteMany ({})                //删除集合下所有的文档
db.collection.deleteMany ({ status : "A" })  //删除 status 等于 A 的全部文档
db.collection.deleteOne ({ status : "D" })   //删除 status 等于 D 的一个文档
```

6. 查询数据

在关系数据库中,可以实现基于表的各种各样的查询,以及通过投影来返回指定的列,相应的查询功能也可以在 MongoDB 中实现。同时,由于 MongoDB 支持嵌套文档和数组,MongoDB 也可以实现基于嵌套文档和数组的查询。

find()方法以非结构化的方式来显示所要查询的文档,语法格式:

```
>db.collection.find(query, projection)
```

query 为可选项,设置查询操作符指定查询条件。

projection 也为可选项,表示使用投影操作符指定返回的字段,如果忽略此选项则返回所有字段。

【例 11.10】 查询 test 集合中的所有文档时,为了使显示的结果更为直观,可使用 pretty() 方法以格式化的方式来显示所有文档。

```
> db.test.find().pretty()
```

除了 find()方法,还可使用 findOne()方法,它只返回一个文档。

(1) 带条件查询。

MongoDB 支持条件操作符,表 11.19 为 MongoDB 与 RDBMS 的条件操作符的对比,读者可以通过对比来理解 MongoDB 中条件操作符的使用方法。

表 11.19　MongoDB 与 RDBMS 的查询比较

操作符	格　　式	实　　例	RDBMS
等于(=)	{<key> : {<value>}}	db.test.find({price : 24})	where price = 24
大于(>)	{<key> : { $ gt : <value>}}	db.test.find({price : { $ gt : 24}})	where price > 24
小于(<)	{<key> : { $ lt : <value>}}	db.test.find({price : { $ lt : 24}})	where price < 24
大于或等于(>=)	{<key> : { $ gte : <value>}}	db.test.find({price : { $ gte : 24}})	where price >= 24
小于或等于(<=)	{<key> : { $ lte : <value>}}	db.test.find({price : { $ lte : 24}})	where price <= 24
不等于(!=)	{<key> : { $ ne : <value>}}	db.test.find({price : { $ ne : 24}})	where price ! = 24
与(and)	{key01 : value01, key02 : value02, …}	db.test.find({name : "《MongoDB 入门教程》", price : 24})	where name = "《MongoDB 入门教程》" and price = 24
或(or)	{ $ or : [{key01 : value01}, {key02 : value02}, …]}	db.test.find({ $ or : [{name : "《MongoDB 入门教程》"},{price : 24}]})	where name = "《MongoDB 入门教程》" or price = 24

（2）空值查询。

【例 11.11】　设在 test 集合中有以下文档。

```
{"_id" : ObjectID("5ba7342c7f9318ea62161351"),
"name" : "《MongoDB 教程》",
"price" : 24,
"tags" : [ "MongoDB", "NoSQL", "database" ],
"by": "C 语言中文网"
}
{"_id" : ObjectID("5ba747bd7f9318ea62161352"),
"name" : "ava 教程",
"price" : 36,
"tags" : ["编程语言", "Java 语言", "面向对象程序设计语言"],
"by" : "C 语言中文网"
}
{"_id" : ObjectID("5ba75a057f9318ea62161356"),
"name" : "王二",
"age" : null
}
```

查询 age 为 null 的字段：

```
> db.test.find({age:null})
```

该查询不仅匹配出 age 为 null 的文档，其他不同类型的文档也会被查出。这是因为 null 不仅会匹配某个键值为 null 的文档，而且会匹配不包含这个键的文档。

（3）查询数组。

【例 11.12】　查询数组的文档。

```
> db.test.find(
{
    tags:['MongoDB', 'NoSQL', 'database']
})
```

返回结果为

```
{"_id" : ObjectID("5ba7342c7f9318ea62161351"),
"name": "《MongoDB 教程》",
"price" : 24,
"tags" : [ "MongoDB", "NoSQL", "database"],
"by" : "C 语言中文网"
}
```

【例 11.13】　查询有三个元素的数组。

```
> db.test.find(
{
    tags:{$size:3}
})
```

返回结果为

```
{"_id" : ObjectID("5baf9b6663ba0fb3ccccle77"),
"name" : "《MongoDB 教程》",
''price" : 24,
"tags" : ["MongoDB","NoSQL", "database"],
"by" : "C 语言中文网"
}
{"_id" : ObjectID ("5baf 9bc763ba0fk>3ccccle78"),
"name" : "《Java 教程》",
"price" : 36,
"tags" : ["编程语言", "Java 语言", "面向对象程序设计语言"],
"by" : "C 语言中文网"
}
```

【例 11.14】 查询数组里的某一个值。

```
> db.test.find(
{
    tags: "MongoDB"
} )
```

返回结果为

```
{"_id" : ObjectID("5baf9b6663ba0fb3ccccle77"),
"name" : "《MongoDB 教程》",
''price" : 24,
"tags" : ["MongoDB","NoSQL", "database"],
"by" : "C 语言中文网"
}
```

（4）限定返回匹配结果。

【例 11.15】 只返回三个匹配的结果。

```
>db.test.find().limit(3)
```

若匹配的结果不到 3 个,则返回匹配数量的结果。

（5）略过指定个数的文档。

【例 11.16】 略过第一个文档,返回后两个。

```
>db.test.find().skip(1)
```

（6）排序。

sort()函数用于对查询结果进行排序,1 是升序,−1 是降序。

【例 11.17】 按 price 的升序排列。

```
>db.test.find().sort({"price" : 1})
```

（7）匹配字符串的正则表达式。

使用 $regex 操作符来设置匹配字符串的正则表达式,使用正则表达式无须进行任何配置。

【例 11.18】　使用正则表达式查询含有"MongoDB"的文档。

```
> db.test.find({tags:{$regex:"MongoDB"}})
```

返回结果为

```
{"_id" : ObjectID("5baf9b6663ba0fb3ccccle77"),
"name" : "《MongoDB 教程》",
''price' : 24,
"tags" : ["MongoDB","NoSQL", "database"],
"by" : "C 语言中文网"
}
```

7. 游标

MongoDB 数据库中只需使用 find( ) 函数就可以返回游标,游标的使用如表 11.20 所示。

表 11.20　MongoDB 游标的使用

方 法 名	作 用
hasNext( )	判断是否有更多的文档
next( )	用来获取下一条文档
toArray( )	将查询结构放到数组中
count( )	查询的结果为文档的总数量
limit( )	限制查询结果返回数量
skip( )	跳过指定数目的文档
sort( )	对查询结果进行排序
objsLeftInBatch( )	查看当前批次剩余的未被迭代的文档数量
addOption( )	为游标设置辅助选项,修改游标的默认行为
hint( )	为查询强制使用指定索引
explain( )	用于获取查询执行过程报告
snapshot( )	对查询结果使用快照

使用游标时,需要注意下面 4 个问题。

（1）当调用 find( ) 函数时,Shell 并不立即查询数据库,而是等真正开始获取结果时才发送查询请求。

（2）游标对象的每个方法几乎都会返回游标对象本身,这样可以方便进行链式函数的调用。

（3）在 MongoDB Shell 中使用游标输出文档包含两种情况：如果不将 find()函数返回的游标赋值给一个局部变量进行保存，在默认情况下游标会自动迭代 20 次；如果将 find()函数返回的游标赋值给一个局部变量，则可以使用游标对象提供的函数进行手动迭代。

（4）使用清空后的游标，进行迭代输出时，显示的内容为空。

游标从创建到被销毁的整个过程存在的时间，被称为游标的生命周期，包括游标的创建、使用及销毁三个阶段。当客户端使用 find()函数向服务器端发起一次查询请求时，会在服务器端创建一个游标，然后就可以使用游标函数来操作查询结果。

【例 11.19】 使用游标查找所有文档。

```
>var cursor = db.test.find()
>while (cursor.hasNext()){
    var doc = cursor.next();
    print(doc.name);           //把每一条数据都单独拿出来进行逐行的控制
    print(doc);                //每行数据返回的都是一个[object BSON]型的内容
    printjson(doc);            //将游标获取的集合以 JSON 的形式显示
}
```

8. 索引

MongoDB 在创建集合时，会默认地在_id 字段上创建唯一索引。该索引可防止客户端插入具有相同字段的两个文档，_id 字段上的索引不能被删除。在分片集群中，如果不将该_id 字段用作分片键，则应用需要自定义逻辑来确保_id 字段中值的唯一性，通常通过使用标准的自生成的 ObjectId 作为_id。

MongoDB 中索引的类型大致包含单键索引、复合索引、多键值索引、地理索引、全文索引、散列索引等，下面简单介绍各类索引的用法。

（1）单键索引。

MongoDB 支持在文档集合中的任何字段建立索引，对于单字段索引和排序操作，索引键的排序顺序（即升序或降序）无关紧要，因为 MongoDB 可以在任意方向上遍历索引。

创建单键索引的语法结构：

```
>db.collection.createIndex ( { key: 1 } )      //1 为升序，-1 为降序
```

【例 11.20】 有以下文档，在 score 键上创建索引。

```
    {
        "score" : 1034,
        "location" : { state: "NY",
        city: "New York" }
    }
db.records.createIndex( { score: 1 } )
```

（2）复合索引。

MongoDB 支持复合索引，即索引结构包含多个字段。

创建复合索引的语法结构：

```
db.collection.createIndex ({ <key1> : <type>, <key2> : <type2>, …})
```

需要注意的是,在建立复合索引的时候一定要注意顺序的问题,顺序不同将导致查询的结果也不相同。

【例 11.21】　创建复合索引。

```
>db.records.createIndex ({ "score": 1, "location.state": 1 })
```

（3）全文索引。

MongoDB 全文检索提供三个版本,用户在使用时可以指定相应的版本,如果不指定则默认选择当前版本对应的全文索引。

MongoDB 提供的文本索引支持对字符串内容的文本搜索查询,但是这种索引因为需要检索的文件比较多,因此在使用时检索时间较长。

全文索引的语法结构如下。

```
db.collection.createIndex ({ key: "text" })
```

（4）散列索引。

散列（Hashed）索引主要用于 MongoDB Sharded Cluster 的散列分片,散列索引只能用于字段完全匹配的查询,不能用于范围查询等。

创建散列索引的语法:

```
db.collection.createIndex( { _id : "hashed" })
```

MongoDB 支持任何单个字段的散列索引,但是不支持多键（即数组）索引。

（5）过期索引。

过期索引是一种特殊的单字段索引,MongoDB 可以用来在一定时间或特定时间后从集合中自动删除文档。过期索引对于处理某些类型的信息非常有用,例如,机器生成的事务数据、日志和会话信息,这些信息只需要在数据库中存在有限的时间,不需要长期保存。

创建过期索引的语法:

```
db.collection.createIndex( {"key" : 1 }, { expireAfterSeconds: 3600 })
```

需要注意的是,MongoDB 是每 60s 执行一次删除操作,因此短时间内执行会出现延迟现象。

（6）查看现有索引。

若要返回集合上所有索引的列表,则需使用驱动程序的 db.collection.getIndexes()方法或类似方法。

【例 11.22】　查看 records 集合上的所有索引。

```
db.records.getIndexes()
```

若要列出数据库中所有集合的所有索引,则需在 MongoDB 的 Shell 客户端中进行以下操作。

```
db.getCollectionNames().forEach(function(collection){
    indexes = db[collection].getIndexes();
    print("Indexes for " + collection + ":");
    printjson(indexes);
});
```

(7) 删除索引。

MongoDB 提供两种从集合中删除索引的方法。

```
db.collection.dropIndex()                    //删除特定索引
db.collection.dropIndexes()                  //删除_id 索引之外的所有索引
```

【例 11.23】 删除集合中 score 字段的升序索引。

```
db.records.dropIndex ({ "score" : 1 })       //升序降序不能错,如果为-1,则提示无索引
```

【例 11.24】 从 records 集合中删除 _id 索引之外的所有索引。

```
db.records.dropIndexes()
```

(8) 修改索引。

若要修改现有索引,则需要删除现有索引并重新创建索引。

◇ 11.5 图 数 据 库

11.5.1 基本概念

图数据库是以点、边为基础存储单元,以高效存储、查询图数据为设计原理的数据管理系统。数据通过点和边的形式进行表示,把数据转换成点,数据间的关系转换成边。图的存储方式可以整合多源异构数据。

点代表实体或实例,如人员、企业、账户或要跟踪的任何其他项目。它们大致相当于关系数据库中的记录、关系或行,或者文档存储数据库中的文档。

边也称作关系,将结点连接到其他结点的线代表结点之间的关系。在探索结点、属性和边的连接和互连时,往往会得到意想不到的价值。边可以是有向的,也可以是无向的。在无向图中,连接两个结点的边具有单一含义。在有向图中,连接两个不同结点的边,根据它们的方向具有不同的含义。边是图数据库中的关键概念,是图数据库独有的数据抽象概念,而关系数据库和文件型数据库并没有"边"的概念,需在查询运行时进行具体化。

因为实体间的关系提前存储到了数据库中,所以图数据库能够快速响应复杂关联查询。图数据库也直观地可视化关系,是存储、查询、分析高度互连数据的最优办法。

1. 图数据库特点

(1) 更直观的模型。

图数据模型直接还原业务场景,比传统数据模型更直观,提升了产品与工程师的沟通

效率。

（2）更简洁的查询语言。

图数据库的查询语言在关联查询中更简洁，以最通用的 Cypher 查询语言为例，复杂关联查询时的代码量比 SQL 大幅降低，能够帮助程序员提升开发效率。

（3）更高效的关联查询性能。

图数据库在处理关联性强的数据以及天然的图问题场景时具有强大的关联查询性能优势。因为传统关系数据库在进行关联查询时需要做昂贵的表连接（JOIN），涉及大量的 IO 操作及内存消耗。而图数据库对关联查询有针对性的优化，能防止局部数据的查询引发全部数据的读取，可以高效查询关联数据。

2. 与关系数据库的对比

（1）关系的存储。

图数据结构直接存储了结点之间的依赖关系，而关系数据库和其他类型的非关系数据库则以非直接的方式来表示数据之间的关系。图数据库把数据间的关联作为数据的一部分进行存储，关联上可添加标签、方向以及属性，而其他数据库针对关系的查询必须在运行时进行具体化操作，这也是图数据库在关系查询上相比其他类型数据库有巨大性能优势的原因。

（2）模式。

关系数据库创建时必须指定模式，而图数据库的模式非常灵活，适合管理临时或不断变化的数据。

（3）查询性能。

关系数据库设计满足规范化，保证数据的强一致性并支持事务的 ACID，当涉及关联查询时需要将存在不同表中的不同属性进行连接查询，开销是非常大的。图数据库把关系映射到数据结构中，对于关联度高的数据集查询更快，尤其适合那些面向对象的应用程序。

图数据库在很多方面比关系数据库更具有优势，而且变得越来越流行，但是图数据库和关系数据库并非是简单的替代关系，在具体应用场景中图数据库可以带来性能的提升和降低延迟才是适合的应用场景。

11.5.2　Neo4j 介绍

Neo4j 是一个高性能的 NoSQL 图形数据库，它将结构化数据存储在网络上而不是表中。它是一个嵌入式的、基于磁盘的、具备完全的事务特性的 Java 持久化引擎。Neo4j 也可以被看作一个高性能的图引擎，该引擎具有成熟数据库的所有特性。使用 Neo4j 时，程序员工作在一个面向对象的、灵活的网络结构下，而不是严格、静态的表中，但是他们可以享受到具备完全的事务特性、企业级的数据库的所有好处。

Neo4j 作为一款稳健的、可伸缩的高性能数据库，Neo4j 最适合完整的企业部署或者作为一个轻量级项目中完整服务器的子集存在。它包括如下几个显著特点。

（1）完整的 ACID 支持。

适当的 ACID 操作是保证数据一致性的基础。Neo4j 确保了在一个事务里的多个操作同时发生，保证数据的一致性。

无论是采用嵌入模式还是多服务器集群部署，Neo4j 都支持这一特性。

（2）高可用性和高可扩展性。

可靠的图形存储可以非常轻松地集成到任何一个应用中。随着开发的应用在运营中不断发展,性能问题肯定会逐步凸显出来,而无论应用如何变化,Neo4j 只会受到计算机硬件性能的影响,而不受业务本身的约束。

部署一个 Neo4j 服务器可以承载亿级的结点和关系。当然,当单结点无法承载数据需求时,可以部署分布式集群。

（3）通过遍历工具高速检索数据。

图形数据库最大的优势是可以存储关系复杂的数据。通过 Neo4j 提供的遍历工具,可以非常高效地进行数据检索,每秒可以达到亿级的检索量。一个检索操作类似 RDBMS 里的 JOIN 操作。

11.5.3 Neo4j 的存储结构

1. 核心概念

（1）结点(Node)。

构成一张图的基本元素是结点和关系。在 Neo4j 中,结点和关系都可以包含属性。一个结点就是一行数据,一个关系也是一行数据,里面的属性就是数据库的行(Row)的字段。除了属性之外,关系和结点还可以有零到多个标签,标签可被认为是一个特殊分组方式。

最简单的结点仅有一个属性,如图 11.18 所示为只包含一个属性的结点。

（2）关系(Relation)。

结点之间的关系是图数据库很重要的一部分。通过关系可以找到很多关联的数据,如结点集合、关系集合以及它们的属性集合。一个关系连接两个结点,必须包含开始结点和结束结点,如图 11.19 所示。关系由唯一名称标识,关系也可以有属性。

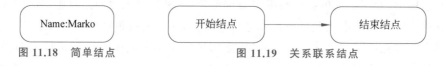

图 11.18　简单结点　　　　　图 11.19　关系联系结点

因为关系总是直接相连的,所以对于一个结点来说,与它关联的关系看起来有输入/输出两个方向,这个特性对于遍历图非常有帮助,如图 11.20 所示。

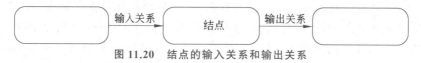

图 11.20　结点的输入关系和输出关系

关系在任意方向都会被遍历访问,因此不需要在不同方向新增关系,而关系总是会有一个方向,所以当这个方向对应用没有意义时,可以忽略。

需要特别注意的是,一个结点可以有一个关系是指向自己的,如图 11.21 所示。

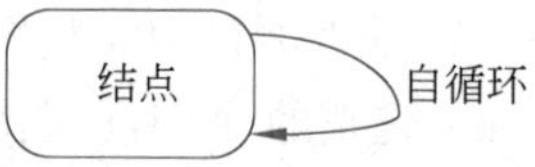

为了便于在将来遍历图中所有的关系,需要为关系设置类型 type,type 表示标签。

图 11.21　指向自身结点的关系

图 11.22 展示的是一个简单的 Linux 文件系统,图 11.22 中表示的关系为根目录/下有

一个子目录 A,而 A 目录里有目录文件 B 和目录文件 C,B 是 D 的符号链接,即可指向 D,而
目录 C 里包含文件 D。图 11.22 中可以顺着关系得到根目录
下的所有文件信息。

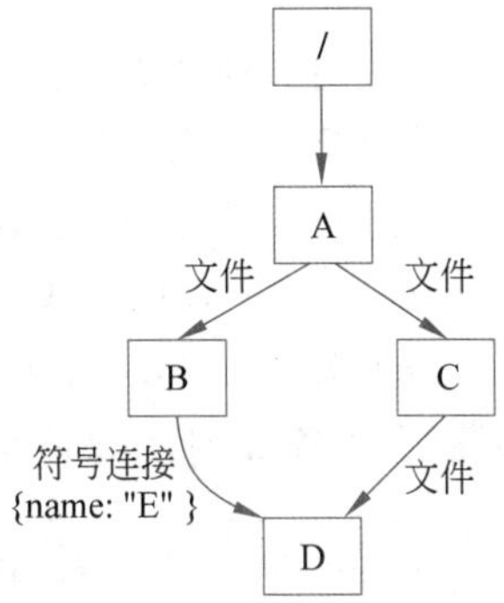

（3）属性（property）。

结点和关系都可以设置自己的属性。一个属性（Property）
包含键（Key）和值（Value）两个部分,表示属性是由 Key-Value
组成的；Key 指向 String,表示 Key 是字符串类型；Value 的类
型可以是多样的,如 String、int 或 boolean 等,也可以是 int[]
这种类型的数据。

（4）标签（Label）。

标签形容一种角色或者给结点加上一种类型,一个结点可

图 11.22　Linux 文件系统

以有多种类型,通过类型区分一类结点,在查询时更加方便和高效；标签在给属性建立索引
或者约束时会用到。标签名称必须是非空的 Unicode 字符串,另外,标签最大标记容量是
int 的最大值。

（5）路径（Path）。

路径由至少一个结点通过各种关系连接组成,经常是作为一个查询或者遍历的结果。

（6）遍历（Transfer）。

遍历一张图就是按照一定的规则,跟随它们的关系,访问关联的结点集合。最常见的情
况是只有一部分子图被访问到,因为用户知道自己关注哪一部分结点或者关系。

Neo4j 提供了遍历的 API,可以让用户指定遍历规则。最简单的遍历规则就是设置遍
历为宽度优先或深度优先。

（7）模式（Schema）。

Neo4j 是一个无模式或者 less 模式的图形数据库,使用时它不需要定义任何模式
（Schema）。

（8）索引（Indexes）。

遍历图需要大量的随机读/写,如果没有索引,则可能意味着每次索引都是全图扫描。
若在字段属性上构建索引,则任何查询操作都会使用索引,这样能大幅度提升查询性能。构
建索引是一个异步请求,在后台创建直至成功后,才能最终生效。如果创建失败,可以重建
索引,要先删除索引,然后从日志里面找出创建失败的原因,最后再创建。

（9）约束（Constraints）。

约束定义在某个字段上,限制字段值为唯一值,创建约束会自动创建索引。

2. Neo4j 的存储结构

Neo4j 主要包括结点、属性、关系、标签 4 类文件,以数组作为核心存储结构；结点、属
性、关系、标签的每个数据项都会分配一个唯一的 ID,存储时以该 ID 为数组的下标。利用
数组下标 ID 进行图遍历等操作时,可以不用索引就快速定位。

（1）结点的存储方式。

一个结点共占 9B,标志位"结点是否可用"占 1B,"最近一个关系的 ID""最近一个属性
的 ID"各占 4B。具体格式为

```
in_use(byte)+next_rel_id(int)+next_prop_id(int)
```

格式对应的含义是:

结点是否可用+最近一个关系的 ID(−1 表示无)+最近一个属性的 ID(−1 表示无)

通过每个结点 ID,很容易通过计算偏移量获取这个结点的相关数据。

(2) 关系的存储方式。

一个关系占 33B,标志位"是否可用"占 1B;"关系的头结点 ID""关系的尾结点 ID""关系类型"等各占 4B。具体格式为

```
in_use(byte)+first_node(int)+second_node(int)+rel_type(int)+ first_prev_rel_
id(int)+first_next_rel_id+second_prev_rel_id(int)+second_next_rel_id+next_
prop_id(int)
```

格式各字段的含义是:

是否可用+关系的头结点 ID+关系的尾结点 ID+关系类型+头结点的前一个关系 ID+头结点的后一个关系 ID+尾结点的前一个关系 ID+尾结点的后一个关系 ID+关系的最近属性 ID

使用结点的前后关系所形成的双向链表,可以快速搜索到结点所有相关的边。在添加关系过程中,如果是最初添加的则没有尾关系 ID(−1 表示),如果是最后一个关系则没有前一个关系 ID(−1 表示),中间添加的关系都应该有前一个和后一个关系 ID,最终通过这些关系 ID 形成结点的关系列表。

(3) 属性存储的存储方式。

一个属性默认占 41B,其中,标志位"是否可用"占 1B,"前一个属性 ID"和"后一个属性 ID"各占 4B,"属性块"占 32B。

格式为

```
1/* next and prev high bits * / +4/* next */  + 4/* prev */  + DEFAULT_PAYLOAD_
SIZE /* property blocks */;
```

格式各字段的含义是:

是否可用+前一个属性 ID+后一个属性 ID+属性块 32。

属性记录形成一个双向链表,每一个持有一个或多个 Property Blocks 的实际的属性键-值对。因为 Property Blocks 长度是可变的,一个完整的 Property Record 可以只是一个 Property Block。

属性块格式: 属性类型(8B)+属性值(如果非基础类型占 8B)

属性键与属性值分别存储在不同的文件中。

属性记录属于动态存储格式。

属性块的 32B 是系统默认的大小,一个结点如果有多个属性,一个属性记录集无法存下则通过下一个属性 ID 存储,最终通过上下属性 ID 完成列表连接。

DEFAULT_PAYLOAD_SIZE 是动态可变的,基础类型占一个 8B,动态类型是类型占 8B,值占 8B,如果属性值大于默认长度,则需要动态存储,类似数据库 BLOB 字段的存储。

动态存储格式：

```
(in_use+next high)(1 B)+nr_of_bytes(3 B)+next_block(int)
```

含义是：是否有效＋字符长度＋下一个块 ID。

属性值的加载都是延迟加载,除非前端需要获取属性值才会读取属性值,否则不会加载属性值。

根据这些结构的细节就可以编程来操作这些数据。

【例 11.25】　已知实体关系图如图 11.23 所示,Neo4j 对结点和关系的存储结构分别如图 11.24 和图 11.25 所示。

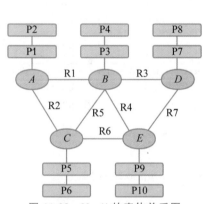

图 11.23　Neo4j 的实体关系图

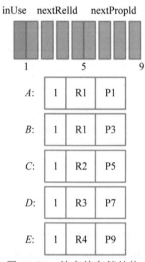

图 11.24　结点的存储结构

3. 物理存储文件

Neo4j 作为图形数据库,数据主要分为结点、关系、结点或关系上的属性三类,这些数据也可以通过检索工具库如 Lucene 进行存储检索。图形的存储结构包括如下 5 类文件。

（1）存储结点的文件。

① 存储结点数据及其序列 ID。

neostore.nodestore.db：存储结点数组,数组的下标即该结点的 ID。

neostore.nodestore.db.id：存储最大的 ID 及已经释放的 ID。

② 存储结点 Label 及其序列 ID。

neostore.nodestore.db.labels：存储结点 Label 数组数据,数组的下标即该结点 Label 的 ID。

neostore.nodestore.db.labels.id。

（2）存储关系的文件。

① 存储关系数据及其序列 ID。

neostore.relationshipstore.db：存储关系 record 数组数据。

neostore.relationshipstore.db.id。

② 存储关系组数据及其序列 ID。

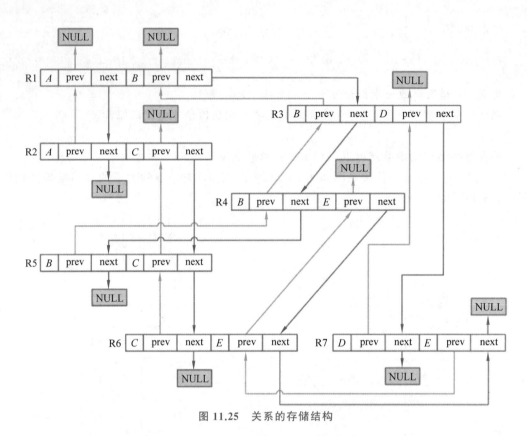

图 11.25　关系的存储结构

neostore.relationshipgroupstore.db：存储关系 group 数组数据。

neostore.relationshipgroupstore.db.id。

③ 存储关系类型及其序列 ID。

neostore.relationshiptypestore.db：存储关系类型数组数据。

neostore.relationshiptypestore.db.id。

④ 存储关系类型的名称及其序列 ID。

neostore.relationshiptypestore.db.names：存储关系类型 token 数组数据。

neostore.relationshiptypestore.db.names.id。

（3）存储标签的文件。

① 存储 label token 数据及其序列 ID。

neostore.labeltokenstore.db：存储 label token 数组数据。

neostore.labeltokenstore.db.id。

② 存储 label token 名字数据及其序列 ID。

neostore.labeltokenstore.db.names：存储 label token 的 names 数据。

neostore.labeltokenstore.db.names.id。

（4）存储属性的文件。

① 存储属性数据及其序列 ID。

neostore.propertystore.db：存储 property 数据。

neostore.propertystore.db.id。

② 存储属性数据中的数组类型数据及其序列 ID。

neostore.propertystore.db.arrays：存储 property（Key-Value 结构）的 Value 值是数组的数据。

neostore.propertystore.db.arrays.id。

③ 属性数据为长字符串类型的存储文件及其序列 ID。

neostore.propertystore.db.strings：存储 property（Key-Value 结构）的 Value 值是字符串的数据。

neostore.propertystore.db.strings.id。

④ 属性数据的索引数据文件及其序列 ID。

neostore.propertystore.db.index：存储 property（Key-Value 结构）的 Key 的索引数据。

neostore.propertystore.db.index.id。

⑤ 属性数据的键值数据存储文件及其序列 ID。

neostore.propertystore.db.index.keys：存储 property（Key-Value 结构）的 Key 的字符串值。

neostore.propertystore.db.index.keys.id。

（5）其他文件。

① 存储版本信息。

```
neostore
neostore.id
```

② 存储 Schema 数据。

```
neostore.schemastore.db
neostore.schemastore.db.id
```

③ 活动的逻辑日志。

```
nioneo_logical.log.active
```

④ 记录当前活动的日志文件名称。

```
active_tx_log
```

11.5.4　Neo4j 的查询语言 CQL

1. Neo4j CQL 简介

Neo4j 的查询语言 CQL 用命令来执行数据库操作。Neo4j CQL 支持以非常简单的方式编写非常复杂的查询。

（1）Neo4j CQL 数据类型。

这些数据类型与 Java 语言类似。它们用于定义结点或关系的属性。Neo4j CQL 支持的数据类型如表 11.21 所示。

表 11.21　Neo4j CQL 支持的数据类型

CQL 数据类型	用　法
boolean	用于表示布尔文字：true,false
byte	用于表示 8 位整数
short	用于表示 16 位整数
int	用于表示 32 位整数
long	用于表示 64 位整数
float	用于表示 32 位浮点数
double	用于表示 64 位浮点数
char	用于表示 16 位字符
String	用于表示字符串

（2）Neo4j CQL 的常用命令。

Neo4j CQL 的常用命令如表 11.22 所示。

表 11.22　Neo4j CQL 的常用命令

CQL 命令	含　义
创建 CREATE	创建结点、关系和属性
匹配 MATCH	检索有关结点、关系和属性的数据
返回 RETURN	返回查询结果
哪里 WHERE	提供条件过滤检索数据
删除 DELETE	删除结点和关系
移除 REMOVE	删除结点和关系的属性
以…排序 ORDER BY	排序检索数据
组 SET	添加或更新标签

（3）Neo4j CQL 函数。

Neo4j CQL 函数如表 11.23 所示。

表 11.23　Neo4j CQL 函数

函　数	用　法
字符串 String	用于使用 String 自变量
聚集 Aggregation	用于对 CQL 查询结果执行一些聚集操作
关系 Relationship	用于获取关系的细节,如 startnode、endnode 等

2. CREATE 命令

CREATE 命令可创建没有属性的结点、使用属性创建结点、在没有属性的结点之间创建关系、使用属性创建结点之间的关系以及为结点或关系创建单个或多个标签。

（1）创建一个没有属性的结点。

创建一个没有任何数据的结点。

```
CREATE (<node-name>:<label-name>)
```

<node-name>是要创建的结点名称，<label-name>是结点标签名称。

【例 11.26】 创建 emp 结点，标签名称为 Employee。

```
CREATE (emp:Employee)
```

（2）创建具有属性的结点。

创建一个具有一些属性(键-值对)的结点来存储数据。

```
CREATE (
<node-name>:<label-name>
{<Property1-name>:<Property1-Value>
...
< Propertyn-name >:< Propertyn-Value >
}
)
```

<Property1-Value>…<Propertyn-Value>表示属性是键-值对,定义将分配给创建结点的属性。

【例 11.27】 创建一个具有三个属性的结点 dept，标签名为 DEPT。

```
CREATE(dept:DEPT{deptno:10,dname:"Accounting",location:"Hyderabad"})
```

注意：定义属性值为字符串类型时要使用单引号或双引号。

3. MATCH & RETURN 匹配和返回

MATCH & RETURN 命令用于从数据库获取有关结点、关系和属性的数据并返回结果。

（1）MATCH 命令语法。

```
MATCH(
<node-name>:<label-name>
)
```

（2）RETURN 命令的语法。

```
<node-name>.<property1-name>,
...
<node-name>.<property-name>
```

MATCH 和 RETURN 命令不能单独使用,需要配合才可以使用。

【例 11.28】 查询结点 dept 的属性。

```
MATCH(dept:DEPT)
RETURN dept.deptno,dept,dname
```

(3) WHERE 子句,用于对 MATCH-RETURN 的结果做出限定。

WHERE 子句的语法:

```
WHERE <condition>
WHERE <condition>布尔运算符<condition>
```

布尔运算符将多个条件连接起来。

<condition>语法为

```
<property-name>比较运算符<value>
```

【例 11.29】 根据员人名称检索员工'Abc'的详细信息。

```
MATCH(emp:Employee)
WHERE emp.name='Abc'
RETURN emp
```

(4) 使用 WHERE 子句创建关系。

利用 WHERE 子句创建关系的语法:

```
MATCH
(<node1-label-name>:<node1-name>,<node2-label-name>:<node2-name>)
WHERE <condition>
CREATE
(<node1-label-name>-[<relationship-label-name>:<relationship-name>
{<relationship-properties>}]->(<node2-label-name>)
```

其中,node1-label-name 为结点标签名称,node1-name 为结点名称,relationship-label-name 表示新建关系的标签名,relationship-name 为新建关系的名称,relationship-properties 为新建关系的属性列表。

【例 11.30】 标签为 cust 的结点 Customer 和标签为 cc 的结点 CreditCard 建立关系 DO_SHOPPING_WITH。

```
MATCH(cust:Customer),(cc:CreditCard)
WHERE cust.id="1001" AND cc.id="5001"
CREATE
(cust)-[r:DO_SHOPPING_WITH{shopdate:"12/12/2020",price:55000}]->(cc)
RETURN r;
```

(5) 使用 ORDER BY 对查询结果排序。

ORDER BY 子句语法：

```
ORDER BY <property-name-list> [DESC]
```

其中，<property-name-list>格式为

```
<node-label-name>.<property1-name>,
<node-label-name>.<property2-name>,
...
<node-label-name>.<propertyn-name>
```

【例 11.31】　查询结点 emp 的信息并按姓名排序。

```
MATCH(emp:Employee)
RETURN emp.empid,emp.name,emp.salary,emp.deptno
ORDER BY emp.name
```

（6）LIMIT 和 SKIP。
LIMIT 限制返回行数，语法结构为

```
LIMIT <number>
```

【例 11.32】　查询结点 emp 的信息，只返回前两行。

```
MATCH(emp:Employee)
RETURN emp
LIMIT 2
```

SKIP 表示跳过给定行数，语法结构为

```
SKIP <number>
```

【例 11.33】　查询结点 emp 的信息，跳过前两行。

```
MATCH(emp:Employee)
RETURN emp
SKIP 2
```

（7）空值 NULL。
查询空值：

```
IS NULL
```

4. DELETE 删除结点和关系
DELETE 子句删除结点及相关结点和关系。
DELETE 从数据库永久删除结点及其关联的属性，语法格式为

```
DELETE <node-name-list>
```

＜node-name-list＞为从数据库中删除的结点名称列表,用“,”作为分隔符。

【例 11.34】 删除结点 Employee。

```
MATCH (e: Employee) DELETE e
```

DELETE 删除结点及结点间的关系,语法格式为

```
DELETE <node1-name>,<node2-name>,<relationship-name>
```

【例 11.35】 删除结点 cc 和 c 及其之间的关系。

```
MATCH (cc: CreditCard)-[rel]-(c:Customer)
DELETE cc,c,rel
```

5. REMOVE 删除属性或标签

REMOVE 删除结点或关系的现有属性或标签。

DELETE 和 REMOVE 都是删除操作,DELETE 操作用于删除结点和关联关系,REMOVE 操作用于删除标签和属性,这两个命令不应单独使用,都应该与 MATCH 命令一起使用。

REMOVE 从数据库中永久删除结点或关系的属性或属性列表,语法格式为

```
REMOVE <property-name-list>
```

＜property-name-list＞为属性列表,格式为

```
<node-name>.<property1-name>,
<node-name>.<property2-name>,
...
<node-name>.<propertyn-name>
```

＜node-name＞为结点名,＜property-name＞为属性名。

【例 11.36】 如有 book 结点,删除该结点的 price 属性。

```
CREATE (book:Book{id:122,title:"Neo4j Tutorial",pages:340,price:250})
MATCH(book{id:122})
REMOVE book.price
RETURN book
```

REMOVE 也可以从数据库中删除结点或关系的标签,语法格式为

```
REMOVE <label-name-list>
```

其中,＜label-name-list＞为标签列表,语法格式为

```
<node-name>:<label1-name>,
<node-name>:<label2-name>,
...
<node-name>:<labeln-name>
```

＜node-name＞为结点名,＜labeln-name＞为标签名,标签名称列表用",分隔,结点名和标签名用":"来分隔。

【例 11.37】　删除结点 m 的标签 Picture。

```
MATCH (m:Movie)
REMOVE m:Picture
```

6. SET 子句

SET 子句向现有结点或关系添加新属性或更新属性值,语法格式为

```
SET <property-name-list>
```

＜property-name-list＞为属性名称列表,语法格式为

```
<node-label-name>.<property1-name>,
<node-label-name>.<property2-name>,
...
<node-label-name>.<propertyn-name>
```

＜node-label-name＞为结点标签名称,＜property-name＞为属性名称。

【例 11.38】　给结点 book 增加新的属性 title 及属性值 superstar。

```
MATCH (book:Book)
SET book.title='superstar'
RETURN book
```

小　　结

(1) NoSQL 数据库的基本特点。
(2) NoSQL 数据库的理论基础。
(3) 键值数据库及其代表数据库 Redis。
(4) 列簇数据库及其代表数据库 HBase。
(5) 文档数据库及其代表数据库 MongoDB。
(6) 图数据库及其代表数据库 Neo4j。

习　　题

1. NoSQL 数据库的特征是什么?

2. NoSQL 数据库有哪些理论基础?

3. Redis 支持的数据类型有哪些？在这些类型上有哪些操作？

4. MongoDB 的数据模型是什么？

5. HBase 系统的基本架构及组成部分的作用？

6. HBase 的查询命令有哪些？

7. 简述 Neo4j 的存储结构。

大数据管理

云计算、物联网、社交网络等新兴服务促使人类社会的数据种类和规模正以前所未有的速度增长,数据从简单的处理对象开始变为一种基础资源。著名管理咨询公司麦肯锡声称,数据已经渗透到每一个行业和业务职能领域,成为重要的生产因素。人们对于大数据的挖掘和运用,预示着新一波生产力增长和科技发展浪潮的到来。

大数据侧重于海量数据的存储、处理与分析,从海量数据中发现价值,服务于生产和生活;云计算本质上旨在整合和优化各种 IT 资源,并通过网络以服务的方式廉价提供给用户;物联网的发展目标是实现物物相连。大数据根植于云计算,大数据分析的很多技术都来自于云计算,云计算的分布式数据存储和管理系统(包括分布式文件系统和分布式数据库系统)提供了海量数据的存储和管理能力,分布式并行处理框架 MapReduce 提供了海量数据分析能力,没有这些云计算技术作为支撑,大数据分析就无从谈起。反之,大数据为云计算提供了“用武之地”,没有大数据这个“练兵场”,云计算技术再先进,也不能发挥它的应用价值。而物联网的传感器源源不断产生的大量数据,构成了大数据的重要来源,物联网借助于云计算和大数据技术实现物联网大数据的存储、分析和处理。云计算、大数据和物联网三者彼此渗透、相互融合、相互促进、相互影响,本章主要介绍分布式文件系统、分布式并行编程和云数据库等大数据核心技术。

◆ 12.1 概　　述

12.1.1 大数据的概念

大数据由大量数据组成,从几 TB 到几 ZB。这些数据可能会分布在许多地方,通常是在一些连入互联网的计算网络中。业界通常用 4 个“V”(Volume、Variety、Value、Velocity)来概括大数据的特征。

1. 数据体量巨大(Volume)

截至目前,人类生产的所有印刷材料的数据量是 200PB($1PB=2^{10}$ TB),而历史上全人类说过的所有话的数据量大约是 5EB($1EB=2^{10}$ PB)。当前,典型个人计算机硬盘的容量为 TB 量级,而一些大企业的数据量已经接近 EB 量级。

2. 数据类型繁多(Variety)

大数据的数据类型丰富,被分为结构化数据和非结构化数据。相对于以往便于存储的以文本为主的结构化数据,现在,非结构化数据越来越多,包括网络日志、音频、视频、图片、地理位置信息等。类型繁多的异构数据对数据处理和分析技术提出了更高要求。

3. 价值密度低(Value)

在大数据时代,很多有价值的信息是分散在海量数据中的。以视频为例,一部 1h 的视频,在连续不间断的监控中,有用数据可能仅有一两秒。如何通过强大的机器算法更迅速地完成数据的价值"提纯"成为目前大数据背景下亟待解决的难题。

4. 处理速度快(Velocity)

大数据时代的数据产生速度非常快,很多应用都需要基于快速生成的数据给出实时分析结果,用于指导生产和生活实践。为了实现快速分析海量数据的目的,新兴的大数据分析技术通常采用集群处理和独特的内部设计。

12.1.2 大数据的影响

大数据对科学研究、思维方式、社会发展、人才培养及就业市场等很多领域都产生重要而深远的影响。

1. 大数据对科学研究的影响

著名数据库专家吉姆·格雷(Jim Gray)博士观察并总结认为,人类在科学研究上先后经历了实验、理论、计算和数据 4 种范式。最初的科学研究是人类采用实验来解决一些科学问题。随着科学的进步,人类开始采用各种数学、几何、物理等理论,构建问题模型和解决方案,推动了人类社会的发展与进步。随着 1946 年人类历史上第一台计算机 ENIAC 的诞生,科学研究进入了以"计算"为中心的全新时期。计算机具有存储容量大、运算速度快、精度高、可重复执行等特点,是科学研究的利器,推动了人类社会的飞速发展。随着数据的不断积累,其宝贵价值日益得到体现,物联网和云计算的出现,更是促成了事物发展从量变到质变的转变,使人类社会开启了全新的大数据时代。在大数据环境下,一切将以数据为中心,从数据中发现问题、解决问题,真正体现数据的价值。大数据将成为科学工作者的宝藏,从数据中可以挖掘未知模式和有价值的信息,服务于生产和生活,推动科技创新和社会进步。

2. 大数据对思维方式的影响

维克托·迈尔·舍恩伯格在《大数据时代:生活、工作与思维的大变革》中明确指出,大数据时代最大的转变就是思维方式的三种转变:全样而非抽样、效率而非精确、相关而非因果。

(1)全样而非抽样。

过去由于数据存储和处理能力的限制,科学分析通常采用抽样的方法,即从全集数据中抽取一部分样本数据,通过对样本数据的分析,来推断全集数据的总体特征,在可控的代价内实现数据分析的目的。大数据时代实现了海量数据的存储和处理,分布式文件系统和分布式数据库技术提供了理论上近乎无限的数据存储能力,分布式并行编程框架 MapReduce 提供了强大的海量数据并行处理能力,科学分析完全可以直接针对全集数据而不是抽样数据,并且可以在短时间内迅速得到分析结果。

(2)效率而非精确。

抽样分析方法追求分析方法的精确性,因为抽样分析只是针对部分样本的分析,其分析结果被应用到全集数据以后,误差会被放大,即抽样分析的微小误差可能在全集数据上变成一个很大的误差,因此抽样分析结果的精确性非常重要。大数据时代采用全样分析,分析结果就不存在误差被放大的问题,数据分析的效率成为关注的核心。

(3) 相关而非因果。

过去数据分析的目的一方面是解释事物背后的发展机理,另一方面是用于预测未来可能发生的事件,反映的是“因果关系”。在大数据时代,因果关系不再那么重要,人们转而追求“相关性”而非“因果性”,如基于协同过滤的推荐系统等。

3. 大数据对人才培养的影响

大数据对教育模式和人才培养也带来了深远影响。

(1) 计算思维与认知模式的改变。

计算思维是人们运用计算机科学的思想与方法进行问题求解、系统设计及人类行为理解等一系列思维活动。大数据推动计算思维将同数据、物理思维一样成为人类最基本的思维方式之一,对计算思维能力的培养将成为基础教学的重要组成部分。认知过程也将从基于猜测假定的设计转变为基于事实和经验的归纳总结。

(2) 新型教育方式对传统教学模式的冲击。

网络教学资源、MOOC 平台等突破了地域和时间的限制,社交网络催生了社会化学习社区,打破了教学界限,将课堂延伸到网络,实现了随时随地的学习和讨论。这些不限时间和空间的开放式主动学习改变了传统课堂的被动学习,对传统教育造成冲击并形成有益补充。

(3) 人才培养的转型。

大数据应用促进信息技术与各行业的深度融合,推动新技术和新应用的不断涌现,高校打破学科界限,进行跨学科的人才培养,如数据科学培养具备数学、统计学、数据分析、商业分析和自然语言处理等系统知识的人才。

12.1.3　大数据技术

大数据不仅指数据本身,还包括大数据技术。大数据技术是对大量的结构化、半结构化和非结构化数据进行处理和分析的技术,主要包括数据采集与预处理、数据存储和管理、数据处理与分析以及数据安全和隐私保护等内容,具体内容如表 12.1 所示。

表 12.1　大数据技术的不同层面及其功能

技术层面	功能
数据采集与预处理	利用 ETL 工具将分布的、异构数据源中的数据,如关系数据、平面数据文件等,抽取到临时中间层后进行清洗、转换、集成,最后加载到数据仓库或数据集市中,成为联机分析处理、数据挖掘的基础;也可以利用日志采集工具如 Flume、Kafka 等把实时采集的数据作为流计算系统的输入,进行实时分析处理
数据存储和管理	利用分布式文件系统、数据仓库、关系数据库、NoSQL 数据库、云数据库,实现对结构化、半结构化和非结构化海量数据的存储和管理
数据处理与分析	利用分布式并行编程模型和计算框架,结合机器学习和数据挖掘算法,实现对海量数据的处理和分析;对分析结果进行可视化呈现,帮助人们更好地理解数据、分析数据
数据安全和隐私保护	从大数据中挖掘潜在的巨大商业价值和学术价值时,构建隐私数据保护体系和数据安全体系,有效保护个人隐私和数据安全

　　大数据技术是许多技术的集合体,有些技术如数据仓库、数据挖掘、数据隐私和安全是已经发展多年的技术,有些是新发展起来的技术如分布式文件系统、分布式并行编程、云数据库等,下面就介绍这些核心技术。

◆ 12.2　分布式文件系统

　　大数据时代必须解决海量数据的高效存储,分布式文件系统通过网络将文件分布式存储在多台机器上,较好地满足了大规模数据存储的要求。分布式文件系统一般采用"客户机/服务器(Client/Server)"模式,客户端以特定的通信协议通过网络与服务器建立连接,提出文件访问请求,客户端和服务器通过设置访问权限来限制请求方对底层数据存储块的访问。Hadoop 分布式文件系统(Hadoop Distributed File System,HDFS)是一个开源的、广泛使用的分布式文件系统。

12.2.1　计算机集群结构

　　分布式文件系统把文件分布存储到多个计算机结点上,成千上万的计算机结点构成计算机集群。目前的分布式文件系统所采用的计算机集群都是由普通硬件构成,大大降低了硬件上的开销。计算机集群的基本架构如图 12.1 所示。集群中的计算机结点放在机架(Rack)上,每个机架可以存放 8~64 个结点,同一个机架上的不同结点之间通过网络互连,多个不同机架之间采用另一级网络或交换机互连。

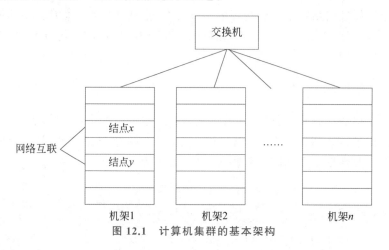

图 12.1　计算机集群的基本架构

　　与普通文件系统类似,分布式文件系统也采用块的概念,文件被分成若干块进行存储,块是数据读写的基本单元,只不过分布式文件系统的块要比操作系统中的块大很多,HDFS默认的块大小是 64MB。分布式文件系统在物理结构上是由计算机集群中的多个结点构成,这些结点分为两类,一类叫"主结点(Master Node)"或被称为"名称结点(Name Node)",另一类结点叫"从结点(Slave Node)"或被称为"数据结点(Data Node)"。主结点负责文件和目录的创建、删除和重命名等,同时管理着数据结点和文件块的映射关系;从结点负责数据的存储和读取。在存储时,主结点分配存储位置,客户端将数据直接写入相应的从结点;读取时,客户端从主结点获得从结点和文件块的映射关系,再到从结点上读文件块。

计算机集群中的结点可能发生故障,因此为了保证数据的完整性,分布式文件系统通常采用多副本存储。文件块会被复制多个副本,存储在不同的结点上,而且存储同一个文件块的不同副本的各个结点会分布在不同的机架上来避免单点故障。

12.2.2　HDFS 简介

Hadoop 由分布式文件系统(Hadoop Distributed File System,HDFS)和分布式计算框架 MapReduce 两部分组成。其中,分布式文件系统主要用于大规模数据的分布式存储,而 MapReduce 则构建在分布式文件系统之上,对存储在分布式文件系统中的数据进行分布式计算。

HDFS 是基于流数据模式访问和处理超大文件的需求而开发的,它可以运行于廉价的商用服务器上,HDFS 的特点可归纳为以下几点。

(1) 处理超大文件。

超大文件通常指数百 MB 甚至数百 TB 大小的文件。目前在实际应用中,HDFS 已经能用来存储管理 PB 级的数据了。

(2) 流式地访问数据。

HDFS 的设计响应"一次写入,多次读取",一个数据集由数据源生成后就会被复制分发到不同的存储结点中,然后响应各种各样的数据分析任务请求。在多数情况下,分析任务都会涉及数据集中的大部分数据。对 HDFS 来说,请求读取整个数据集要比读取一条记录更加高效。

(3) 运行于廉价的商用机器集群上。

Hadoop 设计对硬件需求比较低,只需运行在廉价的商用硬件集群上,而无须昂贵的高可用性机器。廉价的商用机出现结点故障情况的概率非常高,HDFS 设计时要充分考虑数据的可靠性、安全性及高可用性。

正是由于以上的种种考虑,HDFS 在处理一些特定问题时不但没有优势,而且有一定的局限性,主要表现在以下几个方面。

(1) 不适合低延迟数据访问。

如果要处理一些用户要求时间比较短的低延迟应用请求,则 HDFS 不适合。HDFS 是为了处理大型数据集分析任务的,主要是为达到高的数据吞吐量而设计的,这就可能要求以高延迟作为代价。目前有一些补充的方案,如使用 HBase,通过上层数据管理项目来尽可能地弥补这个不足。

(2) 无法高效存储大量小文件。

在 Hadoop 中需要用 NameNode 来管理文件系统的元数据,以响应客户端请求返回文件位置等,因此文件数量大小的限制要由 NameNode 来决定。例如,每个文件、索引目录及块大约占 100B,如果有 100 万个文件,每个文件占一个块,那么至少要消耗 200MB 内存,这似乎还可以接受。但如果有更多文件,那么 NameNode 的工作压力更大,检索处理元数据的时间就不可接受了。

(3) 不支持多用户写入及任意修改文件。

在 HDFS 的一个文件中只有一个写入者,而且写操作只能在文件末尾完成,即只能执行追加操作。目前 HDFS 还不支持多个用户对同一文件的写操作,以及在文件任意位置进行修改。

HDFS 采用 Master/Slave 架构对文件系统进行管理。一个 HDFS 集群是由一个 NameNode 和一定数目的 DataNode 组成的。这两类结点分别承担 Master 和 Worker 的任务。HDFS 的基本结构如图 12.2 所示。

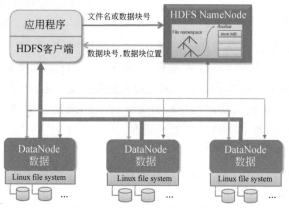

图 12.2　HDFS 的基本架构

（1）Client。

Client 代表用户,当运行任务时,客户端通过 NameNode 获取元数据信息,和 DataNode 进行交互以访问整个文件系统。系统会提供一个类似于 POSIX 的文件接口,这样用户在编程时无须考虑 NameNode 和 DataNode 的具体功能。

（2）NameNode。

NameNode 就是 Master 管理集群中的执行调度,是一个中心服务器。NameNode 管理文件系统的命名空间,维护整个文件系统的文件目录树及这些文件的所有目录。这些信息以两种形式存储在本地文件系统中,一种是命名空间镜像,一种是编辑日志。从 NameNode 中可以获得每个文件的每个块所在的 DataNode。NameNode 还负责监控各个 DataNode 的健康状态,一旦发现某个 DataNode 宕掉,则将该 DataNode 移出 HDFS 并重新备份其上面的数据。

（3）DataNode。

一般而言,每个 Slave 结点上安装一个 DataNode,DataNode 是文件系统中的结点,用来执行具体的任务:存储文件块,被客户端和 NameNode 调用。同时,它会通过"心跳"定时向 NameNode 发送所存储的文件块信息。DataNode 以固定大小的 Block 为基本单位组织文件内容,默认情况下 Block 大小为 64MB。当用户上传一个大的文件到 HDFS 上时,该文件会被切分成若干个 Block,分别存储到不同的 DataNode;同时,为了保证数据可靠,会将同一个 Block 以流水线方式写到若干个(默认是 3,该参数可配置)不同的 DataNode 上。这种文件切割后存储的过程是对用户透明的。

12.3　分布式并行处理

分布式并行编程解决大规模数据的高效处理问题,实现高效的批量数据处理。分布式程序运行在大规模计算机集群上,并行执行大规模数据处理任务,从而获得海量的计算能力。MapReduce 是一种并行编程模型,用于大规模数据集的并行运算,它将复杂的、运行于大规模集群上的并行计算过程高度抽象为两个函数:Map 和 Reduce,极大地方便了分布式编程工作。

MapReduce 技术是 Google 公司于 2004 年提出的大规模并行计算解决方案,主要应用于大规模廉价集群上的大数据并行处理。MapReduce 以 Key-Value 的分布式存储系统为基础,通过元数据集中存储、数据以 Chunk 为单位分布存储和数据 Chunk 冗余复制来保证其高可用性。

MapReduce 设计的初衷是解决大数据在大规模并行计算集群上的高可扩展性和高可用性分析处理,其处理模式以离线式批量处理为主。MapReduce 最早应用于非结构化数据处理领域,如 Google 中的文档抓取、创建倒排索引、计算 Page Rank 等操作。由于其简单而强大的数据处理接口和对大规模并行执行、容错及负载均衡等实现细节的隐藏,该技术一经推出便迅速在机器学习、数据挖掘、数据分析等领域得到应用。随着应用的深入,人们发现 MapReduce 存在如下不足。

(1) 基于 MapReduce 的应用软件较少,许多数据分析功能需要用户自行开发,从而导致使用成本增加。

(2) 原来由数据库管理系统完成的工作,如文件存储格式的设计、模式信息的记录、数据处理算法的实现等都转移给了程序员,导致程序员负担过重,程序与数据缺乏独立性。

(3) 在同等硬件条件下,MapReduce 的性能远低于并行数据库。分析发现,MapReduce 采取基于扫描的处理模式和对中间结果步步物化的执行策略,从而导致较高的 I/O 代价。

(4) 在数据分析领域,连接是关键操作(如传统的星状查询和雪片查询均是依赖于连接来处理查询),但 MapReduce 处理连接的性能尤其不尽如人意。

因此,近年来大量研究着手将并行数据库和 MapReduce 两者结合起来,设计兼具两者优点的大数据分析平台。这种架构又可以分为并行数据库主导型、MapReduce 主导型、并行数据库和 MapReduce 集成型,其代表系统和缺陷如表 12.2 所示。

表 12.2　数据库与 MapReduce 的借鉴融合

解决方案	着眼点	代表系统	缺陷
并行数据库主导型	利用 MapReduce 技术来增强开放性,以实现存储和处理能力的可扩展性	Greenplum Aster Data	规模扩展性有待提高
MapReduce 主导型	学习关系数据库的 SQL 接口及模式支持等,改善易用性	Hive Pig Latin	性能需要优化
并行数据库和 MapReduce 集成型	集成两者,使两者各自做自己擅长的工作	HadoopDB Vertica Teradata	各自的某些优点在集成后有所损耗

12.3.1　MapReduce 的基本架构

MapReduce 是一种并行编程框架,负责处理并行编程中分布式存储、工作调度、负载均衡、容错均衡、容错处理以及网络通信等复杂问题,把处理过程高度抽象为两个函数:map()和 reduce()。map()负责把任务分解成多个任务,reduce()负责把分解后多任务处理的结果汇总起来。MapReduce 简单易用,基于它可以开发出运行在成千上万个结点上,并以容错的方式并行处理海量数据的算法和软件。通常,计算结点和存储结点是同一个结点,即 MapReduce 框架和 Hadoop 分布式文件系统(Hadoop Distributed File System,HDFS)运行于相同的结点集。需要注意的是,用 MapReduce 来处理的数据集(或任务)必须具备这样的特点:待处理的数据集可以分解成许多小的数据集,而且每一个小数据集都可以完全并行地进行处理。

在 Hadoop 中,用于执行 MapReduce 任务的机器角色有 JobTracker 和 TaskTracker, JobTracker 用于调度工作,TaskTracker 用于执行工作。一个 Hadoop 集群中只有一台 JobTracker。

每个 MapReduce 任务都被初始化为一个 Job,每个 Job 又分为两个阶段:Map 阶段和 Reduce 阶段。这两个阶段分别用 map( )函数和 reduce( )函数表示。map( )函数接收 <key,value>形式的输入,产生<key,value>形式的中间输出,reduce( )函数接收<key, (list of values)>形式的输入,然后对这个 Value 集合进行处理,每个 reduce( )产生 0 个或 1 个输出,reduce( )的输出也是<key,value>形式的。MapReduce 的基本架构如图 12.3 所示。

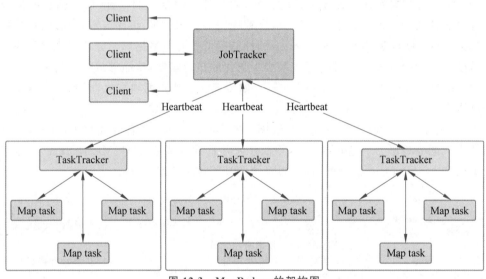

图 12.3 **MapReduce** 的架构图

作业运行流程包括以下几个步骤。

(1) 在客户端启动任务,客户端向 JobTracker 请求一个 Job ID。

将运行任务所需要的程序文件复制到 HDFS 上,包括 MapReduce 程序打包的 JAR 文件、配置文件和客户端计算所得的输入划分信息。这些文件都存放在 JobTracker 专门为该任务创建的文件夹中,文件夹名为 JobID。在 Hadoop 内部用"作业"(Job)表示 MapReduce 程序。一个 MapReduce 程序可对应若干个作业,而每个作业会被分解成若干个 Map/ Reduce 任务(Task)。

(2) JobTracker 接收到任务后,将其放在一个队列里,等待调度器对其进行调度,当作业调度器根据自己的调度算法调度到该任务时,会根据输入划分信息创建 N 个 Map 任务,并将 Map 任务分配给 N 个 TaskTracker(DataNode)执行。

JobTracker 主要负责资源监控和作业调度。JobTracker 监控所有 TaskTracker 与作业的健康状况,一旦发现失败情况后,其会将相应的任务转移到其他结点;同时,JobTracker 会跟踪任务的执行进度、资源使用量等信息,并将这些信息告诉任务调度器,而调度器会在资源出现空闲时,选择合适的任务使用这些资源。在 Hadoop 中,任务调度器是一个可插拔的模块,用户可以根据自己的需要设计相应的调度器。

(3) Map 任务按照"数据本地化"的思想分配给某个 TaskTracker,即将 Map 任务分配给含有该 Map 处理的数据块的 TaskTracker 上,同时将程序 JAR 包复制到该 TaskTracker 上来运行,实现"运算移动,数据不移动"。而分配 Reduce 任务时并不考虑数据本地化。

(4) TaskTracker 每隔一段时间会给 JobTracker 发送一个 Heartbeat(心跳),告诉 JobTracker 它依然在运行,同时心跳中还携带着很多的信息,如当前 Map 任务完成的进度等信息。当 JobTracker 收到作业的最后一个任务完成信息时,便把该作业设置成"成功"。当 JobClient 查询状态时,它将得知任务已完成,便显示一条消息给用户。

Hadoop 和 Google 在 MapReduce 上的术语差异如表 12.3 所示。

表 12.3　Hadoop MapReduce 与 Google MapReduce 术语对照表

	Hadoop 术语	Google 术语	相 关 解 释
作业	Job	Job	用户的每一个计算请求,就称为一个作业
作业服务器	JobTracker	Master	用户提交作业的服务器,同时,它还负责各个作业任务的分配,管理所有的任务服务器
任务服务器	TaskTracker	Worker	任劳任怨的"工蜂",负责执行具体的任务
任务	Task	Task	每一个作业都需要拆分开来,交由多个服务器来完成,拆分出来的执行单位,就称为任务
备份任务	Speculative Task	Backup Task	每一个任务都有可能执行失败或者缓慢,为了降低为此付出的代价,系统会未雨绸缪地实现在另外的任务服务器上执行同样一个任务,这就是备份任务

12.3.2　MapReduce 工作过程

MapReduce 的基本工作过程如图 12.4 所示。

(1) 文件输入格式(InputFormat)。

文件输入格式(InputFormat)定义数据文件如何分割和读取,如表 12.4 所示。InputFile 提供了以下一些功能。

① 选择文件或者其他对象,用来作为输入。

② 定义 InputSplits,将一个文件分开成为任务。

③ 为 RecordReader 提供一个工厂,用来读取这个文件。

有一个抽象的类 FileInputFormat,所有的输入格式类都从这个类继承这个类的功能以及特性。当启动一个 Hadoop 任务时,一个输入文件所在的目录被输入 FileInputFormat 对象中。FileInputFormat 从这个目录中读取所有文件。然后 FileInputFormat 将这些文件分割为一个或者多个 InputSplits。通过在 JobConf 对象上设置 JobConf.setInputFormat 设置文件输入的格式。

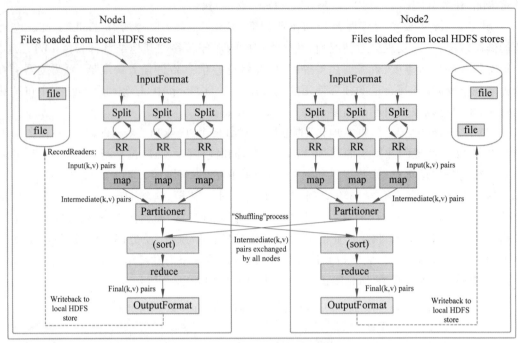

图 12.4　MapReduce 的整体工作过程

表 12.4　文件输入格式（**InputFormat**）

文件输入格式	描　　述	Key	Value
TextInputFormat	缺省格式，文本文档格式，逐行读取每条记录，	存储当前行在整个文件中的起始字节偏移量，LongWritable 类型	当前行的内容，不包括任何终止符（如换行符和回车符），Text 类型
KeyValueTextInput Format	每一行都是一条记录，被分隔符分隔成 Key-Value，默认分隔符\t	每行分隔符前的 Text 序列	每行分隔符后剩余的部分
SequenceFileInputFormat	序列化文件格式	文件字段的实际类型确定	文件字段的实际类型确定

（2）输入数据分块（InputSplit）。

InputSplit 定义了输入单个 Map 任务的输入数据。一个 MapReduce 程序被统称为一个 Job，可能有上百个任务构成。InputSplit 将文件分为 64MB 的大小。配置文件 hadoop-site.xml 中的 mapred.min.split.size 参数控制这个大小。mapred.tasktracker.map.taks.maximum 用来控制某一个结点上所有 Map 任务的最大数目。

（3）数据记录读入（RecordReader）。

InputSplit 定义了一项工作的大小，但是没有定义如何读取数据，RecordReader 实际上定义了如何从数据上转换为一个（key，value）对的详细方法，并将数据输出到 Mapper 类中。TextInputFormat 提供了 LineRecordReader。

（4）Mapper。

每一个 Mapper 类的实例生成了一个 Java 进程（在某一个 InputSplit 上执行），有两个额外的参数 OutputCollector 及 Reporter，前者用来收集中间结果，后者用来获得环境参数以及设置当前执行的状态。用 Mapper.Context 为每一个 Mapper 函数提供上面两个对象的功能。

（5）Combiner。

合并相同 key 的键-值对，减少 Partitioner 时的数据通信开销。

conf.setCombinerClass(Reduce.class)是在本地执行的一个 Reducer，满足一定的条件才能够执行。

（6）Partitioner & Shuffle。

在 Map 工作完成之后，每一个 Map 函数会将结果传到对应的 Reducer 所在的结点，此时，用户可以提供一个 Partitioner 类，用来决定一个给定的(key,value)对传输的具体位置。

（7）Sort。

传输到每一个结点上的所有的 Reduce 函数接收到的(key,value)对会被 Hadoop 自动排序（即 Map 生成的结果传送到某一个结点时，会被自动排序）。

（8）Reducer。

做用户定义的 Reduce 操作。接收到一个 OutputCollector 的类作为输出，最新的编程接口是 Reducer.Context。

（9）文件输出格式（OutputFormat）。

写入 HDFS 的所有 OutputFormat 都继承自 FileOutputFormat。每一个 Reducer 都写一个文件到一个共同的输出目录，文件名是 part-nnnnn，其中，nnnnn 是与每一个 Reducer 相关的一个 ID(partition id)。文件输出格式如表 12.5 所示。

```
FileOutputFormat.setOutputPath()
JobConf.setOutputFormat()
```

表 12.5　文件输出格式（OutputFormat）

文件输出格式	描述
TextOutputFormat	默认格式，将键值对按照文本格式输出到文件中，每行格式为 "key \t value"
SequenceFileOutputFormat	将 key 和 value 以序列化文件格式输出
NullOutputFormat	将输出输出到/dev/null 中，即不输出任何数据，即 MR 仅进行逻辑处理，不需要输出

（10）RecordWriter。

TextOutputFormat 实现了默认的 LineRecordWriter，以"key\t value"形式输出一行结果。

12.3.3　MapReduce 编程实践

以 Hadoop 自带的单词词频计数 WordCount 为例介绍 MapReduce 的编程实践过程。设有三个结点，WordCount 的 MapReduce 过程如图 12.5 所示。

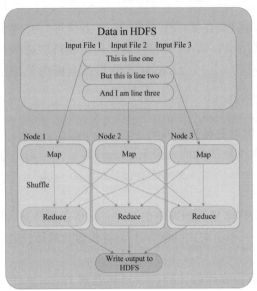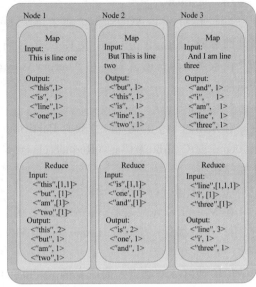

图 12.5 WordCount 的 MapReduce 过程

WordCount 用于统计输入文件中每个单词及其出现频数,按照单词字母顺序输出每个单词及其频数,单词和频数有间隔。

(1) 安装 Java 程序(JDK)和 Hadoop,启动 Hadoop。

(2) 准备输入文件。

(3) 编写 MapReduce 程序,包括以下几部分。

① 编写 Map 处理逻辑。

② 编写 Reduce 处理逻辑。

③ 编写 main 方法。

WordCount 类的代码如下。

```java
import java.io.IOException;
import java.util.Iterator;
import java.util.StringTokenizer;
import org.apache.hadoop.conf.Configuration;        //定义系统参数的配置文件处理方法
import org.apache.hadoop.fs.Path;                    //定义抽象的文件系统 API
import org.apache.hadoop.io.IntWritable;
                                    //定义通用的 I/O API 用于针对网络、数据库、文件
                                                     //对数据对象进行读写操作等
import org.apache.hadoop.io.Text;
import org.apache.hadoop.mapreduce.Job;
                                    //Hadoop 分布式计算框架 MapReduce 的实现
                                                     //包括任务的分发调度等
import org.apache.hadoop.mapreduce.Mapper;
import org.apache.hadoop.mapreduce.Reducer;
import org.apache.hadoop.mapreduce.lib.input.FileInputFormat;
import org.apache.hadoop.mapreduce.lib.output.FileOutputFormat;
import org.apache.hadoop.util.GenericOptionsParser;
public class WordCount {
    public WordCount() {
```

```
        }
public static void main(String[] args) throws Exception {
//编写 main 方法
        Configuration conf = new Configuration();
            String [ ] otherArgs = ( new GenericOptionsParser ( conf, args)).
getRemainingArgs();
            if(otherArgs.length < 2) {
                System.err.println("Usage: wordcount <in> [<in>...] <out>");
                System.exit(2);
            }
            Job job = Job.getInstance(conf, "word count");        //设置环境参数
            job.setJarByClass(WordCount.class);                   //设置整个程序的类名
            job.setMapperClass(WordCount.TokenizerMapper.class);  //添加 Mapper 类
            job.setCombinerClass(WordCount.IntSumReducer.class);
            job.setReducerClass(WordCount.IntSumReducer.class);   //添加 Reduce 类
            job.setOutputKeyClass(Text.class);                    //设置输出类型
            job.setOutputValueClass(IntWritable.class);           //设置输出类型
            for(int i = 0; i < otherArgs.length - 1; ++i) {
            FileInputFormat.addInputPath(job, new Path(otherArgs[i]));
                                                                  //设置输入文件
            }
            FileOutputFormat.setOutputPath(job, new Path(otherArgs[otherArgs.
length - 1]));                                                    //设置输出文件
            System.exit(job.waitForCompletion(true)?0:1);         //提交 job 并执行
    }
public static class TokenizerMapper extends Mapper < Object, Text, Text,
IntWritable> {
//编写 Map
        private static final IntWritable one = new IntWritable(1);
        private Text word = new Text();
        public TokenizerMapper() {
        }
public void map(Object key, Text value, Mapper<Object, Text, Text, IntWritable>.
Context context) throws IOException, InterruptedException {
            StringTokenizer itr = new StringTokenizer(value.toString());
            while(itr.hasMoreTokens()) {
                this.word.set(itr.nextToken());
                context.write(this.word, one);
            }
        }
    }
public static class IntSumReducer extends Reducer < Text, IntWritable, Text,
IntWritable> {
//编写 Reduce
        private IntWritable result = new IntWritable();
        public IntSumReducer() {
        }
public void reduce (Text key, Iterable < IntWritable > values, Reducer < Text,
IntWritable, Text, IntWritable >. Context context ) throws IOException,
InterruptedException {
```

```
            int sum = 0;
            IntWritable val;
            for(Iterator i$ = values.iterator(); i$.hasNext(); sum += val.get()) {
                val = (IntWritable)i$.next();
            }
            this.result.set(sum);
            context.write(key, this.result);
        }
    }
}
```

(4) 编译打包代码及运行程序。

① 编译 Java 代码,编译后在相应的文件夹下产生三个.class 文件。

```
[hadoop@localhost hadoop] $ javac WordCount.java
```

② 打包 Java 的可执行文件。

```
$ jar -cvf wordcount.jar * .class
```

③ 运行程序。

```
$ ./bin/hadoop jar wordcount.jar wordcount input output
```

④ 查看结果。

```
$ ./bin/hadoop fs -cat output/ *
```

WordCount 的 MapReduce 执行过程如下。

① MapReduce 编写的用户程序 WordCount 执行时会被系统分发部署到集群中的多台机器上,其中一个机器作为 Master,负责协调调度作业的执行,其余机器作为 Worker,可以执行 Map 或 Reduce 任务。

② 系统分配一部分 Worker 执行 Map 任务,一部分 Worker 执行 Reduce 任务; MapReduce 将输入文件切分成 M 个分片,Master 将 M 个分片分给处于空闲状态的 N 个 Worker 来处理。

③ 执行 Map 任务的 Worker 读取输入数据,执行 Map 操作,生成一系统<key,value>形式的中间结果,并将中间结果保存在内存的缓冲区。

④ 缓冲区的中间结果会被定期刷写到本地磁盘上,并被划分为 R 个分区,这 R 个分区会被分发给 R 个执行 Reduce 任务的 Worker 进行处理;Master 会记录这 R 个分区在磁盘上的存储位置,并通知 R 个执行 Reduce 任务的 Worker 来"领取"属于自己处理的那些分区的数据。

⑤ 执行 Reduce 任务的 Worker 收到 Master 的通知后,就到相应的 Map 机器上"领回"属于自己处理的分区。与 Shuffle 过程类似,可能会用多个 Map 机器通知某个 Reduce 机器来领取数据,因此一个执行 Reduce 任务的 Worker 可能会从多个 Map 机器上领取数据。

当位于所有 Map 机器上的、属于自己处理的数据都已经领取回来后,这个执行 Reduce 任务的 Worker 会对领取到的键值进行排序使得具有相同 key 的键值聚集在一起,然后就可以开始执行具体的 Reduce 操作了。

⑥ 执行 Reduce 任务的 Worker 遍历中间数据,对每一个唯一 key 执行 Reduce 函数,结果写入输出文件中;执行完毕后,唤醒用户程序,返回结果。

WordCount 的执行过程如图 12.6 所示。

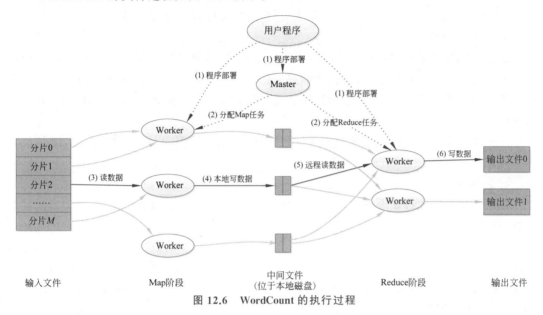

图 12.6　WordCount 的执行过程

◇ 12.4　云数据库

云计算是分布式计算、并行计算、网络存储、虚拟化、负载均衡等计算机和网络技术发展融合的产物。云计算主要包括 IaaS(Infrastructure as a Service)、PaaS(Platform as a Service)和 SaaS(Software as a Service)。云数据库是在云计算的大背景下发展起来的一种新兴的共享基础架构的方法,是部署和虚拟化在云计算环境中的数据库,所有的数据功能都是在云端提供,客户端可以通过网络远程使用云数据库提供的服务,无须了解云数据库的底层细节,所有的底层硬件都已经被虚拟化,对客户端是透明的,就像使用一个单一服务器上的数据库一样,非常方便容易。

云数据库极大地增强了数据库的存储能力,消除了人员、硬件、软件的重复配置,让软、硬件升级变得更加容易,同时也虚拟化许多后端功能。云数据库具有高可扩展性、高可用性、采用多租户形式和支持资源有效分发等特点。云数据库具有以下特性。

1. 动态可扩展性

理论上,云数据库具有无限可扩展性,可以满足不断增加的数据存储需求。在面对不断变化的条件时,云数据库可以表现出很好的弹性。例如,对于一个从事产品零售的电子商务公司,会存在季节性或突发性的产品需求变化;或对于类似 Animoto 的网络社区站点,可能会经历一个指数级的增长阶段。这时,就可以分配额外的数据库存储资源来处理增加的需求,这个过程只需要几分钟。一旦需求过去以后,就可以立即释放这些资源。

2. 高可用性

不存在单点失效问题。如果一个结点失效了,剩余的结点就会接管未完成的事务。而且在云数据库中,数据通常是复制的,在地理上也是分布的。诸如 Google、Amazon 和 IBM 等大型云计算供应商具有分布在世界范围内的数据中心,通过在不同地理区间内进行数据复制,可以提供高水平的容错能力。例如,Amazon SimpleDB 会在不同的区间内进行数据复制,因此,即使整个区域内的云设施发生失效,也能保证数据继续可用。

3. 使用代价低

云数据库通常采用多租户(Multi-tenancy)的形式,这种共享资源的形式对于用户而言可以节省开销;而且用户采用按需付费的方式使用云计算环境中的各种软、硬件资源,不会产生不必要的资源浪费。另外,云数据库底层存储通常采用大量廉价的商业服务器,这也大幅度降低了用户开销。

用户不需要关注后端机器及数据库的稳定性、网络问题等,相比本地数据库,维护成本也大大降低。

4. 高性能

采用大型分布式存储服务集群,大规模的并行处理支持海量数据访问,多机房自动冗余备份,自动读写分离。

数据模型是数据库技术的基础,但云数据库并非一种全新的数据库技术,只是以服务的方式提供数据库功能。云数据库没有专属的数据模型,既可以是关系数据库所使用的关系模型,如 Microsoft SQL Azure,也可以是 NoSQL 所使用的非关系模型,如 Amazon Dynamoo "键-值"模型。

与企业的自建数据库相比,云数据库部署在云端,采用 SaaS 服务模式,用户通过网络租赁使用数据库服务,不需要前期投入和后期维护,使用价格低廉。

12.4.1 云数据库产品

云数据库供应商主要分为以下三类。

(1) 传统的数据库厂商,如 Teradata、Oracle、IBM DB2、Microsoft SQL Server 等。

(2) 涉足数据库市场的云供应商,如华为、阿里、腾讯、Amazon、Google、Yahoo 等。

(3) 新兴厂商,如 Vertica、LongJump 和 EnterpriseDB 等。

1. Amazon 的云数据库产品

Amazon 是云数据库市场的先行者,提供 Amazon Simple Storage Service(Amazon S3)对象存储服务、Amazon Elastic Compute Cloud(Amazon EC2)计算服务及基于云的非关系数据库服务 Dynamo 和关系数据服务 Amazon Relational Database Service(Amazon RDS)。

Amazon DynamoDB 是一个 NoSQL 数据库,支持键-值和文档数据模型。开发人员可以使用 DynamoDB 构建无服务器的现代化应用程序,这些应用程序可以从小规模开始,然后扩展到全球范围以支持每秒数 PB 的数据和数千万条读取和写入请求。DynamoDB 可运行 Internet 规模的高性能应用程序,这些应用程序将为传统的关系数据库带来沉重的负担。

DynamoDB 为关键任务型工作负载构建,包括对适用于需要复杂业务逻辑的众多应用程序的 ACID 事务的支持。DynamoDB 可利用加密保护数据,持续备份数据提供保护,并通过服务等级协议保障了可靠性。

RDS 可以让用户在云中设置、操作和扩展关系数据库,提供 6 种常用的数据库引擎,包括 Amazon Aurora、PostgreSQL、MySQL、MariaDB、Oracle 数据库和 SQL Server。它自动执行耗时的管理任务(如硬件预置、数据库设置、修补和备份),同时提供成本高效的可调容量。用户只需专注于应用程序。

2. Google 的云数据库产品

Google BigTable 是一种满足弱一致性要求的大规模数据库系统。Google 设计 BigTable 的目的是处理 Google 内部大量的格式化及半格式化数据。目前,许多 Google 应用都是建立在 BigTable 上的,如 Web 索引、Google Earth、Google Finance、Google Maps 和 Search History。BigTable 提供的简单数据模型允许客户端对数据部署和格式进行动态控制,并且描述了 BigTable 的设计和实现方法。BigTable 是构建在其他几个 Google 基础设施之上的:首先,BigTable 使用了分布式 Google 文件系统(Google File System,GFS)来存储日志和数据文件;其次,BigTable 依赖一个高可用的、持久性的分布式锁服务 Chubby;最后,BigTable 依赖一个簇管理系统来调度作业,在共享机器上调度资源,处理机器失败和监督机器状态。

3. Microsoft 的云数据库产品

2008 年 3 月,微软凭借 SQL Data Service(SDS)提供的 RDBMS 功能,成为云数据库市场上的第一个大型数据库厂商。此后,微软对 SDS 功能进行了扩充,并且重新命名为 SQL Azure。微软的 Azure 平台提供了一个 Web 服务集合,允许用户通过网络在云中创建、查询和使用 SQL Server 数据库,云中的 SQL Server 服务器的位置对于用户而言是透明的。

SQL Azure 具有以下特性。

(1)属于数据型数据库。支持使用 TSQL(Transact Structured Query Language)来管理、创建和操作云数据库。

(2)支持存储过程。它的数据类型、存储过程和传统的 SQL Server 具有很大的相似性,因此应用可以在本地开发,然后部署到云平台上。

(3)支持大量数据类型。几乎包括所有典型的 SQL Server 的数据类型。

(4)支持云中的事务。支持局部事务,但不支持分布式事务。

4. 开源云数据库产品

HBase 和 Hypertable 利用开源 MapReduce 平台 Hadoop,提供了类似于 BigTable 的可伸缩数据库实现。MapReduce 是由 Google 开发的、用来运行大规模并行计算的框架。采用 MapReduce 的应用更像是一个人提交的批处理作业,但是这个批处理作业不是在单个服务器上运行,应用和数据都是分布在多个服务器上。Hadoop 是由 Yahoo 资助的一个开源项目,是 MapReduce 的开源实现,从本质上来说,它提供了一个使用大量结点来处理大规模数据集的方式。

HBase 已经成为 Apache Hadoop 项目的重要组成部分,并且已经在生产系统中得到应用。与 HBase 类似的是 Hypertable。不过,HBase 的开发语言是 Java,而 Hypertable 则采用 C/C++ 开发。与 HBase 相比,Hypertable 具有更高的性能。但是,HBase 不支持 SQL 类型的查询语言。Oracle 开源数据库产品 BerkelyDB 提供了云计算环境中的实现。

5. 其他云数据库产品

Yahoo 的 PNUTS 是一个为网页应用开发的、大规模并行的、地理分布的数据库系统，它是 Yahoo 云计算平台重要的组成部分。Vertica Systems 在 2008 年发布了云版本的数据库。10Gen 公司的 MongoDB 和 AppJet 公司的 AppJet 数据库也都提供了相应的云数据库版本。M/DB：X 是一种云中的 XML 数据库，它通过 HTTP/REST 访问。FathomDB 旨在满足基于 Web 的公司提出的高传输要求，它所提供的服务更倾向于在线事务处理，而不是在线分析处理。IBM 投资的 EnerpriseDB 也提供了一个运行在 AmazonEC2 上的云版本。LongJump 公司推出了基于开源数据库 PostgreSQL 的云数据库产品。Intuit QuickBase 也提供了自己的云数据库系列。麻省理工学院研制的 Relational Cloud 可以自动区分负载的类型，并把类型近似的负载分配到同一个数据结点上，而且采用了基于图的数据分区策略，对于复杂的事务型负载也具有很好的可扩展性。此外，它还支持在加密的数据上运行 SQL 查询。

6. 国产云数据库产品

华为以弹性云服务器（Elastic Cloud Server，ECS）为基础设施开发了多款云数据库产品。华为云关系数据库 RDS 基于 ECS 提供稳定可靠、弹性伸缩、便捷管理的在线云数据库服务，支持 MySQL、PostgreSQL、SQL Server 三种数据库引擎。

GaussDB（for openGauss）是华为自研的企业级分布式关系数据库，具备复杂事务混合负载能力，支持分布式事务，同城跨 AZ 部署，数据 0 丢失，支持 1000＋扩展能力，PB 级海量存储等企业级数据库特性，拥有云上高可用、高可靠、高安全、弹性伸缩、一键部署、快速备份恢复、监控告警等关键能力。云数据库 GaussDB（for MySQL）是华为自研的高扩展、高性能分布式数据库，完全兼容 MySQL，基于华为最新一代 DFV 存储，采用计算存储分离架构，128TB 的海量存储，既拥有商业数据库的高可用和性能，又具备开源低成本效益。

云数据库 GaussDB NoSQL 是基于计算存储分离架构的分布式多模 NoSQL 数据库服务。在云平台高可用、高可靠、高安全、可弹性伸缩的基础上，提供备份恢复、监控报警等服务能力。云数据库 GaussDB NoSQL 目前包含 GaussDB（for Cassandra）、GaussDB（for Mongo）、GaussDB（for Influx）和 GaussDB（for Redis）4 款产品，分别兼容 Cassandra、MongoDB、InfluxDB 和 Redis 主流 NoSQL 接口，并提供高读写性能，适用于 IoT、气象、互联网、游戏等领域。

12.4.2 关系数据服务

RDS（Relational Database Service，关系数据服务）作为比较流行的云数据库产品之一，正在被越来越多的企业和个人购买使用。RDS 涉及以下概念。

（1）RDS 实例。

RDS 实例是用户购买 RDS 服务的基本单位。在实例中可以创建多个数据库，可以使用常见的数据库客户端连接、管理及使用数据库。可以通过 RDS 管理控制台或 OPEN API 来创建、修改和删除数据库。不同实例之间相互独立、资源隔离，相互之间不存在 CPU、内存、IOPS 等抢占问题；而同一实例中的不同数据库之间资源共享。每个实例拥有其自己的特性，如数据库类型、版本等，系统有相应的参数来控制实例行为。用户所购买 RDS 实例的性能取决于 RDS 实例是所选择的配置，可供用户选择的硬件配置项为内存和磁盘容量。

（2）RDS 数据库。

RDS 数据库是用户在一个实例下创建的逻辑单元，一个实例可以创建多个数据库，在实例内数据库命名唯一,所有数据库都会共享该实例下的资源,如 CPU、内存、磁盘容量等。RDS 不支持使用标准的 SQL 语句或客户端工具创建数据库,必须使用 OPEN API 或 RDS 按理控制台进行操作。

（3）地域。

地域指用户所购买的 RDS 实例的服务器所处的地理位置。

（4）RDS 可用区。

RDS 可用区是指在同一地域下,电力、网络隔离的物理区域,可用区之间内网互通,网络延时小,不同可用区之间故障隔离。RDS 可用区分为单可用区和多可用区。单可用区是指 RDS 实例的主备结点位于相同的可用区,可以有效控制云产品的网络延迟。多可用区是指 RDS 实例的主备结点位于不同的可用区,当主结点所在可用区出现故障,RDS 进行主备切换后,会切换到备结点所在的可用区继续提供服务。多可用区的 RDS 实现了同城容灾。

（5）磁盘容量。

磁盘容量是用户购买 RDS 实例时所选择购买的磁盘大小。实例所占用的磁盘容量,除了存储数据外,还有实例正常运行所需要的空间,如系统数据库、数据库的回滚日志、重做日志、索引等。

（6）RDS 连接数。

RDS 连接数是应用程序可以同时连接到 RDS 实例的连接数量,任意连接到 RDS 实例的连接均计算在内,与应用程序或者网站能够支持的最大用户数无关。用户在购买 RDS 实例时,所自动控制内存大小决定了该实例的最大连接数。

【例 12.1】　以华为 RDS for MySQL 为例介绍 RDS 的操作过程。

（1）创建 ECS。

登录华为云主页,进入管理控制台,选择区域和项目,完成基础信息—网络配置—高级配置—确认配置等配置过程完成 ECS 的创建。图 12.7 为配置 ECS 中选择计费方式和数据库引擎。

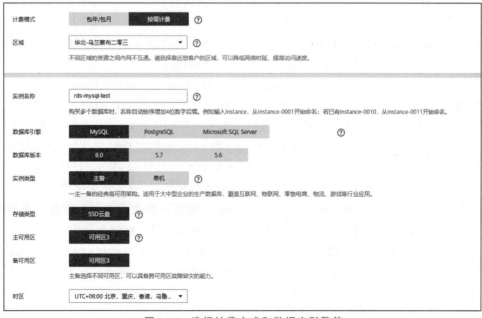

图 12.7　选择计费方式和数据库引擎等

openGauss

(2) 创建 RDS for MySQL 实例。

登录管理控制台,选择区域和项目,选择"数据库"→"云数据库 RDS",进入云数据库 RDS 信息页面,单击"购买数据库实例"。RDS for MySQL 实例的区域、可用区、VPC 和安全组和 ECS 要一致。完成规格选择、网络设置、密码设置后,就可以查看购买的 RDS 实例。

(3) 连接 RDS for MySQL 实例。

华为云数据库 RDS 服务提供使用内网、公网和数据管理服务(Data Admin Service, DAS)的连接方式。DAS 无须使用 IP 地址,通过控制台方式登录。若应用部署在弹性云服务器上,且该弹性云服务器与云数据库 RDS 实例处于同一区域、同一 VPC 时,可以单独使用内网 IP 连接弹性云服务器与云数据库 RDS 实例。不能通过内网 IP 地址访问 RDS 实例时,使用公网访问,单独绑定弹性公网 IP 连接弹性云服务器(或公网主机)与云数据库 RDS 实例。

在本地用 Linux 远程连接工具(以 MobaXterm 为例)通过公网连接:先登录 ECS, Remote host 为 ECS 绑定的弹性公网 IP,输入创建 ECS 时设置的密码后就可以成功登录 ECS;然后上传客户端的安装包 mysql-community-client-8.0.26-1.el6.x86_64.rpm 到 ECS 并完成安装;最后使用 root 用户 SSL 连接数据库实例,命令格式为

```
mysql -h 172.16.0.31 -P 3306 -u root -p --ssl-ca=ca.pem
```

12.4.3 华为云数据库 GaussDB(for MySQL)

华为公司除了传统关系数据库 RDS 外,还提供了分布式结构的云数据库,下面先介绍云数据库 GaussDB(for MySQL)的系统架构和技术特点。

1. 系统架构

GaussDB(for MySQL)是华为自研的最新一代高性能企业级分布式数据库,完全兼容 MySQL。GaussDB(for MySQL)采用华为最新一代 DFV(Data Function Virtualisation,数据功能虚拟化)分布式存储,计算和存储分离的全栈数据服务架构,最高支持 128TB 的海量存储,可实现超百万级 QPS(Queries Per Second)吞吐,支持跨 AZ(Available Zone)部署,数据零丢失,拥有高可用性、高可靠性、高可扩展性和灵活性等。

云数据库 GaussDB(for MySQL)整体架构自下向上分为三层,如图 12.8 所示。

存储层:基于华为 DFV 存储,提供分布式、强一致和高性能的存储能力,保障数据的可靠性以及横向扩展能力。DFV 是华为提供的一套通过存储和计算分离的方式,构建以数据为中心的全栈数据服务架构的解决方案。数据页以 Slice 组织实现数据分区,单数据库可以分布多个 Slice,分布在各个 Slice 服务,Slice 服务实现访问隔离;Slice 冗余保存,日志按 Slice 分发;Slice 服务存储和处理日志记录,维护和重构数据页,服务数据页读请求。

存储抽象层(Storage Abstraction Layer,SAL):将原始数据库基于表文件的操作抽象为对应分布式存储,向下对接 DFV,向上提供高效调度的数据库存储语义,是数据库高性能的核心。SAL 是逻辑层,由 SQL 结点上执行的公共日志模块和存储结点上行的 Slice 结点组成,将数据存储和 SQL 前端、事务、查询执行等进行隔离;SAL 将所有数据基于{spaceID, pageID}划分为 Slice,随着数据库规模的增长,可用资源(存储、内存)随着 Slice 的创建按比例横向扩展;数据密集型操作在存储结点上由 Slice 服务执行。

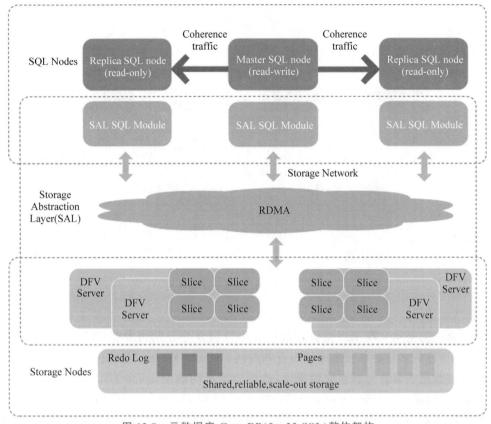

图 12.8 云数据库 GaussDB(for MySQL)整体架构

SQL 解析层：与 MySQL 8.0 开源版完全兼容，客户业务从 MySQL 生态可以平滑迁移。GaussDB(for MySQL)基于原生 MySQL，在完全兼容的前提下进行大量的内核优化。SQL 的主结点处理所有的写，写 WAL 日志(Redo)；SQL 的只读结点处理只读请求，只读结点可升为主结点。

2. 技术特点

GaussDB(for MySQL)具有云数据库的高可用性、可扩展性及可靠性等特点。如采用计算与存储分离，日志作为数据架构，不需要刷 page，所有的更新操作仅记录日志，不再需要写日志和写数据文件的双写操作，减少了网络带宽，提高了系统的可靠性。GaussDB(for MySQL)的存储层共享 DFV 存储，只需添加计算结点就可快速横向扩展，无须同步数据就实现了扩展性。GaussDB(for MySQL)还采用了并行计算、算子下推等技术提高系统的处理能力。

(1) 读写分离。

GaussDB(for MySQL)通过读写分离的连接地址实现读写请求的自动转发，写请求自动访问主结点，读请求按照读权重设置自动访问各个结点，如图 12.9 所示。

不同业务通过代理的读写分离地址连接选择结点包括主结点和只读结点，读写模式的代理实例可代理读、写请求；只读模式的代理实例，只能代理读请求；写请求全部路由给主结点；读请求根据读权重配比分发到各个只读结点。

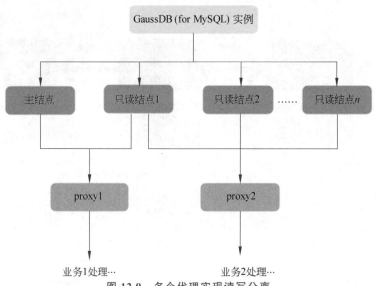

图 12.9　多个代理实现读写分离

（2）并行执行。

　　并行查询的基本实现原理是将查询任务进行切分并分发到多个 CPU 核上进行计算，充分利用 CPU 的多核计算资源来缩短查询时间。GaussDB(for MySQL)采用数据并行，将需要执行的数据表划分为独立的数据块，然后启动不同的 Worker 工作线程在划分的数据块上并行执行，最后 Leader 线程通过消息队列汇总 Worker 线程产生的部分结果。并行执行支持并行扫描、聚合计算、Order By 排序、JOIN 计算等。图 12.10 是 GaussDB(for MySQL)使用 CPU 多核资源并行计算 count(＊)的过程。

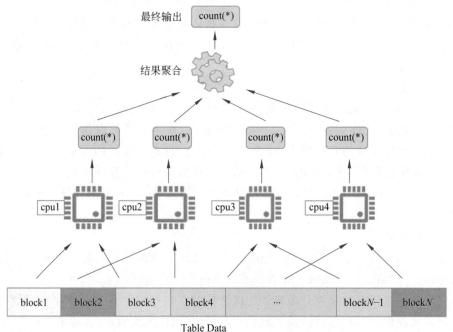

图 12.10　GaussDB(for MySQL)的并行计算

（3）算子下推。

近数据处理（Near Data Processing，NDP）或算子下推的基本原理是将查询处理的部分工作下推到数据所在的存储结点上。数据密集型查询如全表扫描、索引扫描、投影、某些WHERE 条件过滤及聚合等下推到存储层执行，仅将匹配行和列返回到计算结点，而不是完整的页。算子下推提升了并行处理能力，减少了网络流量和计算结点的压力，提升了查询处理执行效率。GaussDB（for MySQL）算子下推及支持的场景如图 12.11 所示。

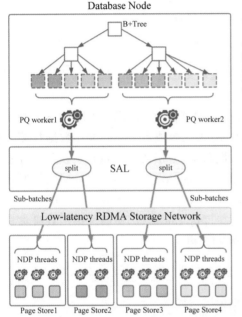

NDP下推架构

NDP算子下推支持的场景

- 支持Filter，Projection，Aggregation三种方式下推
- 支持下推谓词包括比较运算(<,>,=,<=,>=,!=)，IN/NOT IN，BETWEEN AND，LIKE，NOT LIKE，AND/OR等
- 支持将WHERE CONDITION和JOIN ON CONDITION下推计算
- 支持MySQL全部的数据类型进行投影
- 支持快速列和虚拟列下推
- 支持COUT/SUM/AVG/MAX/MIN聚集函数下推
- 支持数值类型，日期和时间类型、部分字符串类型(CHAR，VARCHAR)
- 支持InnoDB普通表和分区表下推
- 支持Compact，Dynamic两种页面格式下推

图 12.11　GaussDB（for MySQL）算子下推

12.4.4　华为云数据库 GaussDB（openGauss）

GaussDB（openGauss）定位为企业级云分布式数据库，架构上着重构筑传统数据库的企业级能力和互联网分布式数据库的高扩展和高可用能力，支持分布式事务的强一致性。

1. GaussDB（openGauss）部署形态

GaussDB（openGauss）在华为云上拥有两种部署形态：集中式和分布式，分别面向企业核心交易和未来海量事务型场景。

（1）集中式部署。

集中式部署的产品名称为 openGauss，包括单机（只有一个数据库实例）和主备（系统存在一个主机，多个备机，如图 12.12 所示）两种类型。

主备架构采用 WAL（Write Ahead Log，预写式日志）日志复制技术，支持级联备库，目前支持一主八备规模，支持同步复制、异步复制，支持最大可用模式，支持切换（switchover）、容错（failover）操作。主机运行正常，因为维护等需求进行切换（switchover）操作，切换之后主机降为备机，备机升为主机并开始接管业务，这些操作需要主机和备机之间交互来完成。主机故障后，备机需要进行容错（failover）操作，容错（failover）操作后备机升为主机，开始接管业务，容错

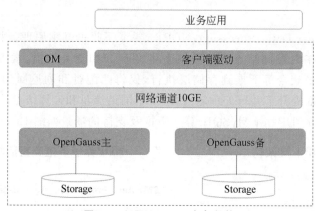

图 12.12 openGauss 主备架构

(failover)操作的过程由备机独立完成,不需要和主机进行交互。

(2) 分布式部署。

分布式部署的产品名称为 GaussDB(openGauss),分布式架构如图 12.13 所示。基于数据分片的双层分布式架构,数据通过一定的规则如 hash、list 或者 range 等让数据打散分布到不同的数据结点上,计算时底层多个数据结点共同参与,上层协调结点负责执行计划生成和结果汇聚。分布式部署由全局事务管理(Global Transaction Manager,GTM)、集群管理(Cluster Manager,CM)、协调结点(Coordinator Node,CN)、主/备数据结点(Data Node,DN)等组成。GaussDB(openGauss)支持集群数最高可达 256 结点,集群内采用双机集群系统 HA(Highly Available),实现系统的高可扩展性和高可用性。

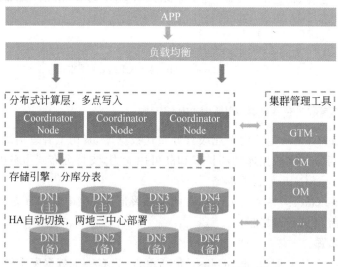

图 12.13 GaussDB(for openGauss)分布式架构

2. GaussDB(for openGauss)技术特点

(1) 数据分布存储。

GaussDB(for openGauss)支持 1000＋的数据结点扩展能力,数据通过一定的规则如 hash、list 或者 range 等让数据打散分布到不同的数据结点上。数据分布的关键是分布键的选择,不合适的分布键会导致数据倾斜,导致木桶效应。选择分布键时应尽量选择 distinct

值比较多的列,保证数据均匀分布;其次尽量选择 join 列或 group 列做分布列。

　　GaussDB(for openGauss)实现全并行分布式执行,把计算下推到 DN 结点减少数据移动,其分布式执行流程如图 12.14 所示。

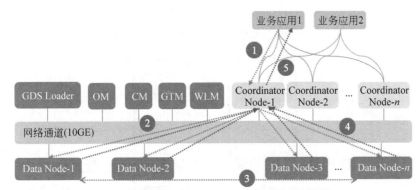

图 12.14　GaussDB(for openGauss)分布式执行流程

　　① 业务应用下发 SQL 给 Coordinator,SQL 可以包含对数据的 CRUD 操作。

　　② Coordinator 利用数据库的优化器生成执行计划,每个 DN 会按照执行计划的要求去处理数据。

　　③ 数据基于一致性 Hash 算法分布在每个 DN,因此 DN 在处理数据的过程中,可能需要从其他 DN 获取数据,GaussDB 提供三种流(广播流、聚合流和重分布流)实现数据在 DN 间的流动,使得 JOIN 无须抽取到 CN 执行。

　　④ DN 将结果集返回给 Coordinate 进行汇总。

　　⑤ Coordinator 将汇总后的结果返回给业务应用。

　　GaussDB(for openGauss)查询引擎采用分布式执行计划和基于代价的优化等将各种复杂的 SQL 下推执行实现最小化数据移动。

　　(2) 分布式强一致性。

　　GaussDB(openGauss)采用两阶段提交保证分布式写的原子性,两阶段提交对用户透明,写操作如果只涉及一个结点,无须使用两阶段提交,利用全局 CSN(Commit Sequence Number,事务提交序列号)保证读的强一致。分布式事务如图 12.15 所示。

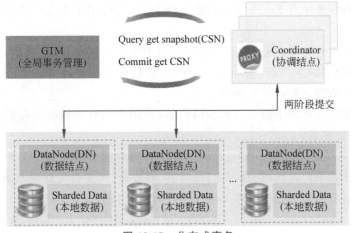

图 12.15　分布式事务

(3) NUMA 多核优化。

GaussDB(openGauss)采用基于鲲鹏 CPU 的 NUMA(Non Uniform Memory Access，非统一内存访问架构)数据库架构来提高数据库性能,其结构如图 12.16 所示。

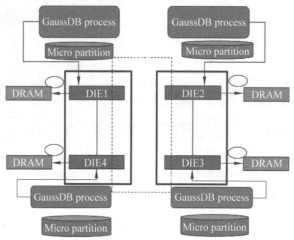

图 12.16　openGauss NUMA CPU 结构

CPU 访问本地内存速度快,跨片访问慢,用 NUMA 距离表示 NUMA node 的处理器和内存块的物理距离,通过 numactl 工具可以查询到 CPU 访问的距离信息,减少跨核访问。openGauss NUMA 结构中线程与核绑定避免线程在核间偏移,数据分区减少线程访问冲突,借助 ARM 原子指令减少计算开销,实现了事务的高性能处理。

12.4.5　NoSQL 数据服务

NoSQL 数据库是非关系数据库的统称,它采用的数据模型并非传统关系数据库,而是类似键值、列族、文档等非关系模型。NoSQL 数据库具有灵活的数据模型和可扩展性,NoSQL 数据服务将 NoSQL 数据库与云计算紧密融合,适用各种不同领域。

NoSQL 数据服务具备快速读写和高可扩展特性使其适用于具有产品目录、推荐、个性化引擎等功能的电子商务网站和娱乐网站,可用于存储访问者的活动,有利于分析工具快速访问数据,为用户生成推荐。

NoSQL 数据服务结合 Spark 等大数据分析工具,可应用于金融行业的风控体系,构建反欺诈系统。

NoSQL 数据服务拥有超强的写入性能,适用于各种不同行业,如制造业、物流业、医疗保健业、房地产业、能源生产业、农业等。无论传感器类型如何,都可以很好地处理传入数据,并为进一步的数据分析提供了可能。

NoSQL 数据服务可用于游戏数据如用户装备、用户积分等数据的存储,灵活添加计算结点以应对高并发场景。

华为云数据库 GaussDB NoSQL 是一款基于计算存储分离架构的分布式多模 NoSQL 数据服务,在云计算平台高性能、高可用、高可靠、高安全、可弹性伸缩的基础上,提供备份恢复、监控报警等服务能力。云数据库 GaussDB NoSQL 目前包含 GaussDB(for Cassandra)、GaussDB(for Mongo)、GaussDB(for Influx)和 GaussDB(for Redis)4 款产品,分别兼容

Cassandra、MongoDB、InfluxDB 和 Redis 主流 NoSQL 接口,并提供高读写性能,具有高性价比。GaussDB NoSQL 的系统架构如图 12.17 所示。

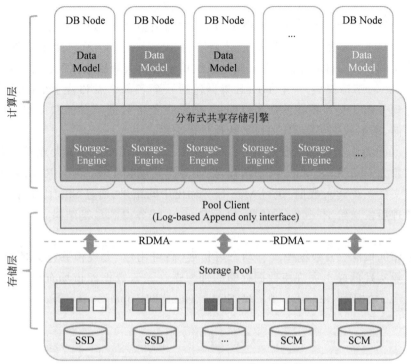

图 12.17　GaussDB NoSQL 的系统架构

GaussDB NoSQL 采用按需计费,实现权限管理和区域选择。

(1) 权限管理。

使用统一身份认证服务(Identity and Access Management,IAM)进行精细的权限管理。该服务提供用户身份认证、权限分配、访问控制等功能。

(2) 区域和可用性。

区域(Region)按地理位置和网络时延维度划分,同一个区域(Region)内共享弹性计算、块存储、对象存储、VPC 网络、弹性公网 IP、镜像等公共服务。

Region 分为通用 Region 和专属 Region。通用 Region 指面向公共租户提供通用云服务的 Region;专属 Region 指只承载同一类业务或只面向特定租户提供业务服务的专用 Region。

一个可用区(Availability Zone,AZ)是一个或多个物理数据中心的集合,有独立的风火水电,AZ 内逻辑上再将计算、网络、存储等资源划分成多个集群。一个 Region 中的多个 AZ 间通过高速光纤相连,以满足用户跨 AZ 构建高可用性系统的需求。

选择区域考虑的因素包括地理位置、容灾能力和网络时延的要求。一般情况下,靠近目标用户的区域可以减少网络时延,提高访问速度。资源放在同一可用区内网络延时较低,但容灾能力会降低;放在不同可用区内容灾能力较强,但网络延时会增加。

◆ 小 结

　　大数据的基本概念:大数据具有数据量大、数据类型繁多、处理速度快、价值密度低等特点,统称为"4V"。大数据对科学研究、社会发展、人才培养等方面产生了重要影响。

　　分布式文件系统(HDFS):分布式文件系统用于解决大规模数据的存储,HDFS采用主从(Master/Slave)结构模型,一个HDFS集群包括一个名称结点和若干个数据结点。名称结点负责管理分布式文件系统的命名空间;数据结点负责数据的存储和读取。HDFS采用冗余数据存储,增加数据可靠性,加快了数据传输速度。

　　MapReduce基本架构和工作过程:MapReduce将复杂的、运行于大规模集群上的并行计算过程抽象为Map和Reduce两个函数,方便分布式编程工作。MapReduce执行过程包括从分布式文件系统读入数据、执行Map任务输出中间结果、通过Shuffle阶段将中间结果分区排序整理后发送给Reduce子任务、执行Reduce任务得到最终结果并写入分布式文件系统。

　　云数据库的概念:云数据库具有动态可扩展、高可用性、大规模并行处理等特点,是大数据时代企业实现低成本大规模数据存储的理想选择。云数据库市场有很多代表性产品,如RDS、国产云数据库GaussDB(for MySQL)、GaussDB(openGauss)等。

◆ 习 题

　　1. 试述大数据的4个基本特征。

　　2. 举例说明大数据的关键技术。

　　3. 试述HDFS中的名称结点和数据结点的具体功能。

　　4. MapReduce采用Master(JobTracker)/Slave(TaskTracker)结构,试描述JobTracker和TaskTracker的功能。

　　5. 试述MapReduce的工作流程。

　　6. 简述MapReduce模型的Map函数和Reduce函数各自的输入、输出及处理过程。

　　7. 简述云数据库的概念。

　　8. 简述GaussDB(openGauss)的主要优势。

　　9. 试述GaussDB(for MySQL)的架构及技术特点。

　　10. 试述GaussDB NoSQL如何实现容灾。

◆ 参 考 文 献

［1］ Ullman J D，Widom J. 数据库系统基础教程［M］.岳丽华，金培权，等译.3 版.北京：机械工业出版社，2009.

［2］ Garcia-Molina H，Ullman F D，Widom J. 数据库系统实现［M］.杨冬青，唐世渭，等译.北京：机械工业出版社，2006.

［3］ Silberschatz A，Korth H E，Sudarshan S. 数据库系统概念［M］.杨冬青，李红燕，唐世渭，等译.6 版.北京：机械工业出版社，2012.

［4］ 王珊，萨师煊.数据库系统概论［M］.5 版.北京：高等教育出版社，2016.

［5］ 林子雨.大数据技术原理与应用［M］.2 版.北京：人民邮电出版社，2018.

［6］ 李国良，周敏奇.openGauss 数据库核心技术［M］.北京：清华大学出版社，2020.

［7］ 贺桂英，周杰，王旅.数据库安全技术［M］.北京：人民邮电出版社，2018.

［8］ 王能斌.数据库系统教程［M］.2 版.北京：电子工业出版社，2008.

［9］ 陆鑫，张凤荔，陈安龙.数据库系统原理、设计与编程［M］.北京：人民邮电出版社，2019.

［10］ 王亚平.数据库系统工程师教程［M］.2 版.北京：清华大学出版社，2004.